国家电工电子教学基地系列教材

# 电工技术

高 岩 闻 跃 赵文山 余晶晶 编著

U0268379

清华大学出版社
北京交通大学出版社
·北京·

## 内 容 简 介

本书是国家电工电子教学基地系列教材之一，以电磁学为基础，以电路和磁路为基本模型介绍了电能、磁能及机械能的转换，以及处理的基本规律、分析方法和工程应用。主要内容包括电路模型，电路变量，电路变量基本约束，线性电路的直流特性、暂态特性及交流特性的分析方法，三相电路及工程应用知识，磁路模型，电能、磁能及机械能转换的基本原理，电感、变压器及三相异步电动机的工作原理、分析方法和实际应用。

本书可作为电子信息类、计算机类、电气类本科生教材，也可作为工科相关电类和非电类本科生及专业技术人员的教材或参考书。

**图书在版编目（CIP）数据**

电工技术 / 高岩等编著. —北京：北京交通大学出版社：清华大学出版社，2019.1
（国家电工电子教学基地系列教材）

ISBN 978-7-5121-3837-7

Ⅰ.① 电… Ⅱ.① 高… Ⅲ.① 电工技术–高等学校–教材 Ⅳ.① TM

中国版本图书馆 CIP 数据核字（2019）第 035275 号

**电工技术**
DIANGONG JISHU

策划编辑：韩　乐　　责任编辑：付丽婷
出版发行：清 华 大 学 出 版 社　　邮编：100084　　电话：010-62776969　　http://www.tup.com.cn
　　　　　北京交通大学出版社　　邮编：100044　　电话：010-51686414　　http://www.bjtup.com.cn
印 刷 者：三河市华骏印务包装有限公司
经　　销：全国新华书店
开　　本：185 mm×230 mm　　印张：15.5　　字数：347 千字
版　　次：2019 年 1 月第 1 版　　2019 年 1 月第 1 次印刷
书　　号：ISBN 978-7-5121-3837-7/TM•81
印　　数：1～3 000 册　　定价：42.00 元

本书如有质量问题，请向北京交通大学出版社质监组反映。对您的意见和批评，我们表示欢迎和感谢。
投诉电话：010-51686043，51686008；传真：010-62225406；E-mail：press@bjtu.edu.cn。

# 国家电工电子教学基地系列教材

## 编审委员会成员名单

# 总　序

当今信息科学技术日新月异，以通信技术为代表的电子信息类专业知识更新尤为迅猛。培养具有国际竞争能力的高水平的信息技术人才，促进我国信息产业发展和国家信息化水平的提高，都对电子信息类专业创新人才的培养、课程体系的改革、课程内容的更新提出了富有时代特色的要求。近年来，国家电工电子教学基地对电子信息类专业的技术基础课程群进行了改革与实践，探索了各课程的认知规律，确定了科学的教育思想，理顺了课程体系，更新了课程内容，融合了现代教学方法，取得了良好的效果。为总结和推广这些改革成果，在借鉴国内外同类有影响教材的基础上，决定出版一套以电子信息类专业的技术基础课程为基础的"国家电工电子教学基地系列教材"。

本系列教材具有以下特色：

● 在教育思想上，符合学生的认知规律，使教材不仅是教学内容的载体，也是思维方法和认知过程的载体；

● 在体系上，建立了较完整的课程体系，突出了各课程内在联系及课群内各课程的相互关系，体现了微观与宏观、局部与整体的辩证统一；

● 在内容上，体现了现代与经典、数字与模拟、软件与硬件的辩证关系，反映了当今信息科学与技术的新概念和新理论，内容阐述深入浅出，详略得当，增加了工程性习题、设计性习题和综合性习题，培养学生分析问题和解决问题的素质与能力；

● 在辅助工具上，注重计算机软件工具的运用，使学生从单纯的习题计算转移到基本概念、基本原理和基本方法的理解和应用，提高了学生的学习效率和效果。

本系列教材包括：

《基础电路分析》《现代电路分析》《电路分析学习指导及习题精解》《模拟集成电路基础》《信号与系统》《信号与系统学习指导及习题精解》《模拟电子技术》《模拟电子技术学习指导与习题精解》《电子测量技术》《微机原理与接口技术》《电路基础实验》《电子电路实验及仿真》《数字实验一体化教程》《SOPC 技术基础教程》《数字信息处理综合设计实验》《电路基本理论》《现代电子线路》《电工技术》。

本系列教材的编写和出版得到了教育部高等教育司的指导、北京交通大学教务处及电子与信息工程学院的支持，在教育思想、课程体系、教学内容、教学方法等方面获得了国内同行们的帮助，在此表示衷心的感谢。

北京交通大学

"国家电工电子教学基地系列教材"

编审委员会主任

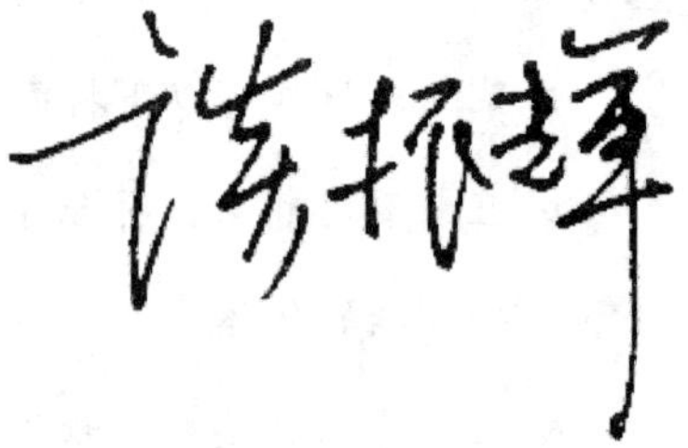

2019 年 1 月

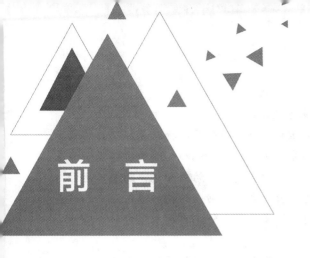

# 前　言

　　大类本科生培养的发展趋势要求专业基础课程教学内容重注通识教育，拓宽知识面，培养专业兴趣，加强基础教育，强化能力和素质培养。为此，作为重要教学资源的教材需要进行相应调整以适应这一发展趋势。

　　千姿百态的物理世界蕴含着丰富的资源，能量是物理系统的基本资源，物理系统的基本功能是能量的转换和处理。信息是物理的，当信息以某种能量形式表现时，该物理系统就具有了信息转换和处理功能。

　　认识物理世界的目的是利用这些资源设计专门物理系统并为人类服务。人类经过长期的实践活动将这些认识上升到理论知识，该过程蕴含着丰富的科学思想。学习和掌握这些知识并将其应用到实践活动的过程可以起到提高能力和素质的作用，并从中体验到神奇的自然规律带给我们的乐趣。

　　本书按照 32 学时要求，以电磁学为基础，以电路和磁路为基本模型介绍了电能、磁能、机械能的转换，以及处理的基本规律、分析方法和工程应用，主要特点包括如下几方面。

　　**1. 优化知识结构的宽度，突出知识面的重点**

　　在众多的能量形式中，电能、磁能和机械能与人类的日常生活息息相关，这些能量形式的转化和处理需要符合一定的物理规律。直流特性、暂态特性和交流稳态特性体现了电能转化和处理的主要特点，电感和变压器特性体现了电能和磁能转化和处理的主要特点，电动机特性体现了电能、磁能和机械能转化和处理的主要特点。综合学习和掌握这些规律、分析方法和应用原理是本书重点。

　　**2. 优化知识结构的深度，突出基础知识**

　　尽管一个物理系统从基本规律到实际应用涉及众多不同层次的知识，但都需要回答这样几个基本问题：用什么形式和什么物理量描述物理系统？这些物理量符合哪些基本约束？依据这些约束的物理系统所表现的主要现象和所能实现的基本功能是什么？电路和磁路是描述电能、磁能、机械能转换和处理的重要模型。本书以此为核心，以电磁学为基础，介绍了运用电路和磁路研究这些能量转换和处理的基本方法。

**3. 优化知识结构的内在联系，强化能力与素质的培养**

研究电能量转化和处理的电路模型涉及了电压和电流这两个基本物理量，拓扑约束和元件约束决定了电路的基本特性。研究电能、磁能、机械能的转化和处理的磁路模型涉及了磁动势和磁通量这两个基本物理量，也存在与电路对应的拓扑约束和元件约束。此外，基本规律、基本特性分析和应用之间存在一定的逻辑关系。本书在结构安排上注重知识点的纵向与横向联系，使学生在学习专业知识的同时提高了科学研究的基本能力和素质。

**4. 强化工程应用，培养专业兴趣**

本书以正文、练习与思考、习题等形式从不同角度和层次讲解相关基本概念和工程应用知识，使学生从应用的角度出发理解本书内容和专业领域，培养专业兴趣。

本书共分7章。第1章到第5章以电路为核心，介绍了电路的基本概念、分析方法及应用。第6章和第7章以电能、磁能、机械能的转换为核心，介绍了变压器和三相异步电动机的工作原理、分析方法及应用。第1章电路的基本概念，介绍了电路模型、电路变量、电阻与电源的基本约束、拓扑约束及应用分析。第2章线性电路分析方法以直流特性分析为主，介绍了电路变换、叠加定理、戴维南定理和诺顿定理、最大功率传输定理、支路电流法、单回路与双结点电路分析法及结点分析法。第3章电路的暂态响应介绍了电容和电感的基本特性、动态电路基本概念、一阶电路分析方法及响应特点。第4章正弦交流电路介绍了正弦稳态特性的相量分析原理。第5章三相电路介绍了三相供电系统及用电知识。第6章磁路和变压器介绍了电磁能转换原理、电感和变压器特性及应用分析。第7章三相异步电动机及其控制介绍了电能、磁能及机械能转换机理、三相异步电动机工作原理、分析方法及应用知识。

本书第2、4章由高岩编写，第1、5、6章由闻跃编写，第7章由赵文山编写，第3章由余晶晶编写。章内设计了练习与思考，章末附本章要点及习题，书末给出了部分习题参考答案。全书由高岩主编，编写框架及内容由全体作者共同确定。

本书以讲义形式已在本科生"电工技术"课程的教学实践过程中被多次使用，并经过数次修改和调整以适应实际教学需要。本书的编写得到了北京交通大学教材出版基金的资助及北京交通大学出版社的大力支持，并得益于电路理论学科组及实验室教师多年相互交流及积累的教学经验和资源，谨此致谢。

限于水平，书中难免存在错误及不妥之处，敬请读者批评指正。

作　者
2019 年 1 月

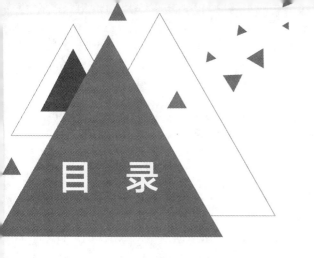

# 目 录

# 第1章
# 电路的基本概念

**提要** 电路是电工技术的基础内容。本章介绍电路的基本概念和基本规律。先介绍电路模型、电路变量及其参考方向，再讨论对于变量的两类约束，即元件特性和基尔霍夫定律，最后讲解几个简单电路的求解问题。

## 1.1 电路模型

### 1.1.1 电路的作用

在现代生活中电能的利用无处不在。要利用电能，就需要让电能在人们规定的路径内传递，按照人们希望的方式工作，而实现这种功能的设备或系统都可称为电路。在工程应用中，电系统可以分为两大类，一类是以电能的传递和转换为目的的设备或系统，如电力系统；另外一类以信息的传递和处理为主要目的，如通信系统。图 1-1 显示了两种系统的例子。图 1-1（a）是电力系统的示意，说明了发电、输电和用电整个过程的原理，以及涉及的主要设备。图 1-1（b）属于信息处理系统，描述了典型的传感器信号电路原理。

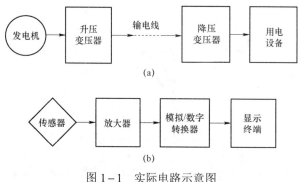

图 1-1　实际电路示意图

以上例子中包含了能量流动过程或者信息流动过程。在以能量传输和利用为主的应用中，能量的来源在电路中称为电源，如发电机或电池，负责把机械能或化学能等转换为电能。用电设备称为负载，如电动机、电灯和电炉等，用来把电能转换为机械能、光能和热能等。导线用来连接电源和负载，通过的电流作为能量传递的载体。长距离、大容量电力传递还需要变压器和输电线等设备。

在信息传输和处理系统中，电路以传递和处理信号为主要功能。信号源在电路中也以电源形式呈现。图 1-1（b）的例子中，传感器将速度、压力等物理量转换为电压信号，微弱电压波形经过放大器放大到一定幅度后，经过模拟数字转换电路变成数字形式，在显示终端设备上以数字或曲线形式显示出来。在这个过程中伴随着电能传递和形式转换，但人们注重的是电压或电流变化所携带的信息。

电路的应用非常广泛，各个工程领域中都需要某种形式的电路。随着科学技术的发展，电路和电子学科从最初的物理学中独立出来，逐渐发展出了电力、电子、通信、计算机等众多工程领域。凡是用到电能及电磁原理工作的设备，都包含有电路。

## 1.1.2　电路模型

实际电路由实际电气器件互相连接而成。实际的电气器件包括电阻器、电容器、电感器、晶体管、集成电路、发电机、电动机等。这些实际的元件或设备的内部电磁过程复杂，差别很大，而且种类繁多。为了便于对实际电路进行分析和描述，需要对实际元器件和设备的特性进行简化，找到它们主要的和公共的特性，抽象为便于分析的电路模型。

**电路模型**由理想化电路元件和理想导线相互连接构成。理想化**电路元件**（简称电路元件）是从实际器件的电磁特性抽象出来的数学模型，它包含了元件的电路符号和元件定义的数学表示。

图 1-2 显示了一个照明电路示意图及其对应的电路模型，这个典型的抽象化过程包含了几点考虑。

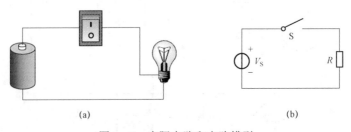

(a)　　　　　　　　　　　　　　(b)

图 1-2　实际电路和电路模型

（1）电路元件只体现单一的电磁特性，可以用精确的数学关系来描述。例如，照明电路中的灯泡，通电后发光和热，主要表现为对电能的消耗，可以等效为电阻。但实际的照明设备除了发热之外还可能有其他效应，如交流日光灯电路还有电感效应，这在电阻元件中并不体现，在建立模型时，可忽略这个次要的特性，或者增加一个电感元件来单独体现。

（2）一种电路元件可以表征一类实际器件，用很少的几种类型就可以描述种类繁多的实际器件。例如，上述照明电路中，电池有多种，其产生电能的机理不同，特性也不同。但是所有电池有共同的外部特性，就是两端子之间的电压恒定。这个特性就抽象为电路模型中的电压源，它可以代表任何具有电压源性质的电源器件、供电设备和信号源。

（3）电路元件只能近似代表实际器件。一个实际器件也可用多个理想电路元件的组合作为它的模型，而且在不同工作条件下，可以有不同模型。

电路中采用的元件模型已经被证明是成熟有效的。在通常情况下，用很少的几种理想化元件模型就可以描述各种类型的实际应用电路，得到足够精确的结果。实际器件如何近似和抽象，建立模型，与具体应用有关，不同的工程领域采用不同的建模方法将实际电路转换成电路模型。

# 1.2　电路变量及其参考方向

电工技术在电路模型的分析中用到了很多物理量，用来分析元件的特性和电路的特性。这些物理量包括电压、电流、电荷、磁链、能量和功率等。电能量的交换和处理是电路的主要功能。由于电功率可分解为电压和电流这两个可测物理量，所以，电路问题中的分析与计算主要针对电压、电流和功率。对电路进行分析，就是根据给定的电路结构和参数，求出特定的电路变量，从而了解电路的特性。

## 1.2.1　电流

电荷有规则的流动即形成电流。**电流**定义为在单位时间内通过电路导体某横截面的电荷量，即

$$i = \mathrm{d}q / \mathrm{d}t \tag{1-1}$$

电流的基本单位为安培（A）。在工程上规定正电荷移动的方向为电流的实际方向。在电路中用变量 $i$ 或 $I$ 表示电流变量，在电路导线或元件旁边用箭头表示电流变量的假设正方向，或称为**参考方向**。如图 1-3（a）所示，变量 $i$ 表示一个经过元件 E 从 a 流向 b 的电流。实际电流可以是常数，即以恒定的大小、固定的方向流动，图 1-3（b）所示电流称为直流电流，直流电流常用大写字母 $I$ 表示。电流也可能随着时间变化，这类电流称为时变电流，通常记为 $i$（$t$），或简单写为 $i$。典型的时变电流是正弦电流，其大小、方向随时间反复按正弦规律变化。以正弦电流工作的电路称为交流电路。

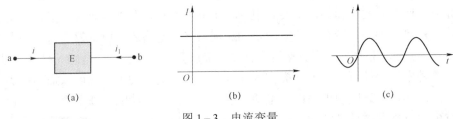

图 1-3　电流变量

注意电流的参考方向并不一定是真实流动方向。在对流过某个元件的电流进行计算或测量之前，需要先假定电流的方向。电流是有方向的物理量，有了参考方向，电流的数学表示才有意义。电流参考方向的选择是任意的。根据参考方向计算出电流的数值，由此数值的正负再结合参考方向可以确定电流的实际方向。

**例 1-1**　图 1-3（a）中，假设经过计算或测量得到 $i = -2\,\mathrm{A}$，确定：（1）流过元件 E 的电流真实方向；（2）变量 $i_1$ 的值。

**解：**（1）图中假设的电流变量 $i$ 的参考方向是从 a 经过元件 E 流向 b，现 $i$ 为负值，表示真实电流方向与假设方向相反，是从 b 经过元件 E 流向 a。

（2）根据电荷守恒原理，电荷既不能被创造，也不能被毁灭。在电路中的任何一个元件上，或者在完全包含元件的一个有限封闭空间内，净电荷量变化为零。在此假设下，电路中的电流是连续的，元件端子上的电流是唯一确定的。对于图 1-3（a）所示电路，就是 $i = -i_1$，因此，$i_1 = 2\,\mathrm{A}$。

### 1.2.2　电压

电压的物理意义是单位正电荷在电路中移动时电场对其所做的功。若正电荷 $\mathrm{d}q$ 从电路中的 a 点移动到 b 点时，能量变化为 $\mathrm{d}w$，则电路中 a，b 两点间的电压定义为

$$v = \mathrm{d}w / \mathrm{d}q \qquad\qquad (1-2)$$

在国际单位制中，电压的单位为伏特（V），1 伏特（V）=1 焦耳（J）/1 库仑（C）。

在电路中，要对电压选取参考方向或**参考极性**。电压的参考极性可以用标在电路图中的一对"＋""－"符号来表示。图 1-4 中所标出的电压 $v$，其参考正极性在 a 端，负极性在 b 端，表示从 a 到 b 计算电压降，也可以用双下标来表示电压的参考极性，图 1-4 中的电压 $v$ 可以写为 $v_{ab}$。

和电流的参考方向一样，电压参考极性的选取也是任意的。对于选定参考极性的电压，经计算或测量得到其数值，此数值的正负结合参考方向就可以确定电压的实际极性。

电工技术中也会用电动势来进行分析。电动势是非电场力将电荷从低电势移动到高电势所做的功。在讨论电源内部过程或者感应电压时，常用到电动势。在电路模型中侧重元

件的外部特性，如电池的端极电压而不是内部电动势。由于电动势方向是从低电势指向高电势，所以，假定元件电动势为 $e$，若元件端电压参考正极性在电动势的高电势一端，则电压与电动势的数值相等。

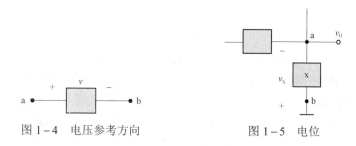

图 1-4　电压参考方向　　　　　图 1-5　电位

电路中的电压可以用电位来表示。若指定某个参考点为零电位，则电路中某点**电位**就是该点到参考点的电压。在实际电路中，参考点通常选为大地、机器外壳或某一个公共连接点。在电路计算中，通常参考点的选取是任意的，电路中各点的电位数值与参考点的选取有关，而任意两点间的电压等于该两点电位之差，与参考点的选取无关。例如，ab 间电压可用电位表示为 $v_{ab} = v_a - v_b$。

**例 1-2**　图 1-5 所示局部电路中，元件 x 的下端点 b 接地，即设为零电位点。已知 a 点电位 $v_0 = 5\text{V}$，求 $v_{ab}$ 和 $v_x$。

**解：**ab 间电压可以用 a 点电位表示成 $v_{ab} = v_a$。在 a 点引出的小圆圈表示电压输出点或测量点，在此点上标注的 $v_0$ 表示该点的电位。元件 x 两端的电压为 $v_x$，按照其假设参考极性，应该满足 $v_x = v_{ba} = -v_{ab} = -v_a = -v_0$。所以，$v_{ab} = v_0 = 5\text{V}$，$v_x = -5\text{V}$。

### 1.2.3　电压与电流的关联参考方向

如上所述，电压和电流变量的参考方向一般可以任意假定。但是，在有些电路问题中，要同时考虑两点之间的电压和流过的电流。例如，在描述二端元件的端口特性，或考察一个元件或一个电路端口的功率时，需要考虑电压参考极性和电流参考方向的相对关系，用到电压和电流关联参考方向的概念。

**关联参考方向**，或称一致参考方向，其含义是：当某一个元件或某一个电路端口所选定的电压和电流的参考方向，是让电流从电压的正极到负极流过该元件或电路时，称电压和电流的参考方向对于该元件或电路是关联的（或一致的）。

在如图 1-6 所示电路中，电压 $v$ 和电流 $i$ 的参考方向设定是关联的，而电压 $v$ 和电流 $i_1$ 的参考方向设定是非关联的。

图 1-6 关联参考方向 　　　　　　　图 1-7 元件吸收的功率

### 1.2.4 功率

在分析电路时，经常要考察电路中各部分的电能消耗和能量转移。因此，功率也是电路分析中的重要变量。电路中一个元件或一部分电路吸收的电功率可以用其端极上的电压和电流变量来表示。在图 1-7 所示电路中，选定电压 $v$ 和电流 $i$ 为关联参考方向。在单位时间 $\mathrm{d}t$ 内，若有正电荷 $\mathrm{d}q$ 从 a 点移动到 b 点，则元件所吸收的能量为

$$\mathrm{d}w = v\,\mathrm{d}q$$

因此，该电路吸收的功率为

$$p = \frac{\mathrm{d}w}{\mathrm{d}t} = \frac{\mathrm{d}w}{\mathrm{d}q} \cdot \frac{\mathrm{d}q}{\mathrm{d}t} = vi$$

即

$$p = vi \tag{1-3}$$

注意，若选定的参考电压与电流方向不关联，以图 1-6 中电压 $v$ 与电流 $i_1$ 为例，则元件吸收的功率应写成 $p = -vi_1$。因此，电压和电流的关联参考方向假设又称为无源元件假设，其含义就是假设了该元件吸收功率时实际电压和电流方向的关系。

式 (1-3) 用关联的电压和电流的乘积计算的功率是元件或电路的吸收功率。若计算出 $p>0$，则电路实际吸收功率；若 $p<0$，则电路实际为放出功率。通常在不特别指明时，功率均按吸收来计算。

**例 1-3** 求图 1-8 中各元件上所标的未知量。

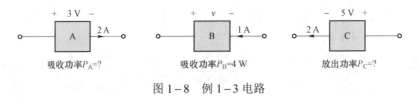

图 1-8 例 1-3 电路

**解**：元件 A 吸收的功率 $P_\mathrm{A} = 3 \times 2 = 6(\mathrm{W})$

元件 B 吸收的功率 $P_\mathrm{B} = -v \times 1$，因此 $v = -P_\mathrm{B} = -4\,\mathrm{V}$

元件 C 放出的功率 $P_\mathrm{C} = -5 \times 2 = -10(\mathrm{W})$，实际为吸收 10 W。

**练习与思考 1-1：**一个 10 W 的节能灯连续开 1 个小时会消耗多少焦耳的能量？相当于几度电？

# 1.3　电路元件

电路模型中的元件均为理想化元件，电路中的每一种元件都有其电路符号和特性描述。特性描述有数学公式和特性曲线两种形式。

电路元件的特性表征方法，是将元件看成具有两个或多个对外可测端子的黑箱，不关心其内部结构，只关心其外部特性。元件的外部特性可表示为 $v$–$i$ 关系、$q$–$v$ 关系或 $\varPhi$–$i$ 关系。在建立电路方程时，元件特性最终采用 $v$–$i$ 关系来描述。$v$–$i$ 关系也称为**伏安特性**。

## 1.3.1　电阻元件

电阻在电路中有阻碍电流流动的作用，实际电路中的很多组成部分都有电阻的特性，如灯泡、导线等。欧姆定律指出：通过某一导体的电流跟这段导体两端的电压成正比，跟这段导体的电阻成反比，即 $i = v / R$。因此，电阻是其两端电压与电流的比值。在图 1-9（a）所示关联电压电流方向约定下，电阻元件的 $v$–$i$ 关系表示为

$$v = Ri \tag{1-4}$$

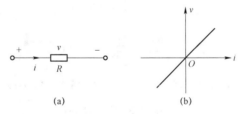

图 1-9　电阻元件

电阻元件的 $v$–$i$ 特性是图 1-9（b）显示的线性关系，其电阻值用 $R$ 表示，单位为欧姆（Ω）。欧姆定律也可以写成另外一种形式

$$i = Gv \tag{1-5}$$

其中，$G$ 是电导值，单位为西门子（S），$1\,\text{S} = 1\,\text{A} / 1\,\text{V}$。

当电流流过电阻时，电阻会发热，表明电阻消耗了电能。在关联参考方向下，电阻元件的功率可以用电压和电流变量表示为

$$p = vi = Ri^2 = \frac{v^2}{R} \tag{1-6}$$

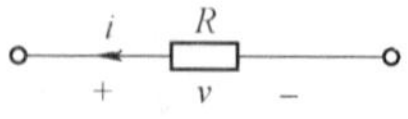

图 1-10　例 1-4 电路

作为实际电阻器的模型，电阻参数 $R$ 通常为正值，因此，正值电阻的吸收功率在任何时刻均为非负值，吸收的能量也为非负值，即只能吸收能量，称为无源元件。

**例 1-4**　在图 1-10 所示电路中，已知 $R=2\,\Omega$，$v=5\,V$。求电流 $i$ 和电阻吸收功率 $p$。

**解：**

$$i=-\frac{v}{R}=-\frac{5}{2}=-2.5（A）$$

$$p=-vi=-5\times(-2.5)=12.5（W）$$

在列写欧姆定律和功率表达式时需要注意，图中电阻两端的电压与电流为非关联参考方向，由此可以看出实际功率值与电压、电流参考方向的选取无关。

实际用电器都规定了适合的工作电压、电流和功率参数值，这些值称为额定值（额定电压、额定电流和额定功率）。用电器实际工作条件需要接近额定值，差别太大会造成设备本身损坏、电源损坏，或者不能达到设定的功能。例如，额定电压 220 V 的电灯，需要接在 220 V 电源上，电压过高会烧毁灯丝，电压过低则发光不足。

**例 1-5**　有一个 220 V、60 W 的电灯，接在 220 V 电源上。（1）试求电灯的电流和电灯的电阻。（2）如果每天用 3 小时，则 30 天消耗多少电能？（3）如果将电灯接在 110 V 电源上，则实际功率是多少？

**解：**（1）

$$I=\frac{P}{V}=\frac{60}{220}=0.273（A）$$

$$R=\frac{V}{I}=\frac{220}{0.273}=806（\Omega）$$

（2）

$$W=Pt=60\times10^{-3}\times3\times30=5.4（kW\cdot h）$$

（3）

$$P=\frac{V^2}{R}=\frac{110^2}{R}=\frac{220^2/4}{R}=\frac{60}{4}=15（W）$$

**练习与思考 1-2：**当电阻端电压和电流采用非关联参考方向时 $v=-Ri$，为什么？

**练习与思考 1-3：**有一额定功率为 5 W 的 500 $\Omega$ 电阻器，使用时最高电压不能超过多少伏？

### 1.3.2　电源

实际电源是能提供一定形式电能的设备。电路中的电源是在电路中能独立提供能量的元件，是理想化电源模型。电源也常作为信号源，又称为电路的输入或激励。理想电源包括电压源和电流源。

**电压源**的特性可以描述为：在任意时刻，元件两端的电压为一个确定值，与流过的电流无关。

图 1–11 显示了电压源的电路符号及其端口特性。电压源的特性曲线为平行于 $i$ 轴的直线。当电压随时间变化时，称其为时变电压源，端口电压 $v = v_S(t)$。当电压不随时间变化时，称其为**直流电压源**，端口电压为常数 $v = V_S$。直流电压源也可以用电池符号表示，如图 1–11（c）所示。注意，电压源上的电流取决于外电路，电压源本身并没有对其电流作任何约束，电流可以是任意值。不同于有内阻的实际电压源，这里定义的电压源是理想电压源，不存在任何所谓的内阻效应。

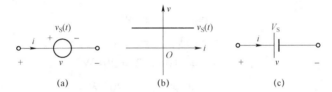

图 1–11　电压源及其特性

**电流源**的特性可以描述为：在任意时刻，流过元件的电流为一个确定值，与其端电压无关。电流源的电路符号和端口特性如图 1–12 所示。电流源的特性曲线是平行于 $v$ 轴的直线。

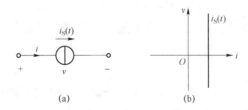

图 1–12　电流源及其特性

电流源也有直流电流源和时变电流源。注意，电流源上的电压取决于外电路，电流源本身并没有对其电压作任何约束，允许电压为任意值。

实际电源的端口特性多为电压源性质。例如，生活用电为正弦交流电压源，干电池可近似为直流电压源。具有电流源性质的独立设备比较少，太阳能电池板的输出在一定负载范围内近似于电流源，在电子电路中也可实现支路的电流源特性。

作为理想化电源模型，电压源和电流源在电路中可以向电路其他元件提供能量，但是它们并不总是能量的提供者，请看下面的例子。

**例 1–6**　考察图 1–13 的三个电路中各元件吸收的功率。

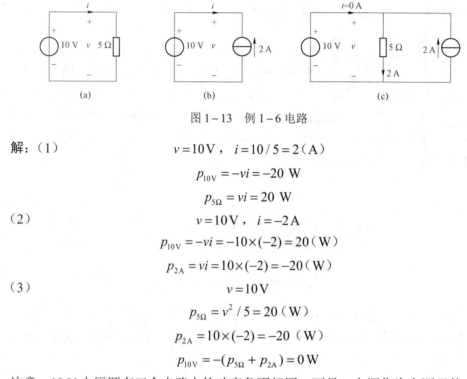

图 1-13 例 1-6 电路

解：（1）
$$v = 10\,\mathrm{V}，\quad i = 10/5 = 2（\mathrm{A}）$$
$$p_{10\mathrm{V}} = -vi = -20\,\mathrm{W}$$
$$p_{5\Omega} = vi = 20\,\mathrm{W}$$

（2）
$$v = 10\,\mathrm{V}，\quad i = -2\,\mathrm{A}$$
$$p_{10\mathrm{V}} = -vi = -10 \times (-2) = 20（\mathrm{W}）$$
$$p_{2\mathrm{A}} = vi = 10 \times (-2) = -20（\mathrm{W}）$$

（3）
$$v = 10\,\mathrm{V}$$
$$p_{5\Omega} = v^2/5 = 20（\mathrm{W}）$$
$$p_{2\mathrm{A}} = 10 \times (-2) = -20（\mathrm{W}）$$
$$p_{10\mathrm{V}} = -(p_{5\Omega} + p_{2\mathrm{A}}) = 0\,\mathrm{W}$$

注意，10 V 电压源在三个电路中的功率各不相同。可见，电源作为有源元件，在电路中可以提供功率，也可以吸收功率；正值电阻作为无源元件则只能吸收功率。

### 1.3.3 开路与短路

开路与短路是电路局部的一种特殊条件。**开路**是指电路中两点间无论电压如何，电流恒为零；**短路**是指电路两点间电压恒为零，与通过的电流无关。由于开路时电流为零，短路时电压为零，所以二者吸收功率均为零，开关电路的低功耗正是利用了这些特性。

当电阻元件的电阻值为无限大时，它相当于开路；当电阻元件的电阻值为零时，它相当于短路。电阻的这两种极端情况如图 1-14（a）和图 1-15（a）所示。

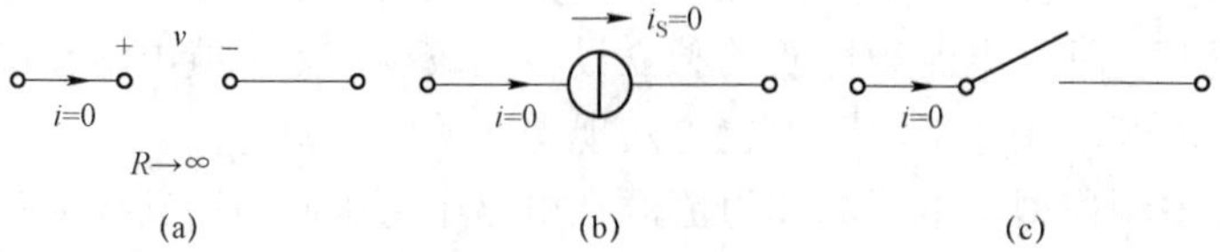

图 1-14 开路

当电流源的电流值为零时，流过元件的电流恒为零，与两端电压无关，元件相当于开路，如图 1-14（b）所示。当电压源的电压值为零时，元件两端电压恒为零，与流过元件的电流无关，元件相当于短路，如图 1-15（b）所示。

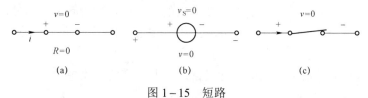

图 1-15　短路

开路和短路也可以用理想开关来实现。理想开关可以看成是特殊的电阻元件，它有两种状态：在断开时电流为零，电阻无限大，如图 1-14（c）所示；在闭合时电压为零，电阻为零，如图 1-15（c）所示。

在实际电路中，开关可以用机械方式或纯电子方式实现。机械方式开关的特性很接近理想开关，但工作速度慢；电子开关在接通和断开时都具有一定的电阻值，与理想开、短路有一定差别，但工作速度快。

# 1.4　基尔霍夫定律

## 1.4.1　电路连接概念

电路中的电压和电流受到两种约束：一种是组成电路的元件本身特性的约束，另外一种是电路连接方式，即电路结构的约束。换句话说，在分析电路时，要考虑到电路中有什么元件，以及这些元件是如何连接的。

先来介绍关于电路连接的几个概念。由于连接约束与元件的特性无关，在研究连接关系时，我们可以将电路中的元件用线段代替，画成一些由线段组成的图（拓扑图），例如，将图 1-16（a）中的电路图画成图 1-16（b）所示的拓扑图。

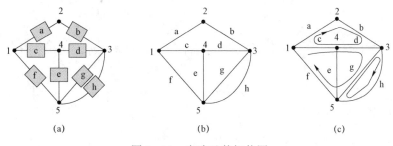

图 1-16　电路及其拓扑图

通常把二端元件或元件的组合作为一条支路。一条支路上的电流相同。支路相连接的地方称为结点[①]。例如，图 1-16 所示电路中有编号为 a，b，c，d，e，f，g，h 的 8 条支路，以及编号为 1，2，3，4，5 的 5 个结点。每一支路的两端都终止在结点上。

在图中构成一个闭合路径所需的必要支路的有序集合称为回路。例如，图 1-16（c）所示的支路集合（a，b，d，c），（c，d，g，f）和（g，h）均为回路。在一个电路图中可以有许多种回路。

通过结点关联起来的支路电流和通过回路关联起来的支路电压会满足下面将要介绍的线性约束关系。

### 1.4.2 基尔霍夫电流定律

德国物理学家基尔霍夫 1847 年提出的基尔霍夫定律是电路学科中最基本的定律，是电路理论建立的基础。基尔霍夫定律包括电流定律和电压定律。

**基尔霍夫电流定律（KCL）**可以表述为：在任何时刻，与电路中任一结点或封闭面连接的所有支路上电流之和为零。

$$\sum_{k=1}^{N} i_k = 0 \qquad\qquad (1-7)$$

其中 $i_k$ 为与该结点或封闭面关联的各支路电流，$N$ 为所连接的支路数。在方程中可规定计算流出电流之和或流入电流之和。当支路电流参考方向与规定方向一致时，该支路电流取正号，否则取负号。

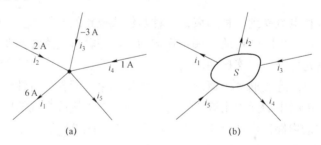

图 1-17 基尔霍夫电流定律

在图 1-17（a）中，5 条支路被连接到一个结点。若规定流出电流为正，根据 KCL 可以写出

$$i_1 - i_2 - i_3 - i_4 + i_5 = 0$$

从而求出其中未知电流

---

① 电磁学名词术语称节点，电子学名词术语称结点，本书统一为结点。

$$i_5 = -i_1 + i_2 + i_3 + i_4 = -6 + 2 + (-3) + 1 = -6（A）$$

对于图 1-17（b）中穿过曲面 $S$ 的电流，约定流出电流为正，则 KCL 约束方程为

$$i_1 + i_2 - i_3 + i_4 - i_5 = 0$$

注意，在列写 KCL 方程时涉及两种方向约定。一种是各支路（元件）电流的参考方向，另一种是约定对结点电流和的计算方向（计算流出还是流入的总和）。

由于电流是因为电荷的移动而形成的，上述结论反映了物理学的电荷守恒原理。在导线连接点上，或者对于包含有部分电路的封闭曲面，内部电荷的净累积为零。

电流定律提供了对电流变量的约束方程。一般情况下，一个电路中可用来求解的独立 KCL 方程数是电路的结点数减 1。

**例 1-7**　求图 1-18 所示电路中的 $i_1$ 和 $i_3$。

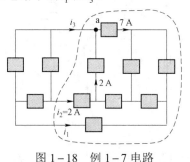

图 1-18　例 1-7 电路

**解**：对结点 a 列写 KCL 方程

$$-i_3 + 7 - 2 = 0$$
$$i_3 = 5 \text{ A}$$

对所示封闭曲面列写 KCL 方程

$$i_1 + i_2 + i_3 = 0$$
$$i_1 = -7 \text{ A}$$

**练习与思考 1-4**：对图 1-19 所示电路，用 3 个电阻上的电流表示端口引线上的电流，验证对封闭面 KCL 成立。

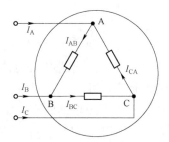

图 1-19　练习与思考 1-4 电路

### 1.4.3 基尔霍夫电压定律

**基尔霍夫电压定律（KVL）**可以表述为：在任何时刻，沿着电路中任一回路上所有支路电压的代数和为零。

$$\sum_{k=1}^{N} v_k = 0 \qquad\qquad (1-8)$$

其中 $v_k$ 是回路上的各支路电压，$N$ 是电压项数。在列写方程时要规定计算电压的绕行方向，若某支路电压参考方向与环绕路径方向一致，该电压取正号，否则取负号。

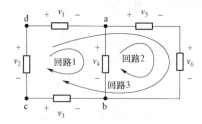

图 1-20 电路的所有回路

例如，对如图 1-20 所示电路中的三个回路，可以写出 3 个 KVL 方程

回路 1：$-v_3 - v_2 + v_1 + v_4 = 0$

回路 2：$-v_4 + v_5 + v_6 = 0$

回路 3：$-v_3 - v_2 + v_1 + v_5 + v_6 = 0$

电压定律与电路中元件的性质无关，包含在一个回路中的电压变量必定会受到 KVL 的约束，形成线性齐次方程。因此，一个支路电压可以用与该支路构成回路的其他支路电压来表示。例如，要求出图 1-20 中 ab 两结点间的电压，沿着回路 1

$$v_{ab} = v_4 = -v_1 + v_3 + v_2$$

或沿着回路 2

$$v_{ab} = v_4 = v_5 + v_6$$

由此可以得出 KVL 的另一种表述方式：电路中任意两结点间的电压与计算路径无关，等于该两结点间任一路径上所有电压代数和。

需要注意的是，KVL 不仅适用于支路组成的回路，还适用于任何闭合路径。

**例 1-8** 图 1-21 所示电路中，已知 $v_0 = 1\text{V}$，$v_4 = 2\text{V}$，$v_5 = 3\text{V}$，求其余电压值。

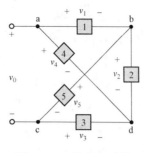

图 1-21　例 1-8 电路

**解**：沿着闭合路径 a–b–c–a、b–d–a–b 和 c–d–a–c 分别列出 KVL 方程，可以求出

$$v_1 = v_0 - v_5 = 1 - 3 = -2(\text{V})$$
$$v_2 = -v_1 + v_4 = 2 + 2 = 4(\text{V})$$
$$v_3 = -v_0 + v_4 = -1 + 2 = 1(\text{V})$$

在本例中，电压 $v_0$ 是两个结点 a、c 之间的电压，它并不属于电路中任何支路。因此，计算中求 $v_1$ 和 $v_3$ 的 KVL 闭合路径并不完全由实际存在的支路组成，可看成是一种虚拟的回路。

**练习与思考 1-5**：考察图 1-20 所示电路中对所有回路列出的 KVL 方程是否相互独立？

## 1.5　简单电路求解

### 1.5.1　实际电源

作为理想化元件，电压源的端电压与流过它的电流无关，是个确定值。实际电源的端特性会受到外电路的影响，其端口特性可以用电压源与电阻的组合来表示。图 1-22（a）、图 1-22（b）分别是实际电压源及其端口特性，图中的电阻称为电源的内阻。

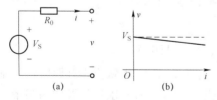

图 1-22　实际电压源及其端口特性

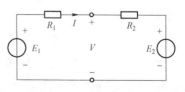

图 1-23　电源和负载

对于图 1-22（a）中的电压源和电阻的串联组合，在假设电流参考方向下，写出 KVL 方程为

$$v = V_S - R_0 i \qquad (1-9)$$

端口电压随着供电电流变化的曲线如图 1-22（b）所示。可以看出，当实际电源没有连接负载，即端口开路 $i$ 为零时，端口电压为 $V_S$。当连接负载向外电路供电时，其端口电压 $v$ 随负载电流 $i$ 增大而逐渐降低。如果电源内阻 $R_S$ 很小，电源就接近理想电压源特性。

以上实际电源的端口如果被短路，即 $v$ 为零，由式（1-9）可计算出短路电流为

$$i = V_S / R_0$$

实际供电系统中电源插座的输出，以及实验室中各种直流电源和信号源的输出，大多数接近电压源性质，其电源内阻很小，若被短路，将会产生很大的短路电流，烧毁电源。因此，多数电源和信号源的输出端可以开路，但不能被短路。

**例 1-9** 在图 1-23 所示的电路中，左侧为实际电源，右侧为电动机负载等效电路。其中，$V = 220\,\text{V}$，$I = 5\,\text{A}$，电阻 $R_1 = R_2 = 0.6\,\Omega$。（1）求电源的电动势 $E_1$ 和负载反电动势 $E_2$；（2）在电动机刹车时，负载反电动势 $E_2$ 上升到 229 V，求此时的电压 $V$、电流 $I$ 和电源端口吸收的功率。

**解：**（1）在电源一侧，根据 KVL

$$E_1 = V + R_1 I = 220 + 0.6 \times 5 = 223\,(\text{V})$$

在负载一侧

$$E_2 = V - R_2 I = 220 - 0.6 \times 5 = 217\,(\text{V})$$

（2）顺时针方向列出回路 KVL 方程

$$R_1 I - E_1 + E_2 + R_2 I = 0$$

求出电流

$$I = \frac{E_1 - E_2}{R_1 + R_2} = \frac{223 - 229}{0.6 + 0.6} = -5\,(\text{A})$$

由负载侧 KVL 方程得

$$V = E_2 + R_2 I = 229 - 0.6 \times 5 = 226\,(\text{V})$$

电源侧吸收功率

$$P = -V \cdot I = -226 \times (-5) = 1130\,(\text{W})$$

**例 1-10** 一台信号源（用电压源串联电阻作为模型），当输出端开路时测得端电压为 5 V。当在端口连接 200 Ω 电阻时，电阻两端电压为 4 V。（1）求信号源的内阻值；（2）若该信号源最大允许输出电流为 0.05 A，求端口可连接负载电阻的最小阻值。

**解：**（1）参考图 1-22（a）所示的实际电源模型。当实际电源开路时，端口电压为 5 V，所以实际电源内部的电压源电压 $V_S = 5\,\text{V}$。

端口连接负载电阻时，由欧姆定律可知电阻两端电压 $v=200i$，此时电压 $v=4\,\mathrm{V}$，所以 $i=0.02\,\mathrm{A}$。由式（1−9）得

$$4=5-R_0\times0.02$$

解出电源内阻 $R_0=50\,\Omega$。

（2）端口连接电阻 $R$ 时，电流为

$$i=\frac{V_\mathrm{S}}{R_0+R}$$

对给定最大输出电流计算外接电阻最小值为

$$R=\frac{V_\mathrm{S}-i_\mathrm{max}R_0}{i_\mathrm{max}}=\frac{5-0.05\times50}{0.05}=50\,(\Omega)$$

**练习与思考 1−6**：把电压近似的电池直接并联起来使用会有什么问题？

**练习与思考 1−7**：小型汽车的车载照明、音响和发动机的启动电动机都使用 12 V 蓄电池供电。在夜晚，当先打开车灯和音响后，再启动汽车时，车灯会短时间变暗，音响也会短时间无声。请解释这是什么原因？

## 1.5.2　电阻连接

### 1. 等效电阻

当两个或多个电阻串联或并联时，组合电路的端口对外可以等效为一个电阻。

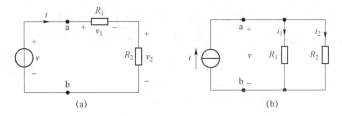

图 1−24　电阻串联和并联

在图 1−24（a）所示电路中，对于电阻串联构成的 ab 右侧电路

$$v=v_1+v_2=R_1i+R_2i=(R_1+R_2)i=Ri$$

因此串联的两个电阻对于电源来说可等效为一个电阻

$$R=R_1+R_2 \tag{1−10}$$

在图 1−24（b）所示电路中，对于电阻并联构成的 ab 右侧电路

$$i=i_1+i_2=\frac{v}{R_1}+\frac{v}{R_2}=\left(\frac{1}{R_1}+\frac{1}{R_2}\right)v$$

$$v = \frac{R_1 R_2}{R_1 + R_2} i = Ri$$

因此并联的两个电阻对于电源来说可等效为一个电阻

$$R = \frac{R_1 R_2}{R_1 + R_2} \qquad (1-11)$$

**2. 分压和分流**

在图 1-24 (a) 所示电路中，串联的两个电阻的每个电阻上的电压为

$$v_1 = R_1 i = \frac{R_1}{R_1 + R_2} v$$

$$v_2 = R_2 i = \frac{R_2}{R_1 + R_2} v \qquad (1-12)$$

式（1-12）称为电阻分压公式。这个结论可以推广到多个电阻的串联连接。

对于图 1-24 (b) 中 ab 间并联的两个电阻，可以得到

$$i_1 = \frac{v}{R_1} = \frac{R_2}{R_1 + R_2} i$$

$$i_2 = \frac{v}{R_2} = \frac{R_1}{R_1 + R_2} i \qquad (1-13)$$

因此，并联电阻电路中各电阻上的电流与端口上总电流的关系由式（1-13）确定，该公式称为电阻分流公式。以上分流公式可以推广到多个电阻的并联连接。

**例 1-11** 在图 1-25 所示电路中，求当开关 S 断开和闭合两种情况下端口的等效电阻 $R_i$。

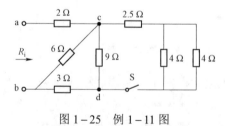

图 1-25 例 1-11 图

**解**：（1）开关断开时，cd 右侧为开路，对左侧电路无影响。从 ab 向右看去等效电阻为

$$R_i = 2 + \frac{6 \times (3+9)}{6+3+9} = 2 + 4 = 6 (\Omega)$$

（2）开关闭合时，cd 右侧等效电阻 $R_{cd}$ 为

$$R_{cd} = 2.5 + \frac{4 \times 4}{4 + 4} = 2.5 + 2 = 4.5(\Omega)$$

cd 之间的 9 Ω 电阻与右侧的等效电阻 $R_{cd}$ 并联后的电阻为

$$R_{cd1} = \frac{9R_{cd}}{9 + R_{cd}} = \frac{9 \times 4.5}{9 + 4.5} = 3(\Omega)$$

ab 端口等效电阻为

$$R_i = 2 + \frac{6 \times (3 + 3)}{6 + 3 + 3} = 2 + 3 = 5(\Omega)$$

作为电阻分压和分流电路的应用实例，下面讨论直流电压表和电流表的构成原理。模拟式仪表的核心部分是一个电磁式电流表头，靠电流通过线圈时所受到的磁力带动指针偏转完成指示。数字式仪表将电压信号输入模数转换器进行处理，然后用数字显示器显示结果。两种仪表的核心部分可以等效为一个电阻 $R_0$，其可测量的最大电流或电压的限值称为满量程电流 $I_0$ 或满量程电压 $V_0$。图 1-26（a）所示符号用来表示这种指示器件。高精度表头的满量程电流 $I_0$ 或电压 $V_0$ 很小，需要通过增加分流或分压电阻的方式扩展测量仪表的测量范围。

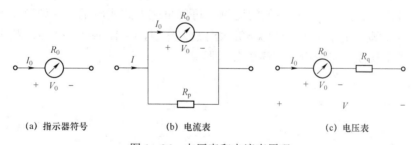

（a）指示器符号　　　　（b）电流表　　　　（c）电压表

图 1-26　电压表和电流表原理

图 1-26（b）所示电流表电路中，用并联电阻 $R_p$ 使可测量最大电流（电流量程）增大为 $I$。在图 1-26（c）所示电压表电路中，用串联电阻 $R_q$ 使可测量最大电压（电压量程）增大到 $V$。

**例 1-12**　设指示装置等效电阻 $R_0 = 1k\Omega$，满量程电流 $I_0 = 50\mu A$。

（1）用它构成量程为 10 mA 的电流表，$R_p$ 应为多大？

（2）用它构成量程为 1 V 的电压表，$R_q$ 应为多大？

**解：**（1）在图 1-26（b）中，可以写出 $I_0R_0 = (I - I_0)R_p$

所以

$$R_p = \frac{I_0}{I - I_0} R_0 = \frac{50 \times 10^{-6}}{10 \times 10^{-3} - 50 \times 10^{-6}} \times 10^3 \approx 5 (\Omega)$$

（2）在图 1-26（c）中，$V = I_0(R_0 + R_q)$

所以

$$R_q = \frac{V}{I_0} - R_0 = \frac{1}{50 \times 10^{-6}} - 10^3 = 19 (\text{k}\Omega)$$

在实际应用中,可用转换开关选择不同的分流或分压电阻实现多量程电流表或电压表。

**电位器**是一种三端电阻器件,其电路符号如图 1-27（a）所示。电位器由 1、2 端子间的电阻 $R$ 和滑动端构成。滑动端将整个电阻 $R$ 分成两部分,如图 1-27（b）所示。

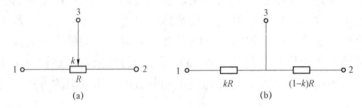

图 1-27　电位器

设 $k$ 是 1、3 端子电阻与总阻值的比例,可用机械方式或电子方式调节 $k$ 值,其范围是 $0 \leqslant k \leqslant 1$。当滑动端处于 1 端子时,$k=0$;处于 2 端子时,$k=1$。图 1-28（a）和图 1-28（b）分别是用电位器实现的可变电阻和简单分压器。

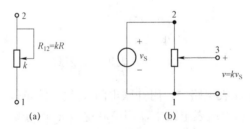

图 1-28　可变电阻与简单分压器

**例 1-13**　图 1-29 电路称为惠斯通电桥,用来测量未知电阻 $R_x$,其中 $R_1$ 与 $R_2$ 为已知阻值电阻,$R$ 是用精密电位器实现的可变电阻,其阻值可准确读出。当调整 $R$ 使电压表 $v_0$ 为零时,称电桥达到平衡。试用电桥平衡条件求出 $R_x$。

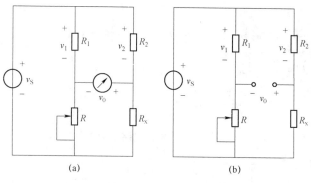

图 1-29　电桥平衡

**解：** 电桥平衡时 $v_0 = 0$，电压表中没有电流通过。因此，平衡时的电路可重新画为如图 1-29（b）所示电路，计算其中电压 $v_1$ 和 $v_2$，得到

$$v_1 = \frac{R_1}{R_1 + R} v_S = \frac{v_S}{1 + (R / R_1)}$$

$$v_2 = \frac{R_2}{R_2 + R_x} v_S = \frac{v_S}{1 + (R_x / R_2)}$$

由于 $v_0 = v_1 - v_2 = 0$，$v_1 = v_2$，得到

$$\frac{R_x}{R_2} = \frac{R}{R_1}$$

所以

$$R_x = (R_2 / R_1) R$$

### 1.5.3　电位电路

在电子电路中，经常把电路的电源公共点或机壳作为电位参考点，称为电路的地（注意这个地通常与大地无关），来分析和测量电路中其他结点相对于参考点的电位。通常情况下，电路的电源和输入信号都有一端接地，输出端口也是以地为一个端子，输出电压是相对于地的电压。因此，电子电路有一种习惯的画法，可称为电位电路。

例如，在图 1-30（a）和图 1-31（a）中，电路有电位参考点，用接地符号表示。电路中的电源都有一端接地。在图 1-30（a）中，a 点和 c 点电位已知，分别为 $V_{S1}$ 和 $-V_{S2}$，省略掉两个电压源，标出 a 点和 c 点电位值，并用小圆圈表示该结点，将电路画成图 1-30（b）的形式，就是电位电路画法。在图 1-31（b）中，除了用小圆圈表示图 1-31（a）电路中所接的输入电压源，还用短线段和圆圈来表示输出端电压 $V_o$，这样电路的输入与输出逻辑关系就更清楚了。

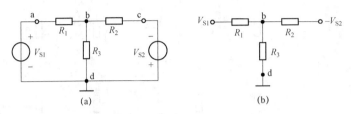

图 1-30    电位电路示例 1

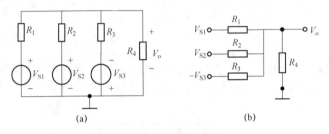

图 1-31    电位电路示例 2

在计算中，如果有必要，可以将电位电路中省略的接地电压源画出来，得到完整的电路结构来分析。

**例 1-14**    计算图 1-32 (a) 所示电路中输出端电位 $V_o$。

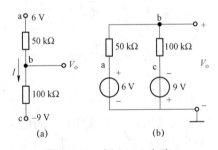

图 1-32    例 1-14 电路

**解：** 在图 1-32 (a) 中，先计算电流 $I$。沿着路径 b-a-地-c-b 列写 KVL 方程，从中可解出电流

$$I = \frac{V_a - V_c}{100 \times 10^3 + 50 \times 10^3} = \frac{6 - (-9)}{(100 + 50) \times 10^3} = \frac{15}{(150) \times 10^3} = 0.1 (\text{mA})$$

$$V_o = 100 \times 10^3 \times I + V_c = 100 \times 10^3 \times 0.1 \times 10^{-3} + (-9) = 10 - 9 = 1 (\text{V})$$

也可将图 1-32 (a) 所示电路重新画为图 1-32 (b) 所示的形式来分析。

# 本 章 要 点

■ 电路的分析对象是电路模型。电路模型是由理想化的元件构成的。理想化元件具有简单、确定的外部特性，它们可以表征实际元件的主要特性。

■ 元件和电路的特性主要用电压和电流变量来描述。在分析电路时，可以任意假定电压和电流的参考方向。参考方向与变量数值一起可确定实际电压或电流的方向。

■ 电路的连接结构用支路和结点来描述。

■ 基本二端电路元件包括电阻、电压源和电流源。电压源的端电压和电流源的端电流是确定的，与外电路无关。

■ 基尔霍夫电流定律约束一组电流，与一个结点或封闭面连接的全部电流代数和为零；基尔霍夫电压定律约束一组电压，沿着闭合路径上的全部电压代数和为零。

■ 实际电源的端口电压会随着负载电流变化。

■ 电阻元件的串并联组合可以等效为一个电阻；电阻分压和分流公式是常用的计算工具。

■ 电位电路具有接地点，是省略接地电压源的习惯画法。

# 习　题

**1-1**　已知某元件上为关联参考方向的电压 $v$ 和电流 $i$ 的波形如题 1-1 图所示，求该元件吸收功率 $p$ 和消耗能量 $w$ 的波形。

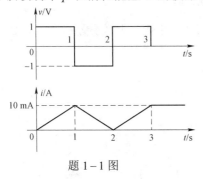

题 1-1 图　　　　　　　　　题 1-2 图

**1-2**　对于题 1-2 图中所示各元件：

（1）若元件 A 吸收功率为 10 W，求 $v_a$；

（2）若元件 B 吸收功率为 10 W，求 $i_b$；

（3）若元件 C 吸收功率为 -10 W，求 $i_c$；

（4）求元件 D 吸收功率；

（5）若元件 E 产生的功率为 10 W，求 $i_e$；

（6）若元件 F 产生的功率为 $-10$ W，求 $v_f$；

（7）若元件 G 产生的功率为 10 mW，求 $i_g$；

（8）求元件 H 产生的功率。

**1-3** 题 1-3 图所示 5 个元件上电压和电流的参考方向已在图中标示。题 1-3 表给出了已知变量，其中 $p$ 表示各元件吸收的功率值。请计算出表格中各未知量。

题 1-3 表

| 变量 | 元件 1 | 元件 2 | 元件 3 | 元件 4 | 元件 5 |
|------|--------|--------|--------|--------|--------|
| $v$ | $+100$ V | ? | $+25$ V | ? | ? |
| $i$ | ? | $+5$ mA | ? | ? | ? |
| $p$ | $-1$ W | ? | ? | 0.75 W | ? |

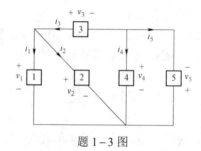

题 1-3 图

**1-4** 利用 KCL 求题 1-4 图所示各有向图中的电流 $i_x$。

**1-5** 题 1-5 图所示电路为多挡位分压器。用 KVL 求出当开关分别位于 A，B，C，D，E 位置时的输出电压 $v_o$。

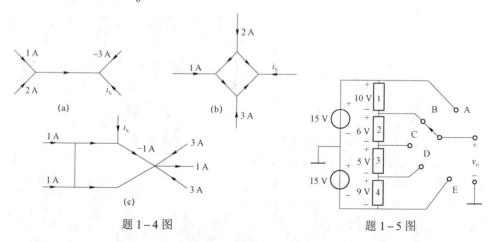

题 1-4 图　　　　　　　　题 1-5 图

**1-6**　求出题 1-6 图各电路中的 $v_x$ 和 $i_x$。

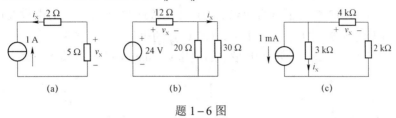

题 1-6 图

**1-7**　求出题 1-7 图所示各电路中电流源两端电压和流过电压源的电流。

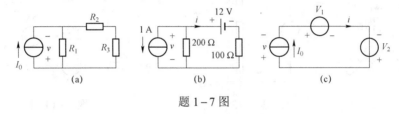

题 1-7 图

**1-8**　题 1-8 图所示为一个电子放大电路中的反馈通路模型。已知其中电流 $i_x = -0.5\,\mathrm{mA}$。

（1）求出 $R$ 值；

（2）验证流入其余部分电路的电流之和为零。

**1-9**　求题 1-9 图所示电路中标出的电流和电压变量。

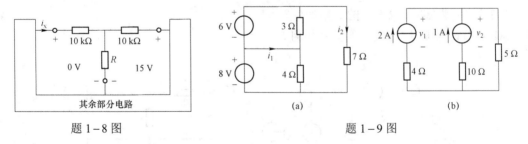

题 1-8 图　　　　　　　　　　　　　　　题 1-9 图

**1-10**　求题 1-10 图所示各电路中的电流 $i_1$，$i_2$，$i_3$。

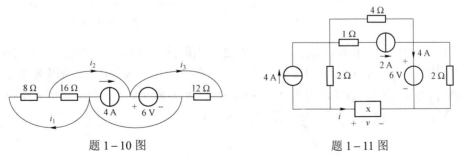

题 1-10 图　　　　　　　　　　　　　　题 1-11 图

**1-11** 求题 1-11 图所示电路中的 $i$、$v$ 及元件 x 的功率。

**1-12** 求题 1-12 图所示电路中当 A, B, C 均接地时 D 与 E 点的电位及电流 $i_B$ 与 $i_C$。

**1-13** 求题 1-13 图所示电路中 A，B，C 点的电位。

**1-14** 求题 1-14 图所示局部电路中的电压 $v_{ac}$ 和 $v_{bd}$，假定 ab 端子所接外电路为开路。

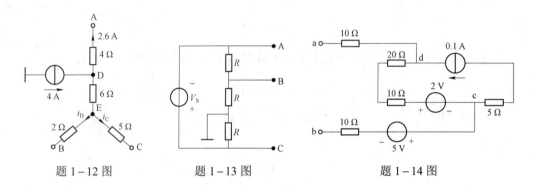

题 1-12 图　　　　　　题 1-13 图　　　　　　题 1-14 图

**1-15** 在题 1-15 图所示电路中，5 A 电流源提供 125 W 的功率，求 $R$ 和 $G$。

**1-16** 题 1-16 图为某电路中的电阻分压器。

（1）当 $i_1$ 为零时，$v_1$ 与 $v_2$ 的关系如何？

（2）当 $i_2$ 为零时，$v_1$ 与 $v_2$ 的关系如何？

（3）当 $v_1$ 为零时，$i_1$ 与 $i_2$ 的关系如何？

（4）当 $v_2$ 为零时，$i_1$ 与 $i_2$ 的关系如何？

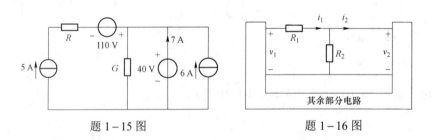

题 1-15 图　　　　　　　题 1-16 图

**1-17** 题 1-17 图所示电路是一个 $R-2R$ 电阻排，封装为一个芯片，可在外部的 4 个引脚接线。现有一个 12 V 电压源，准备利用它和电阻排组成分压器，图中给出了输出电压为 6 V 的连接范例。请找出用来产生 3 V，4 V，8 V 和 9 V 分压输出的连接方式（电压源位置可变，各引脚间、引脚对地可短路、开路）。

**1－18** 设计题 1－18 图所示的分压器。已知 $R_1$ 为 $1\,\text{k}\Omega$，试确定 $R_2$，$R_3$ 及 $R_4$ 的值。

**1－19** 设计题 1－19 图所示多量程的电压表。表头相当于一个电阻（$R_0 = 1\,\text{k}\Omega$），满幅电流（最大允许电流）$I_0 = 50\,\mu\text{A}$。

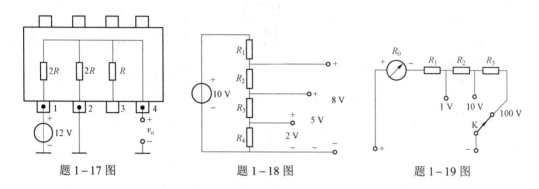

题 1－17 图　　　　　　　题 1－18 图　　　　　　　题 1－19 图

**1－20** 求题 1－20 图所示电路中当电位器滑动头分别在 a，b 及 m（电位器中点）时的电压 $v_{ab}$。

**1－21** 题 1－21 图所示电路中，当两个滑动头均处在中间位置时，求电压 $v_{ab}$。

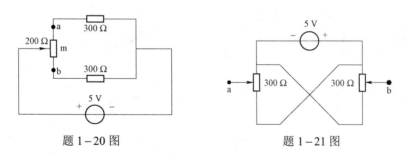

题 1－20 图　　　　　　　　　　　题 1－21 图

**1－22** 求题 1－22 图所示两个电路的等效电阻 $R_{ab}$。

**1－23** 题 1－23 图所示为一个 $R-2R$ 电阻排封装，通过适当的外部导线连接可得到一系列不同的等效电阻值。如以下等效阻值中只有一个不能得到：$R/2$，$2R/3$，$R$，$8R/3$，$5R/3$，$2R$，$3R$，$4R$。请找出不能得到的阻值，并且画出如何连接才能得到其余的阻值。

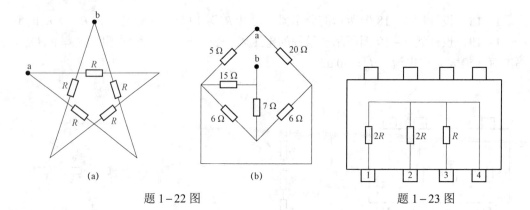

题 1-22 图                    题 1-23 图

# 第2章
# 线性电路分析方法

**提要** 本章以电阻性电路为对象，介绍了线性电路直流特性的几种基本分析方法。利用等效变换、线性电路的齐次性和叠加性、戴维南定理可以将分析问题简化。单回路与双结点结构电路的分析具有很强的规律性和实用性。支路电流法和结点分析法是分析复杂电路的系统化方法。本章介绍的方法不仅适用于直流特性的分析，也可推广到动态特性和交流特性的分析，熟练掌握这些方法是提高电路分析能力的重要保障。

## 2.1 电源等效变换

### 2.1.1 理想电源串并联

根据理想电压源的特性及基尔霍夫电压定律可知，若干电压源串联组合，从端口上看相当于一个电压源，其电压等于各个串联电压源电压的代数和，即 $v_S = \sum_{k=1}^{n} v_{Sk}$，如图 2-1 所示。

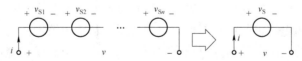

图 2-1 电压源的串联等效

可以写出左面串联支路端口电压的表达式来验证等效关系成立。注意，串联支路的电压独立，而电流仍然取决于外电路，这正是一个电压源的特性。

根据理想电流源的特性及基尔霍夫电流定律可知，若干电流源并联组合，从端口上看相当于一个电流源，其电流等于各个并联电流源电流的代数和，即 $i_S = \sum_{k=1}^{n} i_{Sk}$，如图 2-2 所示。

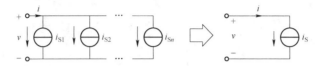

图 2-2　电流源的并联等效

可以写出左面并联支路端口电流的表达式来验证等效关系成立。注意，并联支路的电流独立，而电压仍然取决于外电路，这正是一个电流源的特性。

根据理想电压源的特性可知理想电压源与任何支路并联后整个支路的电压与该理想电压源的电压相等，可以用该理想电压源等效。理想电流源与任何支路串联后整个支路的电流与该理想电流源的电流相等，可以用该理想电流源等效。

**例 2-1**　化简如图 2-3（a）所示电路。

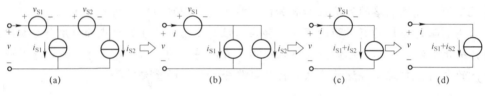

图 2-3　例 2-1 电路

**解**：图 2-3（a）中的电压源 $v_{S2}$ 与电流源 $i_{S2}$ 串联，可以用如图 2-3（b）所示的电流源 $i_{S2}$ 等效。图 2-3（b）中的电流源 $i_{S1}$ 与电流源 $i_{S2}$ 并联，可以用如图 2-3（c）所示的电流源 $i_{S1} + i_{S2}$ 等效。图 2-3（c）中的电压源 $v_{S1}$ 与电流源 $i_{S1} + i_{S2}$ 串联，可以用如图 2-3（d）所示的电流源 $i_{S1} + i_{S2}$ 等效。

### 2.1.2　实际电源的等效变换

理想电压源的电压与电路任何位置的电压和电流（包括流过电压源自身的电流）无关。同样，理想电流源的电流也与电路任何位置的电压（包括电流源自身上的电压）和电流无关。而实际电压源的电压会随自身电流变化而变化，实际电流源的电流也会随自身上的电压变化而变化。实际电源可以用理想电源与电阻的组合支路描述。

图 2-4（a）是理想电压源与电阻串联支路，可以作为实际电压源的模型；图 2-4（b）为理想电流源与电阻并联支路，可看作实际电流源的模型。

当其中的电阻为非零有限阻值时，两种电路存在等效关系。图 2-4 中左右两个电路端口伏安特性关系式分别为 $v = Ri + V_S$ 和 $v = R(i + I_S) = Ri + RI_S$。若两电路等效，必须满足 $V_S = RI_S$，或 $I_S = V_S/R$。在图 2-4 中，画出了两个电路做等效变换时参数之间的关系。需要注意，当 $R = 0$ 或 $R \to \infty$ 时，两个电路分别成为理想电压源和理想电流源，不能相互转换。

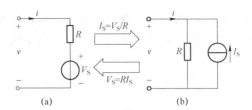

图 2-4 两种实际电源模型的等效变换

**例 2-2** 化简如图 2-5（a）所示电路。

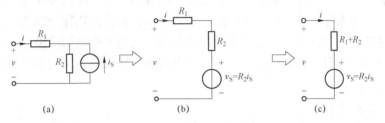

图 2-5 例 2-2 电路

**解：** 图 2-5（a）中的电流源 $i_S$ 与电阻 $R_2$ 并联，可以用如图 2-5（b）所示的电压源 $v_S$ 与电阻 $R_2$ 串联等效。图 2-5（b）中的电阻 $R_1$ 与 $R_2$ 串联，可以用如图 2-5（c）所示的电阻 $R_1 + R_2$ 等效。

**例 2-3** 利用电源等效变换求如图 2-6（a）所示电路中的电流 $i$。

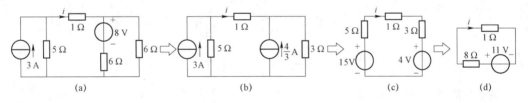

图 2-6 例 2-3 电路

**解：** 图 2-6（a）中的电压源与电阻串联可以用如图 2-6（b）所示的电流源与电阻并联等效。图 2-6（b）中的电流源与电阻并联的两个支路可以用如图 2-6（c）所示的电压源与电阻串联的两个支路等效。图 2-6（c）中的电压源串联和电阻串联可以用图 2-6（d）等效。所以

$$i = \frac{11}{8+1} = \frac{11}{9}(\text{A})$$

**练习与思考 2-1：** 为什么理想电压源与任何支路并联可以用理想电压源等效？

**练习与思考 2-2：** 实际电压源与理想电压源的特性有何不同？

练习与思考 2-3：为什么理想电流源与任何支路串联可以用理想电流源等效？

练习与思考 2-4：实际电流源与理想电流源的特性有何不同？

## 2.2 叠加定理

线性电路是只包含线性元件和独立源的电路。线性电路的特性表现在电路中的响应变量（支路的电压和电流）与激励（独立源的电源值）之间的关系。当电路中仅存在一个激励时，激励增加 $k$ 倍，响应也增加 $k$ 倍，这种性质称为线性电路的**齐次性**。当电路中含有多个激励时，响应为各个激励单独作用时响应的叠加，这种性质称为线性电路的**叠加性**。**叠加定理**指的是线性电路所具有的齐次性和叠加性，反映了电路的激励与响应之间的因果关系为线性关系，运用叠加定理可将一个复杂电路的分析问题转化为多个简单电路的分析问题。

### 2.2.1 线性电路的齐次性

齐次性是线性电路的特性之一。线性电路的齐次性可以图 2-7 所示电路为例加以说明。该电路仅含有一个独立电流源，除电流源 $I_S$ 外均为线性元件。现考察电路中各支路电压和电流与电源 $I_S$ 的关系。

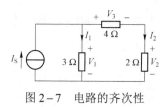

图 2-7　电路的齐次性

根据分流关系及欧姆定律可知

$$I_1 = \frac{4+2}{3+(4+2)} I_S = \frac{2}{3} I_S$$

$$I_2 = \frac{3}{3+(4+2)} I_s = \frac{1}{3} I_s$$

$$V_1 = 3I_1 = 2I_S$$

$$V_2 = 2I_2 = \frac{2}{3} I_S$$

$$V_3 = 4I_2 = \frac{4}{3} I_S$$

即

$$I_S : I_1 : I_2 : V_1 : V_2 : V_3 = 1 : \frac{2}{3} : \frac{1}{3} : 2 : \frac{2}{3} : \frac{4}{3}$$

表明各支路变量均与电路中唯一的电源 $I_S$ 成线性关系。可以证明这个性质对任何只含有一个独立源的线性电路都是成立的。设独立源电源值为 $x$，任意支路变量为 $y$，仅由一个独立源和电阻构成的电路的齐次性可以表示为

$$y = kx$$

当线性电路中只含有一个独立源时，电路中各支路电压和电流与该独立源的电源值成线性关系，在电阻性电路中就是比例关系。电路的齐次性可以用来简化电路分析问题。

**例 2 - 4**　求图 2-8 所示梯形电阻电路中电压 $v$ 与电流源 $i_S$ 的关系，并计算 $v$。

**解：**由线性电路的齐次性，可知 $v = ki_S$。可以假定一个 $v$ 值（这里设 $v = 2$ V），逐步推出 $i_S$ 应取的值。求出 $k$ 后，再根据齐次性用实际 $i_S$ 值计算实际 $v$ 值。为了说明计算过程，在电路图上标出了电压、电流参考方向，如图 2-9 所示。逐步运用电阻分压、分流公式和基尔霍夫定律可得

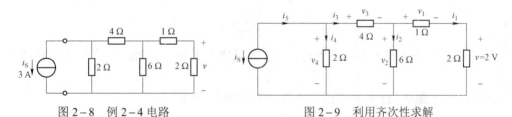

图 2-8　例 2-4 电路　　　　　　图 2-9　利用齐次性求解

$$i_1 = v/2 = 1 \text{ A} \qquad v_2 = (1+2)i_1 = 3 \text{ V} \qquad i_2 = v_2/6 = 0.5 \text{ A}$$
$$i_3 = i_1 + i_2 = 1.5 \text{ A} \qquad v_3 = 4 \, i_3 = 6 \text{ V}$$
$$v_4 = v_3 + v_2 = 9 \text{ V} \qquad i_4 = v_4/2 = 4.5 \text{ A}$$
$$i_5 = i_3 + i_4 = 6 \text{ A}$$

推导出 $i_S = -6$ A，根据齐次性可知 $k = v/i_S = 2/(-6) = -1/3$。因此，当 $i_S = 3$ A 时，$v = ki_S = -1$ V。

## 2.2.2　线性电路的叠加性

线性电路的叠加性原理可以用**叠加定理**来叙述：在任何含有多个独立源的线性电路中，每一支路的电压（或电流）都可看成是各个独立源单独作用时（除该电源外，其他独立源为零电源）在该支路产生的电压（或电流）的代数和。

由于独立源单独作用时响应和激励又具有齐次性，所以叠加定理反映了线性电路所具

有的齐次性和叠加性。

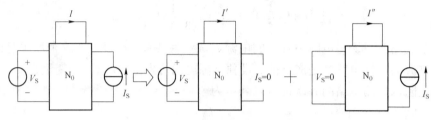

图 2-10　叠加定理的示意图

假定电路中有两个独立源 $V_S$ 和 $I_S$，$N_0$ 为电阻电路，考察某支路电流响应 $I$，叠加定理的内容可以形象地用图 2-10 表示。其中 $I'$ 和 $I''$ 分别为 $V_S$ 和 $I_S$ 单独作用时的响应，总电流为

$$I = I' + I'' = k_1 V_S + k_2 I_S$$

一般情况下，当电路中包含 $n$ 个独立源，其他元件为电阻时，响应变量 $y$ 是各个独立源电源值 $x_i$ 的加权之和

$$y = \sum_{i=1}^{n} k_i x_i$$

当只有一个独立源 $x_i$ 单独作用时，$y$ 与 $x_i$ 成比例关系。下面用一个例子来验证叠加定理。

**例 2-5**　求图 2-11 所示电路中 $I$ 及 9 Ω 电阻上的功率。

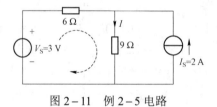

图 2-11　例 2-5 电路

**解：** 沿着图示的路径列出 KVL 方程

$$-V_S + 6(I - I_S) + 9I = 0$$

得到

$$I = \frac{1}{15}V_S + \frac{6}{15}I_S = \frac{1}{15} \times 3 + \frac{6}{15} \times 2 = 1（\text{A}）$$

9 Ω 电阻上的功率为

$$P_{9\Omega} = I^2 R = 9 \text{ W}$$

下面用叠加定理求解 $I$。让电压源 $V_S$ 和电流源 $I_S$ 分别单独作用，求出相应的电流分量，并同时求出部分功率作为比较，电路如图 2-12 所示。

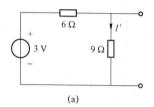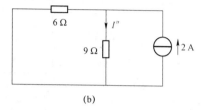

图 2-12　电源单独作用的电路

当电压源 $V_S$ 单独作用时，电路如图 2-12（a）所示，计算出电流和功率为

$$I' = \frac{3}{9+6} = 0.2\,(\text{A})$$

$$P'_{9\Omega} = 0.2^2 \times 9 = 0.36\,(\text{W})$$

当电流源 $I_S$ 单独作用时，电路如图 2-12（b）所示，计算出电流和功率为

$$I'' = \frac{6}{6+9} \times 2 = 0.8\,(\text{A})$$

$$P''_{9\Omega} = 0.8^2 \times 9 = 5.76\,(\text{W})$$

根据叠加定理得

$$I = I' + I'' = 1\,\text{A}$$

结果验证了叠加定理。但是，将各电源单独作用下的功率相加并不等于两电源共同作用时 9 Ω 电阻的功率，表明功率计算不符合叠加定理。

在例 2-5 中，3 V 电压源单独作用时产生的响应为 0.2 A，2 A 电流源单独作用时产生的响应为 0.8 A。若 3 V 电压源变为 9 V（增加 3 倍），无须重新分析，利用叠加定理可知响应为 $3 \times 0.2 + 0.8 = 1.4\,(\text{A})$，电流的增量相当于 6 V 电压源（增加 2 倍）单独作用时的响应，即 $2 \times 0.2 = 0.4\,(\text{A})$。

在利用叠加定理分析电路时要注意：

（1）叠加定理只对线性电路的电压和电流变量成立，功率不服从叠加定理；

（2）一个独立源单独作用的含义是将其他独立源置为零值；

（3）零值电源的含义是电压源短路，电流源开路。

**例 2-6**　用叠加定理求黑箱问题。图 2-13 所示电路中，方框内部为不含有独立源的线性电阻电路，内部结构不详。已知：当 $V_S = 1\,\text{V}$，$I_S = 1\,\text{A}$ 时，$V_2 = 0\,\text{V}$；当 $V_S = 10\,\text{V}$，$I_S = 0\,\text{A}$ 时，$V_2 = 1\,\text{V}$。求：当 $V_S = 0\,\text{V}$，$I_S = 10\,\text{A}$ 时，$V_2 = ?$

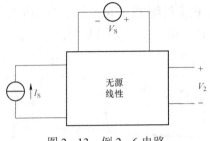

图 2－13 例 2－6 电路

**解：** 由叠加定理可知

$$V_2 = K_1 V_S + K_2 I_S$$

代入已知条件得

$$\begin{cases} K_1 + K_2 = 0 \\ 10K_1 = 1 \end{cases}, \quad \begin{cases} K_1 = 0.1 \\ K_2 = -0.1 \end{cases}$$

当 $V_S = 0$ V，$I_S = 10$ A 时

$$V_2 = 0.1V_S - 0.1I_S = 0.1 \times 0 - 0.1 \times 10 = -1(\text{V})$$

**练习与思考 2－5：** 线性电路具有齐次性和叠加性，二者含义是什么？有何区别？

**练习与思考 2－6：** 叠加定理中关于零电源的含义是什么？

**练习与思考 2－7：** 为什么功率不满足叠加性？如何用叠加定理分析功率特性？

# 2.3　戴维南定理和诺顿定理

由线性元件和独立源组成的复杂二端电路经过等效变换方法都可以简化成一个电阻与一个电压源的组合，或一个电阻与一个电流源的组合。线性含源二端电路的这个性质可以归结为戴维南定理和诺顿定理，从而得到更一般化的方法来求得线性含源二端电路的等效简化电路。

## 2.3.1　戴维南定理与诺顿定理

**戴维南定理** 表述为：任意一个线性含独立源和电阻的二端网络 N 可等效为一个电压源 $V_{OC}$ 与一个电阻 $R_0$ 相串联的支路。其中，$V_{OC}$ 为该网络的开路电压，$R_0$ 为该网络中全部独立源置零后的等效电阻。

根据戴维南定理求出的电压源与等效电阻的串联电路称为**戴维南等效电路**，如图 2－14 所示。

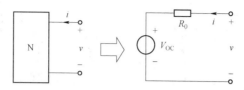

图 2-14　戴维南等效电路

戴维南定理可以用叠加定理证明。假设网络 N 的端口上加有电流源 $i$，如图 2-15（a）所示。现在要计算出端口电压 $v$，以确定端口的伏安特性。利用叠加定理求 $v$ 的方法如图 2-15（c）和图 2-15（d）所示。

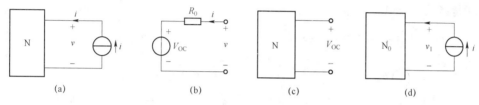

|  (a) | (b) | (c) | (d) |

图 2-15　用叠加定理证明戴维南定理

先让 N 内部独立源单独作用，如图 2-15（c）所示，外加电流源为零值，相当于端口开路，得到开路电压 $V_{OC}$，再让外加电流源单独作用，将 N 内部独立源置零，如图 2-15（d）所示。由线性电路的齐次性，可知 $v_1$ 与 $i$ 成线性关系，$v_1 = iR_0$，即 $N_0$ 相当于一个电阻（戴维南等效电阻）。由叠加定理可知，当电流源与 N 内部独立源同时作用时端口上的电压为

$$v = iR_0 + V_{OC}$$

根据这个 $v-i$ 关系可知，N 可以等效为图 2-15（b）所示的 $R_0$ 与 $V_{OC}$ 串联等效电路。

戴维南定理说明，一个含有独立源和线性电阻元件的二端电路，其端口上的伏安特性是 $v-i$ 平面上的一条直线，并且可以由 $R_0$ 和 $V_{OC}$ 这两个参数唯一确定；当电路中没有独立源时，$V_{OC}$ 为零，电路相当于一个线性电阻。

根据实际电源模型的等效关系，含源二端电路还可以用实际电流源模型来表示。这个结论可以表述为**诺顿定理**：任意线性含独立源和电阻的二端电路可等效为一个电流源 $I_{SC}$ 与一个电阻 $R_0$ 相并联的支路。其中，$I_{SC}$ 为该网络的短路电流，$R_0$ 为该网络中全部独立源置零后的等效电阻。

由诺顿定理得到的电流源和电阻的并联组合称为诺顿等效电路，如图 2-16 所示。和戴维南定理类似，可以用叠加定理证明诺顿定理。

诺顿定理说明，一个含有独立源和线性电阻元件的二端电路，其端口上的伏安特性是 $v-i$ 平面上的一条直线，并且可以由 $R_0$ 和 $I_{SC}$ 这两个参数唯一确定；当电路中没有独立源时，$I_{SC}$ 为零，电路相当于一个线性电阻。

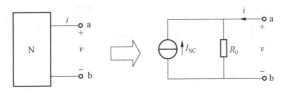

图 2-16　诺顿等效电路

对于同一个线性含源二端电路，戴维南等效电路与诺顿等效电路相互等效。当戴维南或诺顿等效电路中的等效电阻 $R_0$ 为非零的有限值时，两个等效电路之间存在如图 2-17 所示的等效关系。对照实际电源模型可知实际电压源模型就是戴维南等效电路，实际电流源模型就是诺顿等效电路。

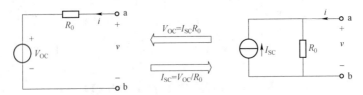

图 2-17　戴维南等效电路与诺顿等效电路的关系

如果知道一种等效电路，就能确定另外一种等效电路。但是，若 $R=0$，则只存在戴维南等效电路（理想电压源）；若 $R \to \infty$，则只存在诺顿等效电路（理想电流源）。

### 2.3.2　应用戴维南定理的分析

戴维南定理和诺顿定理说明任意线性含源二端电路都可以用电阻与独立源的简单组合来等效。应用戴维南定理和诺顿定理进行分析的关键在于求出等效电路，为此可采用不同的方法。方法一是按照等效概念，找出电路端口上的 $v$-$i$ 关系式，可以得到等效电路。方法二是采用等效变换法将电路逐步化简，可以得到等效电路。下面介绍方法三，即按照定理计算等效电路参数的方法。

**1. 求开路电压 $V_{OC}$**

将外电路开路，用两类约束、等效变换、叠加定理等求解。

**2. 求戴维南等效电阻 $R_0$**

（1）定义法：将内部独立源置零，外加电源（电压源或电流源），求端口上电压与电流比值 $R_0=v/i$，如图 2-18（a）所示。当 $N_0$ 仅含有电阻时，若电阻间为串并联结构，可直接用串并联后的等效电阻计算戴维南电阻。

（2）开短路法：设戴维南等效电路如图 2-18（b）所示，将端口短路，求出短路电流 $I_{SC}$。从图 2-18（b）中看出，$R_0$ 可以由 $R_0=V_{OC}/I_{SC}$ 得出。利用二端电路的开路电压 $V_{OC}$

和短路电流 $I_{SC}$ 间接求等效电路的方法称为开短路法。采用这种方法时要注意开路电压和短路电流的参考方向。

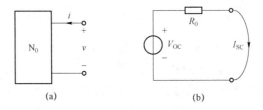

(a)　　　　　　　　　(b)

图 2-18　戴维南等效电阻 $R_0$ 的求解

**例 2-7**　用戴维南定理求图 2-19（a）所示电路中的变量 $I$。

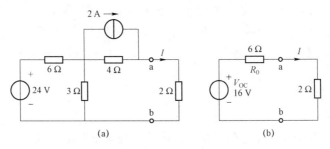

(a)　　　　　　　　(b)

图 2-19　例 2-7 电路

**解：**（1）求 $V_{OC}$：断开 2 Ω 的电阻，由 KVL 得

$$V_{OC} = 2 \times 4 + 24 \times \frac{3}{6+3} = 16（\mathrm{V}）$$

（2）求 $R_0$：用短路代替电压源，用开路代替电流源，根据电阻串并联关系得

$$R_0 = 4 + 6//3 = 4 + 2 = 6（\Omega）$$

（3）画出如图 2-19（b）所示等效电路，用等效电路计算电流

$$I = 16/8 = 2（\mathrm{A}）$$

本例中若 2Ω 电阻变为 10Ω 时，则无须重新分析，根据戴维南等效电路可知此时电流为 1 A。

### 2.3.3　直流最大功率传输

由戴维南定理可知由线性电阻和独立源构成的二端电路可以用电压源与电阻串联的支路等效，该二端电路端口所接的外部电阻称为负载电阻。负载电阻值不同，负载获得的功率也不同，获得最大功率的负载电阻称为匹配电阻。最大功率传输定理给出了匹配电阻的确定方法及匹配条件下所获得的最大功率。

设二端戴维南等效电路的开路电压为 $V_{OC}$，等效电阻为 $R_0$，负载电阻为 $R_L$，最大功率传输定理表述为：对于给定的线性有源二端电路，其负载电阻获得最大功率的条件是 $R_L = R_0$（匹配电阻），此时称为最大功率匹配，负载获得的最大功率为 $\dfrac{V_{OC}^2}{4R_0}$。

上面例 2-7 的图 2-19 中 2 Ω 电阻可看做 ab 两端右侧二端电路的负载电阻，此时流过负载电阻的电流为 2 A，负载电阻获得的功率为 8 W。当 2 Ω 电阻变为 10 Ω 时，流过负载电阻的电流为 1 A，负载电阻获得的功率为 10 W。由于 ab 两端左侧戴维南等效电路的开路电压为 16 V，等效电阻为 6 Ω，根据最大功率传输定理可知当负载电阻为 6 Ω 时可获得的最大功率为 $\dfrac{16^2}{4 \times 6} \approx 10.67$（W）。

**练习与思考 2-8**：戴维南定理中的开路电压和等效电阻是如何定义的？

**练习与思考 2-9**：戴维南等效电路能为分析电路带来哪些方便？

**练习与思考 2-10**：归纳分析开路电压的方法，归纳分析等效电阻的方法。

# 2.4 支路电流法

电路分析的基本任务是确定在任意时刻电路中任意支路的电压和电流变量。对于理想电路模型来说，电路中的电压和电流变量仅受到两类约束：连接约束和元件特性约束。连接约束与元件特性约束相互独立。

对于有 $b$ 条支路，$n$ 个结点的电路，KCL 提供 $n-1$ 个独立方程，KVL 提供 $b-n+1$ 个独立方程。元件特性可提供 $b$ 个独立方程（假定每个支路有一个元件）。利用 $2b$ 个方程可以解出支路电压和支路电流的 $2b$ 个变量。用两种约束可建立 $2b$ 个独立方程，从而完全确定所有电压和电流变量，但计算复杂。

为了减少方程，需要减少变量个数，可以只将 $b$ 个支路电流或 $b$ 个支路电压作为求解变量，称为支路电流法或支路电压法。下面介绍如何以支路电流为变量通过建立 KCL 和 KVL 方程的方法对电路进行分析。

**例 2-8** 求图 2-20 所示电路中元件的电流。

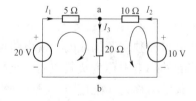

图 2-20 例 2-8 电路

**解**：选 3 个支路的电流为变量，如图 2−20 所示。

图 2−20 中有一个独立的 KCL 方程（结点 a 或结点 b）和两个如图 2−20 所示的独立 KVL 方程。以支路电流 $I_1$，$I_2$ 和 $I_3$ 为变量列出这 3 个方程

$$KCL: -I_1 - I_2 + I_3 = 0$$

$$KVL: \begin{cases} 5I_1 + 20I_3 = 20 \\ 10I_2 + 20I_3 = 10 \end{cases}$$

其中，KVL 方程利用了欧姆定律，用支路电流 $I_1$，$I_2$ 和 $I_3$ 表示电阻电压。解方程得

$$\begin{cases} I_1 = 1.14 \text{ A} \\ I_2 = -0.43 \text{ A} \\ I_3 = 0.71 \text{ A} \end{cases}$$

**例 2−9**　求图 2−21（a）所示电路中的 $i_4$，$v_a$，$v_b$。

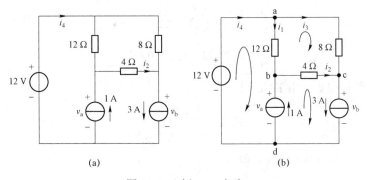

(a)　　　　　　　　(b)

图 2−21　例 2−9 电路

**解**：该电路有 6 个支路，其中两个电流源的电流已知，所以选另外 4 个支路电流为变量，如图 2−21（b）所示。

该电路有 4 个结点（其中任意 3 个结点的 KCL 方程为独立方程），列出结点 a，b 和 c 的 KCL 方程

$$KCL: \begin{cases} i_1 + i_3 - i_4 = 0 \\ -i_1 + i_2 - 1 = 0 \\ -i_2 - i_3 + 3 = 0 \end{cases}$$

以支路电流 $i_1$，$i_2$，$i_3$ 和 $i_4$ 为变量列出如图 2−21（b）所示 3 个回路的 KVL 方程

$$KVL: \begin{cases} -12 + 12i_1 + v_a = 0 \\ -12i_1 + 8i_3 - 4i_2 = 0 \\ -v_a + 4i_2 + v_b = 0 \end{cases}$$

其中，KVL 方程中电阻的电压运用了欧姆定律，用支路电流 $i_1$，$i_2$ 和 $i_3$ 表示，2 个电流源的电压分别用 $v_a$ 和 $v_b$ 表示。解方程得

$$\begin{cases} i_1 = 0.5 \text{ A} \\ i_2 = 1.5 \text{ A} \\ i_3 = 1.5 \text{ A} \\ i_4 = 2 \text{ A} \end{cases}, \quad \begin{cases} v_a = 6 \text{ V} \\ v_b = 0 \text{ V} \end{cases}$$

**例 2−10**　求当图 2−22 所示电路 ab 端开路时的电压 $v_{ab}$。

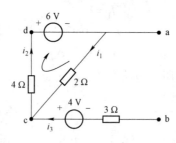

图 2−22　例 2−10 电路

**解**：对结点 b 和 c 应用 KCL 得

$$\text{KCL}: \begin{cases} i_3 = 0 \\ -i_1 + i_2 - i_3 = 0 \end{cases}$$

对回路 a−c−d−a 应用 KVL 得

$$\text{KVL}: 2i_1 + 4i_2 + 6 = 0$$

解方程得

$$\begin{cases} i_1 = i_2 = -1 \text{ A} \\ i_3 = 0 \text{ A} \end{cases}$$

应用 KVL 得

$$\begin{aligned} v_{ab} &= 2i_1 + 4 - 3i_3 \\ &= 2 \times (-1) + 4 - 3 \times 0 \\ &= 2 \text{ (V)} \end{aligned}$$

**练习与思考 2−11**：支路电流法首先分析的特性是什么？

**练习与思考 2−12**：在采用支路电流法建立 KVL 方程时，如何正确写出电压源、电流源、电阻的电压？

**练习与思考 2−13**：在采用支路电流法分析电路时，如何正确写出组合支路的电压？

## 2.5　简单结构电路的分析

两个约束是分析电路特性的依据。电路结构简单意味着基尔霍夫约束方程少，本节介绍单回路和双结点这两种典型简单结构电路的分析。

### 2.5.1　单回路电路的分析

从回路的角度观察电路，最简单的电路结构为单回路电路。单回路电路中各支路电流相等，用回路电流表示各支路电压，列出一个 KVL 方程就可以得到回路电流（各支路电流），然后再运用两个约束可容易求解各支路电压。

**例 2－11**　求图 2－23 所示电路的 $i_a$ 和 $v_a$。

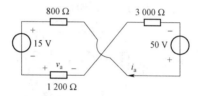

图 2－23　例 2－11 电路

**解**：该电路为单回路电路，以回路电流 $i_a$ 为变量建立的 KVL 方程为

$$15 + 1\,200 i_a + 3\,000 i_a - 50 + 800 i_a = 0$$

得

$$\begin{cases} i_a = 7 \text{ mA} \\ v_a = 1\,200 i_a = 8.4 \text{ V} \end{cases}$$

**例 2－12**　求图 2－24 所示电路的 $I$。

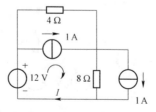

图 2－24　例 2－12 电路

**解**：图 2－24 所示回路中有两个支路可看成电阻和电流源的组合支路，电阻的电流是回路电流 $I$ 与电流源电流的叠加，可看成推广的单回路电路。以电流 $I$ 为变量建立的 KVL

方程为

$$4(I-1)+8(I-1)-12=0$$

得到

$$I=2 \text{ A}$$

利用等效变换可将图 2-24 中电阻与电流源的并联支路变换为电阻与电压源的串联支路，变换后的电路为简单的单回路电路，分析此简单的单回路电路可得到同样结果。

### 2.5.2 双结点电路的分析

从结点的角度观察电路，最简单的电路结构为双结点电路。双结点电路中各支路电压相等，用双结点之间的电压表示各支路电流，可列出一个 KCL 方程，这样就可以得到结点之间的电压（各支路电压），然后再运用两个约束可容易求解各支路电流。

**例 2-13** 求图 2-25 所示电路中的 $v$，$i_a$ 和 $i_b$。

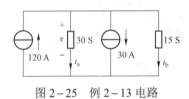

图 2-25 例 2-13 电路

**解：** 该电路为双结点电路，以结点之间的电压 $v$ 为变量建立的 KCL 方程为

$$120-30v-30-15v=0$$

得

$$\begin{cases} v=2 \text{ V} \\ i_a=30v=60 \text{ A} \\ i_b=15v=30 \text{ A} \end{cases}$$

**例 2-14** 求图 2-26 所示电路中的 $V$。

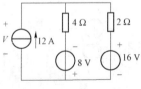

图 2-26 例 2-14 电路

**解：** 图 2-26 所示电路两个结点之间的两个支路可看成电阻和电压源的组合支路，电阻的电压是两个结点之间电压 $V$ 与电压源电压的叠加，可将电路看成推广的双结点电路。

以电压 $V$ 为变量建立的 KCL 方程为

$$12 = \frac{V+8}{4} + \frac{V-16}{2}$$

得到

$$V = 24\text{V}$$

利用等效变换可将图 2-26 中电阻与电压源的串联支路变换为电阻与电流源的并联支路，变换后的电路为简单的双结点电路，分析此简单的双结点电路可得到同样结果。

**例 2-15** 求图 2-27（a）所示电路中的 $i_1$，$i_2$，$v_1$ 和 $v_2$。

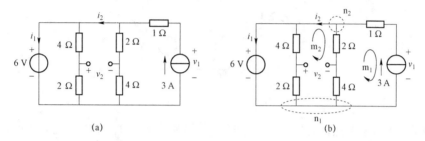

图 2-27 例 2-15 电路

**解：** 图 2-27（a）所示电路可看成推广的双结点电路，4 个支路有电压源、电阻串联、电阻与电流源串联三种类型。由于两结点之间的电压为电压源电压，所以各支路电压均为 6 V。

$i_1$ 为电压源的电流，$i_2$ 为短路线的电流。这些电流要用 KCL 分析，如图 2-27（b）所示。

$$\text{结点 } n_1 \text{ 的 KCL: } \quad i_1 = 3 - \frac{6}{4+2} - \frac{6}{2+4} = 1(\text{A})$$

$$\text{结点 } n_2 \text{ 的 KCL: } \quad i_2 = 3 - \frac{6}{2+4} = 2(\text{A})$$

$v_1$ 为电流源的电压，$v_2$ 为开路线的电压。这些电压要用 KVL 分析，如图 2-27（b）所示。

$$\text{回路 } m_1 \text{ 的 KVL: } \quad v_1 = 3 \times 1 + 6 = 9(\text{V})$$

$$\text{回路 } m_2 \text{ 的 KVL: } \quad v_2 = -\frac{4}{4+2} \times 6 + \frac{2}{2+4} \times 6 = -2(\text{V})$$

### 2.5.3 结点分析法

双结点电路的分析方法是用两结点间电压表示各支路电流，列一个 KCL 方程求解两结点间电压，并进一步分析各支路电流和功率特性。该方法可推广到多结点电路的分析，即结点分析法。

结点分析法是先选定电路中某个结点为参考点，然后用结点电压（电位）表示各支路电流，列出除参考点以外各结点的 KCL 方程，并求解结点电压。各支路电压可用电位差计算，并可进一步分析各支路电流和功率特性。

**例 2－16**　用结点分析法求图 2－28 所示电路中 3 个电源的吸收功率。

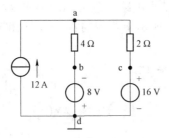

图 2－28　例 2－16 电路

**解：**结点 d 为参考点，另外 3 个结点的电位分别为 $V_a$，$V_b$ 和 $V_c$。由于结点 b 和 c 通过电压源接参考点，$V_b$ 和 $V_c$ 为已知，所以只须列结点 a 的 KCL 方程即可求出 $V_a$，即

$$\begin{cases} \dfrac{V_a - V_b}{4} + \dfrac{V_a - V_c}{2} = 12 \\ V_b = -8 \\ V_c = 16 \end{cases}$$

得到

$$\begin{cases} V_a = 24 \text{ V} \\ V_b = -8 \text{ V} \\ V_c = 16 \text{ V} \end{cases}$$

进一步分析各电源的吸收功率为

$$\begin{cases} P_{12A} = -V_a \times 12 = -288 \, (\text{W}) \\ P_{8V} = \dfrac{V_b - V_a}{4} \times 8 = -64 \, (\text{W}) \\ P_{16V} = \dfrac{V_a - V_c}{2} \times 16 = 64 \, (\text{W}) \end{cases}$$

**例 2－17**　用结点分析法求图 2－29 所示电路的电流 $i$。

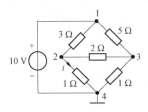

图 2-29 例 2-17 电路

**解**：结点 4 为参考点，另外 3 个结点的电位分别为 $V_1$，$V_2$ 和 $V_3$。由于结点 1 通过电压源接参考点，$V_1$ 为已知，所以只须列结点 2 和结点 3 的 KCL 方程即可求出 $V_2$，即

$$\begin{cases} V_1 = 10 \\ \dfrac{V_2 - V_1}{3} + \dfrac{V_2 - V_3}{2} + \dfrac{V_2}{1} = 0 \\ \dfrac{V_3 - V_1}{5} + \dfrac{V_3 - V_2}{2} + \dfrac{V_3}{1} = 0 \end{cases}$$

得到 $V_2 = \dfrac{100}{43} \approx 2.33\,(\text{V})$，并进一步分析可得到 $i = \dfrac{V_2}{1} \approx 2.33\,(\text{A})$。

**练习与思考 2-14**：单回路电路结构有哪些特点？

**练习与思考 2-15**：分析单回路电路特性时，需要建立什么方程？

**练习与思考 2-16**：双结点电路结构有哪些特点？

**练习与思考 2-17**：分析双结点电路特性时，需要建立什么方程？如何理解结点分析法是双节分析法的推广？

**练习与思考 2-18**：分析电压源电流、短路线电流、电流源电压，以及开路线电压的方法是什么？

## 2.6 星形与三角形电路的等效变换

图 2-30（a）所示电路称为星形（或 T 形、Y 形）电路，图 2-30（b）所示电路称为三角形（或 △ 形、Π 形）电路，这两种电路都是三端电路，根据基尔霍夫定律，电路端口电压与电流满足

$$v_{12} + v_{23} + v_{31} = 0$$
$$i_1 + i_2 + i_3 = 0$$

所以，三个端口电压与三个端口电流中分别只有两个是独立的，因此，只要用两个端口电压、电流关系就可表征一个三端子电路。关于图 2-30（a）和图 2-30（b）的两个子电路，若已知 $v_{23}$，$v_{31}$ 与 $i_1$，$i_2$ 之间的关系相同，则这两个三端子电路对外电路来说就是

相互等效的。

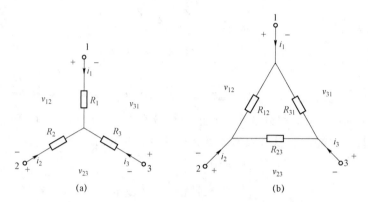

图 2-30 星形与三角形电路

利用这种等效的概念，可以将一个星形电路等效变换为一个三角形电路，反之亦然。写出两个子电路端口伏安特性 $v_{31} = f_1(i_1, i_2)$ 和 $v_{23} = f_2(i_1, i_2)$，比较电流 $i_1$，$i_2$ 的系数，可以得到星形电路与三角形电路相互等效的条件。

将三角形电路等效变换为星形电路的变换公式为

$$\begin{cases} R_1 = \dfrac{R_{31}R_{12}}{R_{12} + R_{23} + R_{31}} \\[2mm] R_2 = \dfrac{R_{12}R_{23}}{R_{12} + R_{23} + R_{31}} \\[2mm] R_3 = \dfrac{R_{23}R_{31}}{R_{12} + R_{23} + R_{31}} \end{cases} \qquad (2-1)$$

将星形电路等效变换为三角形电路的变换公式为

$$\begin{cases} R_{12} = \dfrac{R_1R_2 + R_2R_3 + R_3R_1}{R_3} \\[2mm] R_{23} = \dfrac{R_1R_2 + R_2R_3 + R_3R_1}{R_1} \\[2mm] R_{13} = \dfrac{R_1R_2 + R_2R_3 + R_3R_1}{R_2} \end{cases} \qquad (2-2)$$

若 $R_{12} = R_{23} = R_{31} = R_\Delta$，则式（2-1）可简化为

$$R_1 = R_2 = R_3 = \frac{1}{3}R_\Delta \qquad (2-3)$$

若 $R_1 = R_2 = R_3 = R_\mathrm{Y}$，则式（2-2）可简化为

$$R_{12} = R_{23} = R_{31} = 3R_\mathrm{Y} \qquad (2-4)$$

利用 Y-△等效变换，可将某些非串并联电路变成串并联电路来求解。

**例 2-18**　求图 2-31 所示电路中电流 $i$ 的值。

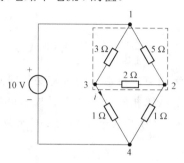

图 2-31　例 2-18 电路

**解**：该电路的电阻之间不存在串联与并联关系，利用 Y-△变换可将其变换成串并联电路。图 2-31 所示电路可以有多种 Y-△变换方式，都可将原电路变换成串并联电路。但是为了便于求解，在变换过程中最好保留待求量所在支路，因此，采用图 2-32（a）所示的变换方式，由式（2-1）可求得

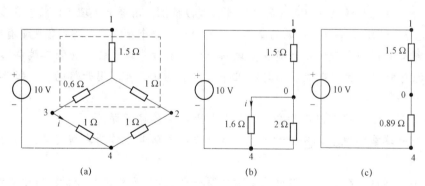

图 2-32　变换求解

$$R_1 = \frac{3 \times 5}{3 + 5 + 2} = 1.5\,(\Omega)$$

$$R_2 = \frac{2 \times 5}{3 + 5 + 2} = 1\,(\Omega)$$

$$R_3 = \frac{2 \times 3}{2 + 5 + 2} = 0.6\,(\Omega)$$

变换后的电路如图2-32（a）所示。利用前面的基本等效变换将其进一步化简，可得到如图2-32（b）和图2-32（c）所示电路。由图2-32（c）求得

$$v_{04} = 10 \times \left( \frac{0.89}{1.5 + 0.89} \right) = 3.72 \, (\text{V})$$

再由图2-32（b）求得

$$i = \frac{v_{04}}{1.6} = \frac{3.72}{1.6} = 2.33 \, (\text{A})$$

**练习与思考2-19**：星形结构与三角形结构有哪些相同点和不同点？

**练习与思考2-20**：若3个电阻相同，那么星形与三角形变换有什么特点？

**练习与思考2-21**：例2-18中存在几个星形和三角形结构？有几个是由电阻构成的星形和三角形结构？

# 本 章 要 点

■ 本章的方法适用于线性的直流和交流电路分析。

■ 可以通过两种实际电源模型研究实际电源特性，它们之间的等效转换可以将复杂的多个独立源电路简化。

■ 包含独立源和线性电阻元件的电路具有线性特性，用叠加定理可以将包含多个理想电源的复杂电路变成若干个单个电源的简单电路的分析。单个独立源电路中各变量有比例关系。

■ 戴维南和诺顿定理提供了将含源电路简化的有效手段，任何含源二端电路都可以等效为电压源与电阻串联，或电流源与电阻并联。等效电路可以用开路电压、短路电流及等效电阻这3个参数确定。

■ 戴维南等效电路可以用于分析匹配与最大功率传输问题。

■ 复杂电路需要规范的分析步骤，通常可以用支路电流作为求解变量，由此再推导出其他变量。

■ 对于单回路电路，用支路电流变量列写一个KVL方程进行分析；对于双结点电路，用结点间电压变量列写一个KCL方程进行分析。

■ 结点分析法是双结点分析法的推广，是分析复杂电路的有效方法。

# 习 题

**2-1** 为题2-1图中的每个电路找出AB端子间由一个电阻和一个电源组成的等效电路。

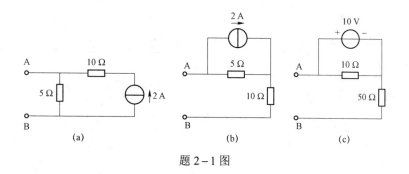

题 2-1 图

**2-2** 化简题 2-2 图所示各二端电路。

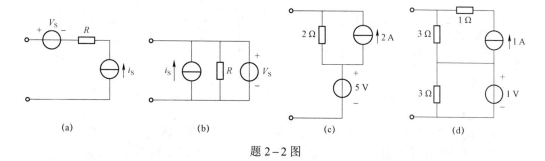

题 2-2 图

**2-3** 测得具有如题 2-3 图（a）所示 $v$、$i$ 参考方向的二端电路的特性曲线如题 2-3 图（b）所示，求出二端电路的等效电路。

**2-4** 用化简的方法求题 2-4 图所示电路中的 $v_x$ 和 $i_x$。

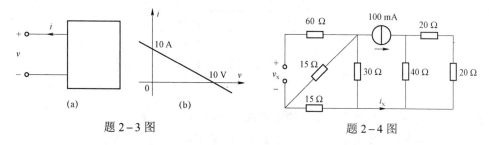

题 2-3 图　　　　　　　题 2-4 图

**2-5** 如题 2-5 图所示电路，当 $V_S = 120\,\text{V}$ 时，求得 $i_1 = 3\,\text{A}$，$V_2 = 50\,\text{V}$，$P_3 = 60\,\text{W}$。若 $V_S$ 变为 $60\,\text{V}$，则 $i_1$，$V_2$，$P_3$ 的值各为多少？

**2-6** 利用电路的齐次性求题 2-6 图所示电路中的 $v_0$。

**2-7** 利用叠加定理求题 2-7 图所示电路中的 $i_0$。

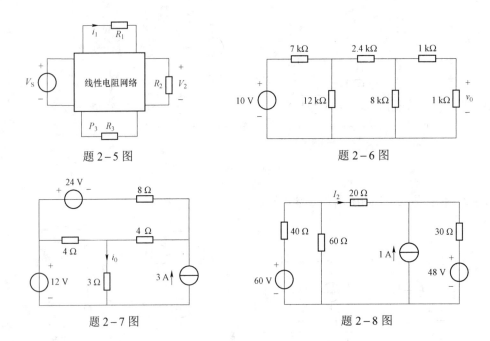

题 2-5 图　　　　　　　　　　　题 2-6 图

题 2-7 图　　　　　　　　　　　题 2-8 图

**2-8**　设题 2-8 图中的 48 V 电源突然降低为 24 V，求电流 $I_2$ 值的变化。

**2-9**　有一线性无源电路 $N_0$，如题 2-9 图所示，其内部结构不详，已知当 $V_S = 5$ V，$I_S = 2$ A 时，$I_2 = 1$ A；当 $V_S = 2$ V，$I_S = 4$ A 时，$I_2 = 2$ A。求：当 $V_S = 1$ V，$I_S = 1$ A 时，$I_2 = ?$

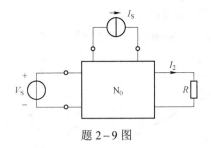

题 2-9 图

**2-10**　（1）找出如题 2-10 图所示电路的戴维南等效电路。

（2）计算电路在 AB 端接 10 Ω 电阻时所获的功率。

（3）AB 端口接多大电阻时可获得最大功率，并计算该最大功率的值。

（4）5 V 电压源正极接 A，负极接 B，计算 5 V 电压源获得的功率。

**2-11**　一个实际电源的开路电压为 8 V。当在其端口接 3 kΩ电阻时，输出电压降为 6 V，求该实际电源的戴维南等效电路及端口接多大电阻时可获得最大功率，并计算该最大功率的值。

**2-12**　题 2-12 图所示电路中，已知 $V_2 = 12.5\text{ V}$，若将 ab 两端短路，短路电流 $I_{SC} = 10\text{ mA}$，求网络 N 在 ab 两端的戴维南等效电路。

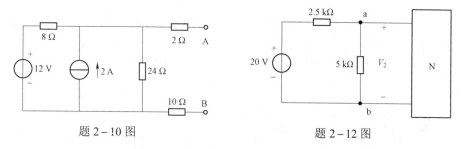

题 2-10 图　　　　　　　　　题 2-12 图

**2-13**　已知题 2-13 图所示电路中 AB 两端口伏安特性为 $V = 2I + 10$，其中 $V$ 的单位为 V，$I$ 的单位为 mA。现已知 $I_S = 2\text{ mA}$，求 N 的戴维南等效电路。

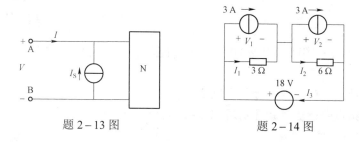

题 2-13 图　　　　　　　　　题 2-14 图

**2-14**　用支路电流法分析题 2-14 图所示电路中的 $I_1$，$I_2$，$I_3$，$V_1$ 和 $V_2$。

**2-15**　用支路电流法分析题 2-7 图中电压源的值分别为 12 V 和 24 V 时电流 $i_0$ 的值。（3 A 电流源置零）

**2-16**　用单回路电路的分析方法求题 2-16 图所示电路的 $I$。

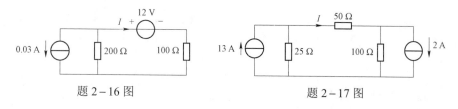

题 2-16 图　　　　　　　　　题 2-17 图

**2-17**　运用单回路电路的分析原理求题 2-17 图所示电路的 $I$。

**2-18**　运用双结点电路的分析原理求题 2-18 图所示电路的 $V_1$ 和 $V_2$。

**2-19**　运用双结点电路的分析原理求题 2-19 图所示电路的 $V$ 和 $I$。

**2-20**　利用 Y-△变换求题 2-20 图所示电路的等效电阻 $R_{ab}$，图中所有电阻阻值均为 1 Ω。

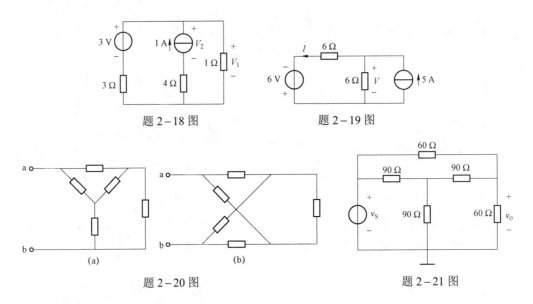

题 2-18 图          题 2-19 图

题 2-20 图          题 2-21 图

**2-21**    题 2-21 图所示电路为桥 T 形电路。利用 Y-△变换方法化简电路，并证明
$v_0 = v_S / 2$。

**2-22**    用结点分析法重新分析习题 2-17。

**2-23**    用结点分析法重新证明习题 2-21。

# 第3章
# 电路的暂态响应

**提要** 当电源发生直流或周期性变化时，电路稳定后各部分的电流和电压也呈直流或周期性变化，这种状态称为稳定状态，简称稳态。含有电容和电感元件的电路在发生换路时，电路状态的变化过程称为过渡状态，也称为动态或暂态。本章介绍电容和电感元件的伏安关系、主要性质及直流激励条件下一阶动态电路暂态响应的经典分析法和三要素分析法。

## 3.1 动态元件

### 3.1.1 电容元件

电容元件（简称电容）作为实际电容器或寄生电容效应的理想模型，表示电路中以电场形式储存能量的效应，其电路符号如图 3-1 所示。

图 3-1 电容元件

电容的定义为

$$C = \frac{q}{v} \tag{3-1}$$

其中，$q$ 是电容极板上存储的电荷，$v$ 是电容两极板间的电压。电容值 $C$ 的国际单位为法拉（F）。在工程应用中常采用微法（$\mu$F）或皮法（pF），其中，$1\,\mu\text{F} = 10^{-6}\,\text{F}$，$1\,\text{pF} = 10^{-12}\,\text{F}$。

当电容极板上电荷 $q$ 发生变化时，形成电流 $i$。由电容的定义式可得

$$i = \frac{\mathrm{d}q}{\mathrm{d}t} = \frac{\mathrm{d}(Cv)}{\mathrm{d}t} = C\frac{\mathrm{d}v}{\mathrm{d}t} \tag{3-2}$$

或

$$v = \frac{1}{C}\int_{-\infty}^{t} i\,\mathrm{d}t \tag{3-3}$$

注意，以上电容的伏安关系是在关联参考方向前提下得出的，当采用非关联参考方向时，关系式前需要加负号。电容的电流与电压的变化率有关，即变化的电压才能产生电流，称电容元件为**动态元件**。对于直流稳态电路，电容的电压为常数，电流为零，此时电容相当于开路。

在关联参考方向下，电容的瞬时吸收功率为

$$p = vi = Cv\frac{\mathrm{d}v}{\mathrm{d}t} \tag{3-4}$$

由式（3-4）可知，电容元件的瞬时吸收功率可正可负，即在某一时刻既可以吸收能量也可以放出能量，其吸收的能量以电能的形式储存在电容两极板间的电场中，所以，称电容元件为**储能元件**，其在某一时刻的储能是瞬时吸收功率的积累。电容元件从 $-\infty$ 到任意 $t$ 时刻吸收的总能量为

$$w(t) = \int_{-\infty}^{t} Cv\frac{\mathrm{d}v(\tau)}{\mathrm{d}\tau}\mathrm{d}\tau = \frac{1}{2}Cv^2(t) - \frac{1}{2}Cv^2(-\infty)$$

假设 $v(-\infty) = 0$，则

$$w(t) = \frac{1}{2}Cv^2(t) \tag{3-5}$$

由式（3-5）可知，当电容极板间电压升高时，电容存储的电场能量增大，电容充电；当电容极板间电压降低时，电容存储的电场能量减小，电容放电。

尽管电容瞬时吸收功率可正可负，但吸收的总能量永远大于或等于零，属于**无源元件**。由电容的伏安关系及基尔霍夫定律可推出，当 $N$ 个电容并联时，其等效电容 $C_{\text{eq}}$ 为

$$C_{\text{eq}} = C_1 + C_2 + \cdots + C_N \tag{3-6}$$

当 $N$ 个电容串联时，其等效电容 $C_{\text{eq}}$ 为

$$\frac{1}{C_{\text{eq}}} = \frac{1}{C_1} + \frac{1}{C_2} + \cdots + \frac{1}{C_N} \tag{3-7}$$

**例 3-1** 图 3-2（a）所示电路中，$i_S$ 的波形如图 3-2（b）所示，求 $v(t)$，并画出其波形。

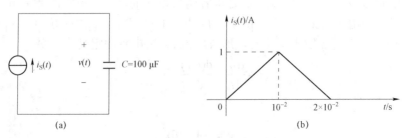

图 3-2 例 3-1 电路

**解**：根据图3-2，用分段函数表示的电流 $i_S$ 为

$$i_S = \begin{cases} 100t & 0 \leqslant t < 0.01 \\ 100(0.02 - t) & 0.01 \leqslant t \leqslant 0.02 \\ 0 & t < 0, t > 0.02 \end{cases}$$

电容上电压的关联参考方向与 $i_S$ 相同，由式（3-3）得

$$v(t) = \frac{1}{C}\int_{-\infty}^{t} i_S(\tau)\mathrm{d}\tau = \begin{cases} 0 & t < 0 \\ 5\times10^5 t^2 & 0 \leqslant t < 0.01 \\ 2\times10^4 t - 5\times10^5 t^2 - 100 & 0.01 \leqslant t \leqslant 0.02 \\ 100 & t > 0.02 \end{cases}$$

$v(t)$ 的波形如图3-3所示。

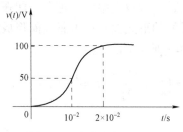

图3-3 电容电压的波形

**练习与思考3-1**：为什么用式（3-5）判断电容是有源元件还是无源元件？

**练习与思考3-2**：证明式（3-6）和式（3-7）。

## 3.1.2 电感元件

**电感元件**（简称电感）作为实际电感线圈或电感效应的理想模型，表示电路中以磁场形式储存能量的效应，其电路符号如图3-4所示。

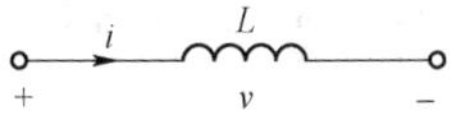

图3-4 电感元件

电感的定义为

$$L = \frac{\psi}{i} \tag{3-8}$$

其中 $i$ 为流过电感线圈的电流，$\psi$ 为电感的磁链。$L$ 为电感元件的电感系数，国际单位为亨利（H）。当电感值较小时，可用毫亨（mH）或微亨（μH）表示，其中，$1\,\mathrm{mH} = 10^{-3}\,\mathrm{H}$，$1\,\mathrm{μH} = 10^{-6}\,\mathrm{H}$。

当磁链发生变化时，根据法拉第定律，由电感的定义可得

$$v = \frac{\mathrm{d}\psi}{\mathrm{d}t} = \frac{\mathrm{d}(Li)}{\mathrm{d}t} = L\frac{\mathrm{d}i}{\mathrm{d}t} \tag{3-9}$$

或

$$i = \frac{1}{L} \int_{-\infty}^{t} v \, \mathrm{d}t \qquad (3-10)$$

注意，以上伏安关系是在关联参考方向前提下得出的，当采用非关联参考方向时，关系式前需要加负号。电感元件的电压与电流的变化率有关，只有变化的电流才能产生电压，称电感元件为**动态元件**。即使电感元件上的电流不为零，若该电流为常数（直流），感应电压也为零。对于直流稳态电路，电感相当于短路。

当电感两端电压与电流取关联参考方向时，电感元件的瞬时吸收功率为

$$p = vi = Li \frac{\mathrm{d}i}{\mathrm{d}t} \qquad (3-11)$$

由上式可知，电感元件的瞬时吸收功率可正可负，即在某一时刻既可以吸收能量也可以放出能量，吸收的能量以磁能的形式储存在电感线圈形成的磁场中。因此，电感属于**储能元件**。从 $-\infty$ 到任意 $t$ 时刻电感吸收的总能量为

$$w(t) = \int_{-\infty}^{t} Li \frac{\mathrm{d}i(\tau)}{\mathrm{d}\tau} \mathrm{d}\tau = \frac{1}{2} Li^2(t) - \frac{1}{2} Li^2(-\infty)$$

假设 $i(-\infty) = 0$，则

$$w(t) = \frac{1}{2} Li^2(t) \qquad (3-12)$$

式（3-12）表明任意时刻电感元件吸收的总能量总是大于或等于零，所以，电感元件属于**无源元件**。

由电感的伏安关系和基尔霍夫定律可推出，当 $N$ 个电感串联时，其等效电感 $L_{eq}$ 为

$$L_{eq} = L_1 + L_2 + \cdots + L_N \qquad (3-13)$$

当 $N$ 个电感并联时，其等效电感 $L_{eq}$ 为

$$\frac{1}{L_{eq}} = \frac{1}{L_1} + \frac{1}{L_2} + \cdots + \frac{1}{L_N} \qquad (3-14)$$

**例 3-2** 已知图 3-5（a）为 $L = 50 \text{ mH}$ 电感中电流的波形，求该电感电压波形和功率波形。

**解**：由式（3-9）可知，电感电压是电流微分后乘以电感值，所以对如图 3-5（a）所示的电流进行微分并乘以 0.05 后得到如图 3-5（b）所示电感电压的波形。

用如图 3-5（a）所示的电流乘以如图 3-5（b）所示的电压，得到如图 3-5（c）所示的功率波形。

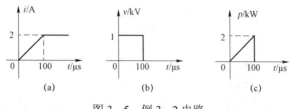

图 3-5　例 3-2 电路

**练习与思考 3-3：** 根据电阻、电容和电感的定义式，比较不同元件电路变量的相互关系。

**练习与思考 3-4：** 由电容和电感的伏安关系式，判断电容和电感的电压和电流哪个变量不能发生突变？为什么？

## 3.2　动态电路的基本概念

### 3.2.1　动态电路

至少包含一个动态元件的电路称为**动态电路**。由前两章知识可知，描述电阻电路的是一组代数方程。由于动态电路中含有电容或电感，电容和电感上的电压和电流的关系是微分关系，因此描述动态电路的数学模型应该是一组微分方程。同电阻电路类似，动态电路的方程同样是依据电路的元件约束（元件的伏安关系）和拓扑约束（基尔霍夫定律）建立的。

**例 3-3**　电路如图 3-6 所示，以电容电压为变量，列写电路方程。

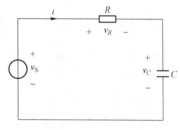

图 3-6　一阶 RC 电路

**解：** 电路只有一个回路，KVL 方程为

$$v_R + v_C = v_S \tag{3-15}$$

元件约束关系为

$$\begin{cases} v_R = Ri \\ i = C\dfrac{\mathrm{d}v_C}{\mathrm{d}t} \end{cases} \tag{3-16}$$

将式（3-16）代入式（3-15）中，整理后，得到

$$\frac{\mathrm{d}v_C}{\mathrm{d}t} + \frac{1}{RC}v_C = \frac{1}{RC}v_S$$

这是关于电容电压变量的一阶常系数线性微分方程。

**例 3-4** 电路如图 3-7 所示，以电感电流为变量，列写电路方程。

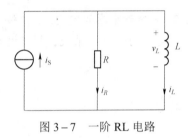

图 3-7　一阶 RL 电路

**解：** 这是一个双结点电路，KCL 方程为

$$i_R + i_L = i_S \tag{3-17}$$

元件约束关系为

$$\begin{cases} i_R = \dfrac{v_L}{R} \\ v_L = L\dfrac{\mathrm{d}i_L}{\mathrm{d}t} \end{cases} \tag{3-18}$$

将式（3-18）代入式（3-17）中，整理后，得到

$$\frac{\mathrm{d}i_L}{\mathrm{d}t} + \frac{R}{L}i_L = \frac{R}{L}i_S$$

这是关于电感电流变量的一阶常系数线性微分方程。

由上述两例可看出，对于仅含有一个独立动态元件的电路，其微分方程是一阶的。由一阶微分方程描述的电路称为**一阶动态电路**。若以 $y$ 作为变量，一阶动态电路微分方程的一般形式为

$$\frac{\mathrm{d}y}{\mathrm{d}t} + ay = f(t) \tag{3-19}$$

若电路中的激励不为零，则微分方程等号右端项可能不为零，称该微分方程为非齐次微分方程，否则，为齐次微分方程。由数学分析可知，若要解此微分方程，还应给出变量 $y$ 的初值，才能求解出变量。

　　**练习与思考 3 – 5：**列写例 3 – 3、例 3 – 4 中其他变量（如电感电压、电阻电压）的方程，并与例题中求得的电容电压和电感电流的方程进行对比，说明有何异同。

### 3.2.2 动态电路的过渡过程

　　电路特性由组成电路的元件特性和各元件相互连接的拓扑关系两个约束决定。如果电路中各元件的参数和连接关系不变，则激励方式不变（各个电源均为直流或幅度恒定的周期信号）。经足够长时间后，电路中各电流和电压也呈直流或稳定周期变化，此时称电路进入**稳定状态（简称稳态）**。

　　当电路元件的参数、电路的连接关系或激励信号发生突变时，称电路发生"**换路**"。换路往往可以用开关动作描述。换路后，电路将进入过渡状态，也称为**动态**或**暂态**。电路在过渡状态的特性称为**动态特性**或**暂态特性**。

　　对于电阻电路，电路中变量的改变是瞬间完成的，因此电阻电路没有过渡过程。含有电容和电感的动态电路在发生换路时，由于动态元件具有储能特性，能量不能发生跃变，否则意味着瞬时功率趋于无穷大 $\left( p = \dfrac{\mathrm{d}w}{\mathrm{d}t} \to \infty \right)$。因此，换路后，电路中的电压和电流将进入暂态过程，并趋向一种稳态。分析暂态特性的过程称为动态电路的暂态分析。

　　研究动态电路的暂态响应具有实际应用意义，如可利用动态特性实现微积分运算、整流或滤波等。在某些场合，也需要考虑动态特性导致的不利影响，如在电力系统中，为避免电器设备或器件遭受损害，须预防换路过程中的过电压和过电流危害，在高速信号处理系统中，须考虑电路中电容和电感效应对信号波形的影响。

## 3.3　动态电路的初始值和直流稳态值

### 3.3.1　换路定律

　　由于动态元件的储能特性，动态电路在某一时刻的响应不仅与当时的输入电源有关，还与动态元件的储能状态有关。从 3.1 节的讨论可知，电容的储能为 $w(t) = \dfrac{1}{2}Cv^2(t)$，电感的储能为 $w(t) = \dfrac{1}{2}Li^2$。因此，电容电压和电感电流代表了电路的储能状态，称为**状态变量**。

　　设 $t = t_0$ 为换路瞬间，则 $t_0^-$ 表示换路前的瞬间（从小于 $t_0$ 趋向 $t_0$），$t_0^+$ 表示换路后的瞬间（从大于 $t_0$ 趋向 $t_0$）。动态电路的**初始值**是指 $t_0^+$ 时刻动态电路中的电压、电流及它们的导数值。在换路时动态电路的储能状态由电容上电压初始值或电感中电流初始值决定。由于初始储能也会影响到换路后电路的特性，所以换路后电路的响应由 $t_0^+$ 时刻电路的初始状态和 $t_0^+$ 后的输入激励共同引起。

下面对电容和电感的伏安关系进行进一步分析，从而得出有关状态变量初始值（电容电压 $v_C(t_0^+)$ 和电感电流 $i_L(t_0^+)$）的重要结论。

电容元件在任一时刻的电压可写为

$$
\begin{aligned}
v_C(t) &= \frac{1}{C}\int_{-\infty}^{t} i_C \, \mathrm{d}\tau \\
&= \frac{1}{C}\int_{-\infty}^{t_0} i_C \, \mathrm{d}\tau + \frac{1}{C}\int_{t_0}^{t} i_C \, \mathrm{d}\tau \qquad (3-20) \\
&= v_C(t_0) + \frac{1}{C}\int_{t_0}^{t} i_C \, \mathrm{d}\tau
\end{aligned}
$$

式（3-20）表明，在某时刻电容电压不仅取决于当前电流值，还与电流的全部历史有关，是 $t$ 时刻以前全部电流的积累。因此电容电压有记忆电流的功能，是**记忆元件**。如果将换路瞬间 $t=t_0$ 作为分析问题的时间起点，则在 $t<t_0$ 时电流的积累可以由电容的初始储能，即电容电压的初始值来反映。

由式（3-20）可知，电容在换路后瞬间的电压 $v(t_0^+)$ 与换路前瞬间的电压 $v(t_0^-)$ 的关系为

$$
v_C(t_0^+) = v_C(t_0^-) + \frac{1}{C}\int_{t_0^-}^{t_0^+} i_C(\tau)\,\mathrm{d}\tau \qquad (3-21)
$$

当 $i_C$ 为有限值时，由于积分区间趋于零，所以

$$
v_C(t_0^+) = v_C(t_0^-) \qquad (3-22)
$$

表明当电容上电流是有限值时，电容电压具有连续性，即电容电压在换路前后保持不变。电容电压的连续性是电容上电荷连续性的反映。由于电容上的电流反映了该电容上电荷变化的快慢，只要电流有限，电容元件上的电荷就不会发生突变，所以，电容上的电压也就不会发生突变。

同理，对电感电流也可以进行类似推导，得

$$
\begin{aligned}
i_L &= \frac{1}{L}\int_{-\infty}^{t} v_L \, \mathrm{d}\tau \\
&= \frac{1}{L}\int_{-\infty}^{t_0} v_L \, \mathrm{d}\tau + \frac{1}{L}\int_{t_0}^{t} v_L \, \mathrm{d}\tau \qquad (3-23) \\
&= i_L(t_0) + \frac{1}{L}\int_{t_0}^{t} v_L \, \mathrm{d}\tau
\end{aligned}
$$

式（3-23）表明，电感电流与电感电压的全部历史有关，电感元件具有记忆特性，电

感电流的初始值反映了 $t_0$ 时刻以前电感元件上电压的积累。由于

$$i_L(t_0^+) = i_L(t_0^-) + \frac{1}{L}\int_{t_0^-}^{t_0^+} v_L \mathrm{d}\tau \tag{3-24}$$

当 $v_L$ 为有限值时，由于积分区间趋于零，所以

$$i_L(t_0^+) = i_L(t_0^-) \tag{3-25}$$

表明当电感电压是有限值时，电感电流具有连续性，即电感电流在换路前后保持不变。电感电流的连续性是电感磁链连续性的反映。电感上的电压反映了该电感磁链变化的快慢，只要电压有限，电感的磁链就不会发生突变，所以，电感中的电流也就不会发生突变。

式（3-22）和式（3-25）称为**换路定律**。在换路瞬间，当电路中不存在无限大电流和无限大电压时，电容两端的电压和流过电感的电流保持连续，不会发生突变，即 $v_C(t_0^+) = v_C(t_0^-)$，$i_L(t_0^+) = i_L(t_0^-)$。这一结论是求解电路变量初始值的重要依据。

考虑到实际电路不存在无限大功率的情况，即电路中不存在无限大电流和无限大电压，故实际电路电容两端的电压和流过电感的电流在任意时刻都是连续的。

**练习与思考 3-6**：换路定律的内容是什么？状态变量（电感电流、电容电压）的一阶导数是否满足换路定律？

### 3.3.2　动态电路直流稳态值的计算

所谓直流稳态是指电路在直流激励条件下，经过足够长的时间，电路中所有电压和电流都为常数时的状态。直流稳态电路中的电压和电流已不再变化。由电容和电感伏安特性可知：电容电压为常数，电容电流为零，相当于开路；电感电流为常数，电感电压为零，相当于短路。所以，在求直流激励条件下动态电路的稳态特性时，应将电容开路，电感短路，得到仅由直流激励电源和电阻组成的**直流稳态等效电路**。分析直流稳态等效电路可得到直流稳态特性。

**例 3-5**　电路如图 3-8（a）所示，假设换路前电路处于稳态，$t=0$ 时开关由触点 a 倒向触点 b，求 $i_L(0^-)$，$i(0^-)$，$i_L(\infty)$，$i(\infty)$。

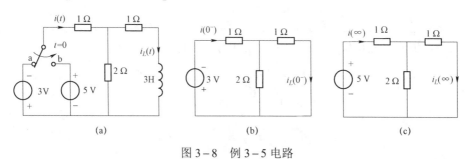

图 3-8　例 3-5 电路

**解：** 换路前电路处于稳态，所以，在 $t=0^-$ 瞬间的直流稳态等效电路如图 3-8（b）所示，其中，电感用短路代替，开关倒向触点 a，因此有

$$i(0^-) = -\frac{3}{1+\frac{1\times 2}{1+2}} = -\frac{9}{5}\,(\text{A})$$

$$i_L(0^-) = -\frac{9}{5}\times\frac{2}{2+1} = -\frac{6}{5}\,(\text{A})$$

在 $t\to\infty$ 时，电路已换路并经过了无限长时间，表明电路已处于稳态，直流稳态等效电路如图 3-8（c）所示，其中，电感用短路代替。由于开关已经倒向触点 b，所以此时的电压源为触点 b 所在支路电压源。因此有

$$i(\infty) = \frac{5}{1+\frac{1\times 2}{1+2}} = 3\,(\text{A})$$

$$i_L(\infty) = 3\times\frac{2}{2+1} = 2\,(\text{A})$$

**例 3-6** 电路如图 3-9（a）所示，假设开关打开前电路处于稳态。$t=0$ 时开关打开，求 $v_C(0^-)$，$i_C(0^-)$，$i(0^-)$，$i_R(0^-)$，$v_C(\infty)$，$i_C(\infty)$，$i(\infty)$，$i_R(\infty)$。

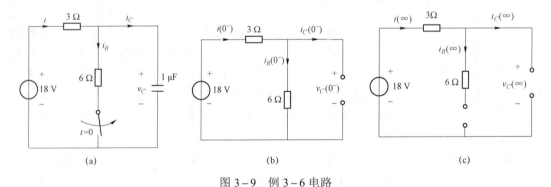

图 3-9 例 3-6 电路

**解：** 开关打开前电路处于稳态，所以，在 $t=0^-$ 瞬间的直流稳态等效电路如图 3-9（b）所示，其中，电容用开路代替，开关用短路代替，因此有

$$i_C(0^-) = 0\text{A}$$

$$v_C(0^-) = \frac{6}{3+6}\times 18 = 12\,(\text{V})$$

$$i(0^-) = i_R(0^-) = \frac{18}{3+6} = 2\,(\text{A})$$

在 $t \to \infty$ 时，开关已打开并经过了无限长时间，表明电路已处于稳态，其等效电路如图 3-9（c）所示，其中，电容用开路代替，开关用开路代替，因此有

$$i_C(\infty) = i(\infty) = i_R(\infty) = 0 \text{ A}$$

$$v_C(\infty) = 18 \text{ V}$$

**练习与思考 3-7**：如何画直流稳态等效电路？

### 3.3.3　动态电路初始值的计算

当换路前电路处于直流稳态时，由换路前的直流稳态电路可分析出换路前的电容电压 $v_C(t_0^-)$ 和电感电流 $i_L(t_0^-)$。根据换路定律，可以由换路发生前瞬间的 $v_C(t_0^-)$ 和 $i_L(t_0^-)$ 的值得到换路后的初始值 $v_C(t_0^+)$ 和 $i_L(t_0^+)$。对于非状态变量的初始值，则不适用于换路定律，这些变量值可以发生突变，其初始值需要根据换路后瞬间 $t_0^+$ 时刻的初始值等效电路求解。

考虑到实际电路不会出现无限大电压和电流，对于一个在 $t = t_0^-$ 时刻电压 $v_C(t_0^-) = V_0$ 的电容，由于 $v_C(t_0^+) = v_C(t_0^-) = V_0$，采用替代方法，在换路后瞬间 $t_0^+$ 时刻，该电容可以用电压值为 $V_0$ 的直流电压源替代。同理，对于在 $t = t_0^-$ 时刻电流 $i_L(t_0^-) = I_0$ 的电感，由于 $i_L(t_0^+) = i_L(t_0^-) = I_0$，采用替代方法，在换路后瞬间 $t_0^+$ 时刻，该电感可以用电流值为 $I_0$ 的直流电流源替代。得到的仅由直流电源和电阻构成的 $t_0^+$ 瞬间的等效电路称为**初始值等效电路**。利用前两章的知识分析初始值等效电路可求解在换路后瞬间 $t_0^+$ 时刻各变量的初始值。

**例 3-7**　求例 3-5 中的 $i_L(0^+)$，$i(0^+)$。

**解**：由例 3-5 求出的 $i_L(0^-)$，并根据换路定律，可画出在 $t = 0^+$ 瞬间的初始值等效电路，如图 3-10 所示。其中，电感用电流为 $i_L(0^+) = i_L(0^-) = -1.2 \text{ A}$ 的电流源替代，由此可得

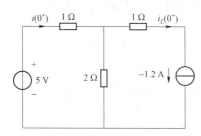

图 3-10　例 3-7 的 $t = 0^+$ 时刻的等效电路

$$i_L(0^+) = i_L(0^-) = -1.2 \text{ A}$$

由回路 KVL 得

$$i(0^+) + 2[i(0^+) - i_L(0^+)] = 5$$

将 $i_L(0^+) = -1.2 \text{ A}$ 代入上式，得

$$i(0^+) = \frac{13}{15}A$$

**例 3-8** 求例 3-6 中的 $v_C(0^+)$，$i_C(0^+)$，$i(0^+)$，$i_R(0^+)$。

**解：** 由例 3-6 求出的 $v_C(0^-)$，并根据换路定律，可画出在 $t=0^+$ 时刻的初始值等效电路，如图 3-11 所示。其中，电容用电压为 $v_C(0^+)=v_C(0^-)=12$ V 的电压源替代，由此可得

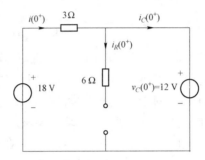

图 3-11 例 3-8 的 $t=0^+$ 时刻的等效电路

$$v_C(0^+) = v_C(0^-) = 12 \text{ V}$$

$$i_C(0^+) = i(0^+) = \frac{18-12}{3} = 2 \text{ (A)}$$

$$i_R(0^+) = 0 \text{ A}$$

由例 3-7 和例 3-8 可看出，虽然电容上电压和电感中的电流没有发生突变，但是其他非状态变量都可能发生突变。另外，如需要求电容电压和电感电流关于时间的一阶导数的初始值，可依据电容元件和电感元件的伏安关系及电容电流和电感电压的初始值求得，即

$$\frac{\mathrm{d}v_C(0^+)}{\mathrm{d}t} = \frac{1}{C}i_C(0^+)$$

$$\frac{\mathrm{d}i_L(0^+)}{\mathrm{d}t} = \frac{1}{L}v_L(0^+)$$

**练习与思考 3-8：** 如何画初始值等效电路？

## 3.4　一阶动态电路的经典解法

用经典分析法求解动态电路特性的第一步就是建立关于电路变量的微分方程。同电阻电路类似，动态电路的方程可以依据电路的元件约束（元件的伏安关系）和拓扑约束（基尔霍夫定律）建立。对于简单电路，可以根据上述两个约束直接建立微分方程；对于复杂

电路，可以仿照支路电流法或结点分析法，建立关于变量的微分方程。

对于一阶动态电路，任意电路变量的方程都可以转化为以下一阶常系数线性微分方程的形式

$$\frac{\mathrm{d}y}{\mathrm{d}t} + ay = f(t)$$

当电路中的输入激励为零时，即换路后电路中没有电压源和电流源，方程等号右端项为零，该微分方程是齐次的，否则可能是非齐次的。

第二步就是按照数学分析中齐次解（通解）$y_h$ 加特解 $y_p$ 的方法求解。所谓齐次解是指该微分方程对应的齐次方程的解，而特解取该微分方程等号右端项相同的函数形式，并通过待定系数法求得。

最后，求解电路变量初始值，并进一步确定齐次解中的系数，得到微分方程的完全解。

**例 3-9** 如图 3-12 所示电路，开关在 $t = 0$ 时刻闭合，若电容电压的初始值为 $v_C(0^+)$，电压源是电压为 $V_s$ 的直流电源，求换路后的电容电压 $v_C(t)$。

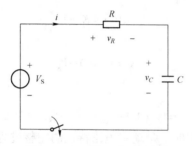

图 3-12 开关一阶 RC 电路

**解：** 将已知条件代入例 3-3 求出的微分方程，得

$$\frac{\mathrm{d}v_C}{\mathrm{d}t} + \frac{1}{RC}v_C = \frac{1}{RC}V_s \tag{3-26}$$

求微分方程的齐次解。先求出齐次方程对应的特征方程的特征根，特征方程为

$$s + \frac{1}{RC} = 0$$

特征根为

$$s = -\frac{1}{RC}$$

齐次解为

$$v_{Ch} = K\mathrm{e}^{-\frac{1}{RC}t}$$

求微分方程的特解。特解与微分方程等号右端项形式相同，所以，设特解

$$v_{Cp} = A$$

将特解代入式（3-26），得

$$0 + \frac{1}{RC} A = \frac{1}{RC} V_{s}$$

解得

$$A = V_{s}$$

因此，特解 $v_{Cp} = V_{s}$。

完全解为

$$v_C(t) = v_{Ch} + v_{Cp} = K e^{-\frac{1}{RC}t} + V_s, \quad t > 0 \tag{3-27}$$

其中，$K$ 为待定系数，需要利用电路的初始值来确定。根据已知条件将 $t = 0^+$ 时刻的电容电压的初始值代入式（3-27），得

$$v_C(0^+) = K + V_s$$

解得

$$K = v_C(0^+) - V_s$$

因此，所求电容电压为

$$v_C = [v_C(0^+) - V_s] e^{-\frac{1}{RC}t} + V_s, \quad t > 0 \tag{3-28}$$

以上是用经典分析方法求解一阶动态电路特性的完整过程。注意以上求得的是换路发生后的电容电压，是以 $t = 0^+$ 时的电容电压作为初始值求出的，因此时间 $t$ 的取值范围应大于零。

下面再看一个用经典分析法求一阶 RL 电路完全响应的例子。

**例 3-10** 如图 3-13 所示电路，开关在 $t=0$ 时刻闭合后，若电感电流的初始值为 $i_L(0^+)$，电流源是电流为 $I_s$ 的直流电源，求换路后的电感电流 $i_L(t)$。

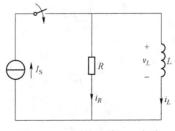

图 3-13 开关一阶 RL 电路

**解**：将已知条件代入例 3-4 求出的微分方程，得

$$\frac{\mathrm{d}i_L}{\mathrm{d}t} + \frac{R}{L}i_L = \frac{R}{L}I_\mathrm{S} \qquad (3-29)$$

同例 3-9，可得式（3-29）的完全解为

$$i_L(t) = i_{L\mathrm{h}} + i_{L\mathrm{p}} = K\,\mathrm{e}^{-\frac{R}{L}t} + I_\mathrm{S}, \quad t > 0$$

然后将 $t = 0^+$ 时刻的电感电流的初始值代入上式中，求得待定系数为

$$K = i_L(0^+) - I_\mathrm{S}$$

因此，电感电流为

$$i_L = [i_L(0^+) - I_\mathrm{S}]\mathrm{e}^{-\frac{R}{L}t} + I_\mathrm{S}, \quad t > 0 \qquad (3-30)$$

经典分析法求解一阶动态电路响应的一般步骤可归纳为：

（1）列写电路变量的一阶微分方程；

（2）求出该微分方程对应的齐次微分方程的特征方程的特征根 $s$，得到齐次解 $y_\mathrm{h} = K\,\mathrm{e}^{st}$；

（3）根据微分方程等号右端项的形式，确定特解 $y_\mathrm{p}$ 的形式。对于仅含有直流电源的电路，特解为常数 $A$。将特解代入原微分方程，并利用待定系数法确定特解。

（4）写出完全解的形式，即

$$y(t) = y_\mathrm{h} + y_\mathrm{p} \qquad (3-31)$$

（5）求电路变量的初始值，并代入式（3-31）中，求出齐次解中的系数 $K$，得到一阶常系数微分方程的完全解，即完全响应。

# 3.5　一阶动态电路的三要素法

在直流激励条件下一阶动态电路的响应可以用 3.4 节介绍的微分方程经典解法求得。理论上这种经典分析方法可以适用于求解任意激励下的动态电路的响应。但由于涉及解微分方程，经典解法的过程较为烦琐，当电路的激励源是直流时，可以采用更简便的方法求解一阶动态电路的响应，即**三要素法**。

动态电路的特性是随时间变化的，对于随时间变化的特性只要抓住特性变化的特征参数，整个特性就随之而定。三要素法体现了一阶动态特性的三个特征参数，物理意义十分清晰，有助于对电路特性的理解。

## 3.5.1　时间常数

由于开关直流一阶电路在换路后，从动态元件两端看出去的电路总可以用戴维南或诺

顿等效变换转化为电压源与电阻串联或电流源与电阻并联的形式，所以，换路后的一阶电路总可以等效为图 3-14（a）和图 3-14（b）的形式。

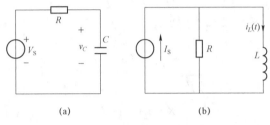

(a)                    (b)

图 3-14　一阶电路的一般形式

回顾例 3-9，可知图 3-14（a）所示电路中电容电压的完全响应为

$$v_C = [v_C(0^+) - V_S]e^{-\frac{t}{RC}} + V_S, \quad t > 0 \tag{3-32}$$

关联参考方向下的电容电流为

$$i_C = C\frac{dv_C}{dt} = \frac{[V_S - v_C(0^+)]}{R}e^{-\frac{t}{RC}}, \quad t > 0 \tag{3-33}$$

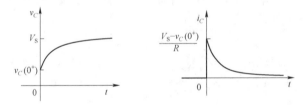

图 3-15　例 3-9 中电容电压和电流波形（设 $v_C(0^+) < V_S$）

由图 3-15 可知，一阶 RC 电路中的电容电压和电流都是按照同样的指数规律变化的。若进一步求出此电路中其他变量，如电阻电压等，会发现它们也遵循同样的变化规律。换路后，过渡过程变化的快慢由指数项中的 RC 值决定。RC 越小，变化越快；RC 越大，变化越慢。

由式（3-32）和式（3-33）可知，电容电压和电流的完全解中均含有指数项 $e^{-\frac{t}{RC}}$，指数项与该项前的系数共同构成了完全响应中的暂态响应。暂态响应随时间而逐渐衰减，当时间趋于无限大时，暂态响应衰减为零，只剩下完全响应中的稳态响应部分，电路达到稳态。暂态响应衰减的快慢只取决于指数项 $e^{-\frac{t}{RC}}$ 中 RC 的大小，与外加激励和电路初始值都无关，是电路的固有参数。定义

$$\tau = RC \tag{3-34}$$

$\tau$ 单位为秒，称为时间常数。$\tau$ 值越大，暂态响应部分随时间衰减的速度越慢；$\tau$ 值越小，暂态响应部分随时间衰减的速度越快。

若输入激励 $V_S$ 为零，则式（3–32）描述的电容电压的完全响应对应的是零输入响应。如图 3–16 所示，经过时间 $\tau$ 后，电容电压衰减了 63.2%，变为初始值的 36.8%。经过 $3\tau \sim 5\tau$ 后，电容电压变为初始值的 5%～0.6%。通常情况下认为，当电路换路经过 $3\tau \sim 5\tau$ 后，可近似认为暂态过程结束，电路进入稳定状态。

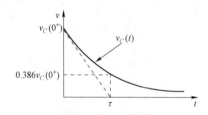

图 3–16　时间常数与零输入响应的关系

若电容电压的初始值为零，而输入激励不为零，即动态元件的初始储能状态为零，则式（3–32）描述的电容电压的完全响应对应的是零状态响应。不难证明，换路后零状态响应按照同样的指数规律由 0 过渡至稳态值 $V_S$，经过时间 $\tau$ 后将达到稳态值 $V_S$ 的 63.2%（1−0.368），经过 $3\tau \sim 5\tau$ 后，达到稳态值 $V_S$ 的 95%～99.4%，可认为电路已进入稳定状态。

回顾例 3–10，图 3–14（b）中电感电流的完全响应为

$$i_L(t) = [i_L(0^+) - I_S]e^{-\frac{R}{L}t} + I_S, \quad t > 0 \tag{3–35}$$

在关联参考方向下的电感电压为

$$v_L(t) = L\frac{di_L}{dt} = R[I_S - i_L(0^+)]e^{-\frac{R}{L}t}, \quad t > 0 \tag{3–36}$$

一阶 RL 电路中的所有变量也是按照相同指数规律变化的。定义该电路的时间常数 $\tau$ 为

$$\tau = \frac{L}{R} \tag{3–37}$$

$\tau$ 单位为秒。$\tau$ 值越大，随时间衰减的速度越慢，$\tau$ 值越小，随时间衰减的速度越快。

时间常数是描述一阶动态电路的重要参数，同一个一阶电路中各变量的时间常数相同，是一阶电路的固有参数，称为电路的时间常数。一阶动态电路中任何一个电路变量的指数变化规律都可以写成 $e^{-\frac{t}{\tau}}$ 的形式。对于任意一个一阶电路，只要求出从动态元件两端看出去的戴维南等效电阻，就可以直接用式（3–34）和式（3–37）计算时间常数 $\tau$。

**练习与思考 3-9：** RC 电路的时间常数如何计算？RL 电路的时间常数如何计算？时间常数中的电阻值如何确定？

### 3.5.2 三要素法

由 3.5.1 节的讨论得知，一阶动态电路在过渡过程中所有电路变量都按照相同的指数规律变化（与时间常数相关）。在开关直流一阶动态电路中，设电路的变量为 $y(t)$，在 $t=0$ 时刻换路，初始值为 $y(0^+)$，最终达到的稳态值为 $y(\infty)$，$\tau$ 为时间常数。根据 3.5.1 节分析，完全响应可写为暂态响应与稳态响应之和，即

$$y(t) = K e^{-\frac{1}{\tau}t} + y(\infty), \ t > 0 \tag{3-38}$$

将初始条件代入式（3-38）中，解得

$$K = y(0^+) - y(\infty)$$

因此，完全响应可写为

$$y(t) = [y(0^+) - y(\infty)]e^{-\frac{t}{\tau}} + y(\infty), \quad t > 0 \tag{3-39}$$

式（3-39）也可改写为

$$y(t) = y(0^+)e^{-\frac{t}{\tau}} + y(\infty)(1 - e^{-\frac{t}{\tau}}), \quad t > 0 \tag{3-40}$$

当 $y$ 为状态变量（电容电压或电感电流）时，$y(0^+)$ 反映了电路的初始储能状态，$y(\infty)$ 由输入激励决定。当输入激励为零时，式（3-40）中的第二部分为零，仅剩下第一部分，构成完全响应中的零输入响应部分。当电路初始状态为零时，式（3-40）中的第一部分为零，仅剩下第二部分，构成完全响应中的零状态响应部分。

由式（3-39）和式（3-40）可知，只要求出初始值 $y(0^+)$、稳态值 $y(\infty)$ 和时间常数 $\tau$ 这三个要素，就可以直接写出待求变量的完全响应。三要素法不仅适用于求解开关直流一阶动态电路中的电容电压或电感电流，也同样适用于求解其他变量，其基本步骤如下。

（1）求时间常数 $\tau$：一阶 RC 电路的时间常数为 $\tau = RC$；一阶 RL 电路的时间常数为 $\tau = L/R$。$R$ 为动态元件两端剩余电路的戴维南等效电阻。

（2）求初始值 $y(0^+)$：若换路前电路处于直流稳态，则先根据换路前的直流稳态等效电路求解 $v_C(t_0^-)$ 与 $i_L(t_0^-)$，然后再利用换路定理 $v_C(t_0^+) = v_C(t_0^-)$ 和 $i_L(t_0^+) = i_L(t_0^-)$ 求状态变量初始值。对于非状态变量，需要画出换路后瞬间 $t_0^+$ 时刻的初始值等效电路，然后求解初始值。初始值等效电路中的电容用电压为 $v_C(t_0^+)$ 的电压源替代，电感用电流为 $i_L(t_0^+)$ 的电流源替代。

（3）求稳态值 $y(\infty)$：画出换路后电路在时间趋于无限大时的直流稳态等效电路，此时电容相当开路，电感相当短路，然后求出所要求变量的稳态值 $y(\infty)$。

（4）将步骤（1）～（3）求解的变量代入式（3−39）或式（3−40）的三要素表达式中，求解完全响应。

上述步骤涉及 4 个等效电路，即 $t_0^-$，$t_0^+$，$t \to \infty$ 和戴维南等效电路，画等效电路时需要注意开关位置及电容和电感的替代规则。

**例 3−11**　用三要素法求例 3−5 中图 3−8（a）所示电路的 $i(t)$，$i_L(t)$ 的完全响应。

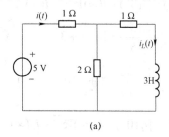

(a)

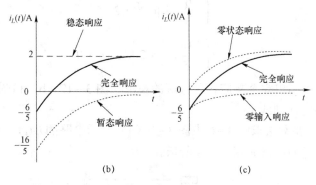

(b)　　　　　　　　　　　　(c)

图 3−17　例 3−5 换路后等效电路及完全响应分解

**解：**开关动作后的电路如图 3−17（a）所示。

从电感两端看出去的戴维南等效电阻为

$$R = 1 + \frac{1 \times 2}{1 + 2} = \frac{5}{3}(\Omega)$$

时间常数为

$$\tau = \frac{L}{R} = \frac{3}{5/3} = \frac{9}{5}(\text{s})$$

在例 3−7 中已求出 $i(0^+)$ 和 $i_L(0^+)$ 为

$$i(0^+) = \frac{13}{15}\text{A}$$

$$i_L(0^+) = -\frac{6}{5}\text{A}$$

在例 3-5 中已求出 $i(\infty)$ 和 $i_L(\infty)$ 为

$$i(\infty) = 3\,\text{A}$$

$$i_L(\infty) = 2\,\text{A}$$

由三要素公式可得 $i(t)$，$i_L(t)$ 的完全响应为

$$i(t) = [i(0^+) - i(\infty)]e^{-\frac{t}{\tau}} + i(\infty)$$

$$= \left(\frac{13}{15} - 3\right)e^{-\frac{t}{9/5}} + 3$$

$$= \left(-\frac{32}{15}e^{-\frac{5}{9}t} + 3\right)\text{A}, \quad t > 0$$

$$i_L(t) = [i_L(0^+) - i_L(\infty)]e^{-\frac{t}{\tau}} + i_L(\infty)$$

$$= \left(-\frac{6}{5} - 2\right)e^{-\frac{t}{9/5}} + 2$$

$$= \left(-\frac{16}{5}e^{-\frac{5}{9}t} + 2\right)\text{A}, \quad t > 0$$

由本例结果，可画出完全响应各种分解的波形。图 3-17（b）和图 3-17（c）画出了两种 $i_L(t)$ 分解后的响应曲线。

**例 3-12**　用三要素法求例 3-6 中图 3-9（a）所示电路的 $i_C(t)$，$v_C(t)$ 的完全响应。

**解：** 开关动作后的电路如图 3-18 所示。

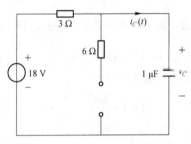

图 3-18　例 3-6 换路后的等效电路

不难求出从电容两端看出去的戴维南等效电阻为 3 Ω。时间常数为

$$\tau = RC = 3 \times (1 \times 10^{-6}) = 3 \times 10^{-6} \,（\text{s}）$$

在例 3-8 中已求出 $i_C(0^+)$ 和 $v_C(0^+)$ 为

$$i_C(0^+) = 2\,\text{A}$$

$$v_C(0^+) = 12\,\text{V}$$

在例 3−6 中已求出 $i_C(\infty)$ 和 $v_C(\infty)$ 为

$$i_C(\infty) = 0 \text{ A}$$
$$v_C(\infty) = 18 \text{ V}$$

由三要素公式可得 $i_C(t)$，$v_C(t)$ 的完全响应为

$$i_C(t) = [i_C(0^+) - i_C(\infty)]e^{-\frac{t}{\tau}} + i_C(\infty)$$
$$= (2-0)e^{-\frac{t}{3\times10^{-6}}} + 0$$
$$= \left(2e^{-\frac{t}{3\times10^{-6}}}\right)\text{A}, \quad t > 0$$

$$v_C(t) = [v_C(0^+) - v_C(\infty)]e^{-\frac{t}{\tau}} + v_C(\infty)$$
$$= (12-18)e^{-\frac{t}{3\times10^{-6}}} + 18$$
$$= \left(-6e^{-\frac{t}{3\times10^{-6}}} + 18\right)\text{V}, \quad t > 0$$

其中，$i_C(t)$，$v_C(t)$ 完全响应中的暂态响应、稳态响应分量分别为

$$\begin{cases} i_{Ct}(t) = 2e^{-\frac{t}{3\times10^{-6}}} \text{ A} \\ i_{Cs}(t) = 0 \text{ A} \end{cases}$$

$$\begin{cases} v_{Ct}(t) = -6e^{-\frac{t}{3\times10^{-6}}} \text{ A} \\ v_{Cs}(t) = 18 \text{ V} \end{cases}$$

**例 3−13**　图 3−19（b）所示电路为一继电器驱动电路，由一个内阻为 10 Ω，持续时间为 30 ms 的 5 V 实际脉冲电压源和一个具有 15 Ω 绕组电阻的 400 mH 的实际驱动线圈组成。当继电器驱动线圈中电流上升到 150 mA 时，继电器驱动线圈产生的磁场将吸合触点；当继电器驱动线圈中电流回落到 40 mA 时，继电器驱动线圈将释放触点。假设电感的初始储能为零，求当驱动电压波形如图 3−19（a）所示时，触点吸合的时间。

**解：**由图 3−19（b）可知时间常数为

$$\tau = \frac{400\times10^{-3}}{10+15} = 16\,(\text{ms})$$

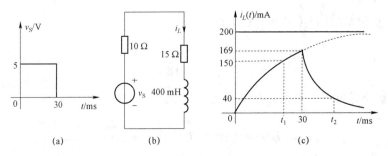

图 3-19　例 3-13 电路及电感电流的响应特性曲线

（1）在 0 ms≤$t$≤30 ms 期间，电感初始电流为零，输入电压为 5 V，相当零状态过程，其中

$$i_L(0^+) = 0 \text{ mA}$$

$$i_L(\infty) = \frac{5}{10+15} = 0.2(\text{A}) = 200(\text{mA})$$

由三要素公式得

$$i_L(t) = [i(0^+) - i_L(\infty)]e^{-\frac{t}{\tau}} + i_L(\infty)$$

$$= (0-200)e^{-\frac{t}{16}} + 200$$

$$= 200\left(1 - e^{-\frac{t}{16}}\right)\text{mA}, \quad 0 \text{ ms} \leq t \leq 30 \text{ ms}$$

其波形如图 3-19（c）中 0 ms≤$t$≤30 ms 实线部分，设在 $t = t_1$ 时，$i_L(t_1) = 150$ mA ，即

$$150 = 200\left(1 - e^{-\frac{t_1}{16}}\right)$$

解得

$$t_1 = -16\ln\left(1 - \frac{150}{200}\right) \approx 22.2(\text{ms})$$

表示在 $t_1 = 22.2$ ms 时刻，继电器的触点吸合。

（2）在 $t$≥30 ms 期间，输入电压变为零，相当于零输入过程。

由求出 0 ms≤$t$≤30 ms 期间的 $i_L(t)$ 可知

$$i_L(30 \text{ ms}^+) = i_L(30 \text{ ms}^-) = 200\left(1 - e^{-\frac{30}{16}}\right) \approx 169(\text{mA})$$

$$i_L(\infty) = 0 \text{ mA}$$

由三要素公式得

$$i_L(t) = [i(30\,\text{ms}^+) - i_L(\infty)]\text{e}^{-\frac{t-30}{\tau}} + i_L(\infty)$$

$$= (169 - 0)\text{e}^{-\frac{t-30}{16}} + 0$$

$$= 169\text{e}^{-\frac{t-30}{16}}\,\text{mA}, \quad t > 30\,\text{ms}$$

其波形如图 3-19（c）中 $t > 30$ ms 的实线部分。设在 $t = t_2$ 时，$i_L(t_2) = 40$ mA，即

$$40 = 169\text{e}^{-\frac{t_2-30}{16}}$$

解得

$$t_2 = 30 - 16\ln\left(\frac{40}{169}\right) \approx 53.1\,（\text{ms}）$$

所以，继电器吸合时间为 $t_2 - t_1 \approx 53.1 - 22.2 = 30.9（\text{ms}）$。

在例 3-13 中，由于 $t = 30$ ms 时电路并未处于直流稳态，所以 $i_L(30\,\text{ms}^-)$ 的数值不能按直流稳态等效电路求解，在这种情况下，需要通过分析 0 ms $\leqslant t \leqslant$ 30 ms 期间的 $i_L(t)$ 的特性，确定 $i_L(30\,\text{ms}^-)$ 的数值，然后根据换路定律得到初始值，即 $i_L(30\,\text{ms}^+) = i_L(30\,\text{ms}^-)$。

**练习与思考 3-10：**三要素都是什么？如何确定三要素？如何用三要素描述一阶电路特性？

# 本 章 要 点

■ 动态元件包括电容和电感元件，不同于电阻元件，动态元件的伏安关系式是微分或积分关系。

■ 由于动态元件具有储能特性，电路中变量在某一时刻的取值不仅与输入激励有关，还与电路中动态元件的初始储能有关，电容电压与电感电流代表了动态电路的储能状态，称为状态变量。

■ 电路中电压和电流均为有限值时，电容和电感的储能不能发生突变，即状态变量不能发生突变。因此，在动态电路发生换路时，电容电压和电感电流在换路前后瞬间保持不变，称为换路定律。

■ 利用动态元件的换路特性可以计算电路变量的初始值。在换路发生后的瞬间，电容等效为电压源，电感等效为电流源，可得到用于分析初始值的初始值等效电路。在直流稳态条件下，电容相当于开路，电感相当于短路，可得到用于分析直流稳态值的直流稳态等效电路。

■ 在直流电源激励下一阶电路的响应可以由其初始值、稳态值和电路时间常数唯一确定。在电路中计算这三个要素进而直接写出响应表达式的简便方法称为三要素法。

# 习　题

**3-1**　求关联参考方向下通过一个 30 μF 的电容元件的电流波形。电容电压的波形如题 3-1 图所示。

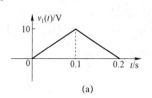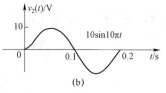

(a)　　　　　　　　　　　　　(b)

题 3-1 图

**3-2**　求一无初始电压的 30 μF 电容元件的端电压波形。电容电流的波形如题 3-2 图所示。

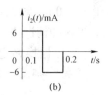

(a)　　　　　　　　　　　　　(b)

题 3-2 图

**3-3**　求题 3-1 图中的电容元件的功率 $p(t)$ 及储能 $w(t)$ 波形。

**3-4**　求关联参考方向下一个 $L=2$ mH 的电感元件在下列各电流作用下的 $v-i$ 特性曲线。

(1)　$i(t)=(4t+2)$ A

(2)　$i(t)=6\mathrm{e}^{-2t}$ A

(3)　$i(t)=4\cos 10t$ A

(4)　6 A

**3-5**　写出如题 3-5 图（a）和题 3-5 图（b）所示电路关于 $i_L(t)$ 在 $t>0$ 时的动态方程。

**3-6**　写出如题 3-6 图（a）和题 3-6 图（b）所示电路关于 $v_C(t)$ 在 $t>0$ 时的动态方程。

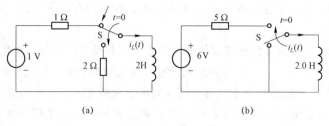

(a)　　　　　　　　　　　　　(b)

题 3-5 图

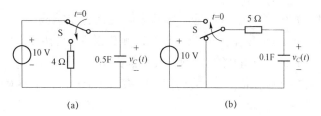

(a)  (b)

题 3-6 图

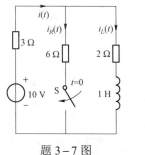

题 3-7 图

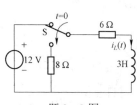

题 3-8 图

**3-7** 如题 3-7 图所示电路换路前已处于稳态，求开关闭合后的 $i_R(0^+)$ 及 $i_L(0^+)$，$i_R(\infty)$ 及 $i_L(\infty)$，并写出 $i_R(t)$ 及 $i_L(t)$。

**3-8** 如题 3-8 图所示电路在换路前已处于稳态，求 $i_L(t)$。

**3-9** 如题 3-9 图所示电路在换路前已处于稳态，求开关闭合后 $v(t)$ 和 $i(t)$。

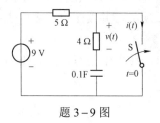

题 3-9 图

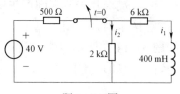

题 3-10 图

**3-10** 如题 3-10 图所示，电路已处于稳态，开关在 $t=0$ 时刻断开，求：

（1） $i_1(0^-)$ 和 $i_2(0^-)$；

（2） $i_1(0^+)$ 和 $i_2(0^+)$；

（3） $t>0$ 时的 $i_1(t)$；

（4） $t>0$ 时的 $i_2(t)$；

（5） 解释为什么 $i_2(0^-) \neq i_2(0^+)$。

**3-11** 如题 3-11 图所示电路，开关接于 a，并处于稳态，在 $t=0$ 时刻，开关切换到 b，求：

（1）求 $t>0$ 时，$i_0(t)$ 的零输入响应、零状态响应及完全响应；

（2）求 $t>0$ 时，$v_0(t)$ 的零输入响应、零状态响应及完全响应；

（3）求 $t>0$ 时，$i_0(t)$ 和 $v_0(t)$ 的暂态响应及稳态响应。

**3-12** 如题 3-12 图所示电路，开关动作前电路已处于稳态，在 $t=0$ 时刻开关断开，求：

（1）$i_0(t)$ 的初始值；

（2）$i_0(t)$ 的终值；

（3）$t>0$ 时电路的时间常数；

（4）$t>0$ 时的 $i_0(t)$；

（5）$t>0$ 时的 $v_0(t)$。

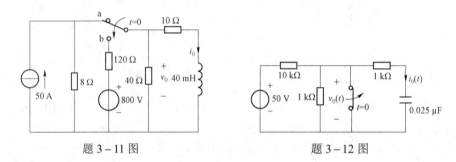

题 3-11 图　　　　　　　　　题 3-12 图

**3-13** 某学生在做如题 3-13 图所示电路的实验，实验中开关动作前电路已处于稳态，当开关突然打开时，发现开关两端间产生明显的拉弧现象，并发生电压表中表头线圈烧毁的情况，分析并解释原因。

**3-14** 如题 3-14 图所示电路，开关接于触点 1，并处于稳态，在 $t=0$ 时刻，开关切换到触点 2，求 $t>0$ 时的 $v_0(t)$。

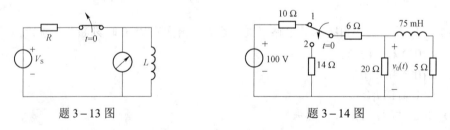

题 3-13 图　　　　　　　　　题 3-14 图

**3-15** 如题 3-15 图所示电路，开关动作前电容的储能为零，在 $t=0$ 时刻开关 1 闭合，10 ms 后开关 2 闭合，求 $t>0$ 时的 $v_0(t)$。

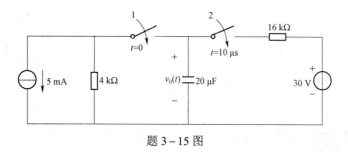

题 3-15 图

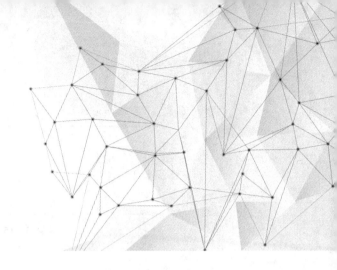

# 第4章
# 正弦交流电路

**提要** 正弦激励的电路称为交流电路，正弦激励条件下的稳态特性可以采用相量分析法进行分析。本章介绍了正弦信号及其相量表示的方法，引入了两类约束的相量形式和阻抗与导纳的概念，讨论了相量分析法的应用、正弦稳态电路功率特性及功率因数补偿原理。

## 4.1 正弦信号

信号可以具有各种不同形式，根据周期性可分为周期信号和非周期信号。周期信号可以分解为直流和正弦信号的叠加，所以正弦激励（独立源为正弦形式）条件下电路特性的分析具有重要意义。正弦信号也称为交流信号，正弦激励的电路又称为正弦交流电路。

### 4.1.1 正弦信号基本概念

以图4-1正弦电流波形为例，该电流波形的一般表达式为

$$i(t) = I_\mathrm{m} \sin(\omega t + \theta) \tag{4-1}$$

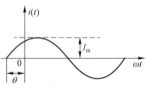

图4-1 正弦电流波形

$i(t)$为电流的瞬时值；$I_\mathrm{m}$为振幅或最大值；$\omega t + \theta$是随时间变化的角度，称为瞬时相

位，单位为弧度（rad）或度（°）；$\theta$ 是在 $t=0$ 时的相位，称为初始相位或初相；$\omega$ 是相位随时间变化的速率，称为角频率，单位为弧度/秒（rad/s）或度/秒（°/s）。周期频率 $f$ 等于 $\omega/2\pi$ 或 $\omega/360°$，单位为赫兹（Hz）。周期 $T$ 等于 $1/f$，单位为秒（s）。角频率、周期频率和周期的关系为 $\omega=2\pi f=2\pi/T$。

最大值、角频率和初相决定了正弦信号的瞬时值，称为正弦信号的特征值，也叫正弦信号的三要素，三个特征值与正弦信号一一对应。角频率和周期频率有时都简称为频率，可以根据具体情况和单位加以区别。角频率、周期频率和周期之间存在简单关系，相当于一个独立参数。

**例 4-1**　已知正弦电压的最大值 $V_{\mathrm{m}}=10\,\mathrm{V}$，频率 $f=50\,\mathrm{Hz}$，初相 $\theta_v=-\pi/3$，求角频率和周期，写出电压瞬时值表达式，并画出波形图。

**解：**

$$\omega=2\pi f=100\pi\approx314\,(\mathrm{rad/s})$$

$$T=\frac{1}{f}=\frac{1}{50}=20\,(\mathrm{ms})$$

$$v(t)=10\sin(\omega t+\theta_v)=10\sin\left(100\pi t-\frac{\pi}{3}\right)\approx10\sin\left(314t-\frac{\pi}{3}\right)(\mathrm{V})$$

波形如图 4-2（a）所示。若时间轴用 $t$ 表示，则波形如图 4-2（b）所示。

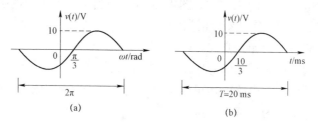

图 4-2　正弦电压波形

## 4.1.2　正弦信号相位差

在交流电路中，由于电容和电感的存在，电路中的正弦电压和电流的频率相同，但是相位各自不同，相位关系对于电路特性有很大影响。所以，对于同频率变量，除了关注它们的大小，还要比较它们相位的不同。为此引入相位差的概念。

设两个同频正弦信号分别为 $f_1=A_1\sin(\omega t+\theta_1)$，$f_2=A_2\sin(\omega t+\theta_2)$，这两个信号的相位差定义为

$$\varphi_{12}=\varphi_1-\varphi_2=(\omega t+\theta_1)-(\omega t+\theta_2)=\theta_1-\theta_2 \tag{4-2}$$

因此同频信号的相位差等于初相差。图4-3给出了4种常见的相位关系。

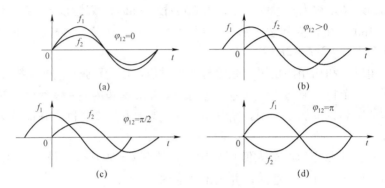

图4-3　相位差的几种情况

对于图4-3（a），称 $f_1$ 与 $f_2$ 同相。

对于图4-3（b），称 $f_1$ 超前 $f_2$，或 $f_2$ 落后 $f_1$，超前（或落后）的角度为 $|\varphi_{12}|$。

对于图4-3（c），$f_1$ 与 $f_2$ 的相位差为 $\pi/2$，称 $f_1$ 与 $f_2$ 正交。

对于图4-3（d），$f_1$ 与 $f_2$ 的相位差为 $\pi$，称 $f_1$ 与 $f_2$ 反相。

当比较两个或两个以上同频正弦信号相位关系时，时间原点的位置不影响相位差，可以指定某个信号的初相为零，该信号称为参考正弦信号，而其他信号与参考正弦信号的相位差就是该信号的初相。例如图4-3（a）、图4-3（b）和图4-3（c）中的 $f_2$，以及图4-3（a）和图4-3（d）中的 $f_1$ 均可看做参考正弦信号。

在比较相位时应该注意如下几点。

（1）通常只有同频率的正弦信号才比较相位关系。

（2）在同一问题或同一电路中，可选定一个变量，令其初始相位为零，其余变量与它比较相位关系，称此变量为参考正弦量。

（3）本书采用正弦形式作为标准正弦信号，余弦须转换为正弦后再确定初相。

（4）相位超前与落后是相对的，一般在计算中限定相位差范围为 $[-\pi, \pi]$。

**例4-2**　如图4-4（a）所示电容元件，已知 $v = \sin t$ V，试比较 $v$ 和 $i$ 的相位关系。

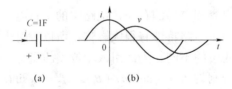

图4-4　电容元件及电压、电流波形

**解：** 根据电容元件的伏安特性可知

$$i = C\frac{\mathrm{d}v}{\mathrm{d}t} = \frac{\mathrm{d}}{\mathrm{d}t}\sin t = \cos t = \sin(t + 90°)\,(\mathrm{A}) \tag{4-3}$$

$v$ 与 $i$ 的相位差为

$$\varphi = \theta_v - \theta_i = 0 - 90° = -90°$$

电压和电流的波形如图 4-4（b）所示，表明电压落后电流 90°，或电流超前电压 90°。

例 4-2 表明正弦信号微分后得到的信号仍为同频率正弦信号，且相位增加 90°。

**例 4-3**　已知 $i_1 = \sin t$ A，$i_2 = \cos t$ A。求 $i_3(i_3 = i_1 + i_2)$，并以 $i_1$ 作为参考正弦信号，比较 $i_1$，$i_2$ 和 $i_3$ 的相位关系。

**解：**

$$i_3 = i_1 + i_2 = \sin t + \cos t = \sqrt{2}\sin(t + 45°)\,(\mathrm{A})$$

$i_3$ 超前 $i_1$ 45°。由于 $i_2 = \cos t = \sin(t + 90°)$ A，所以 $i_2$ 超前 $i_1$ 90°。$i_1$，$i_2$ 和 $i_3$ 的波形如图 4-5 所示。

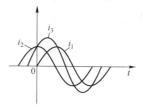

**图 4-5　$i_1$，$i_2$ 和 $i_3$ 的波形**

### 4.1.3　正弦信号有效值

设电阻 $R$ 上的电流 $i = I_\mathrm{m}\sin(\omega t + \theta)$，则该电阻在一个周期 $T = 2\pi/\omega$ 吸收的平均功率为

$$P = \frac{1}{T}\int_0^T i^2 R\mathrm{d}t = \frac{R}{T}\int_0^T I_\mathrm{m}^2\sin^2(\omega t + \theta)\mathrm{d}t = \frac{I_\mathrm{m}^2 R}{2T}\int_0^T[1 - \cos(2\omega t + 2\theta)]\mathrm{d}t = \frac{I_\mathrm{m}^2 R}{2} \tag{4-4}$$

定义该电流的有效值为

$$I = \frac{I_\mathrm{m}}{\sqrt{2}} \tag{4-5}$$

则

$$P = I^2 R \tag{4-6}$$

同理可知，若电阻 $R$ 上的电压 $v = V_m \sin(\omega t + \theta)$ ，则该电阻在一个周期 $T = 2\pi / \omega$ 吸收的平均功率为

$$P = \frac{V_m^2}{2R}$$

定义该电压的有效值为

$$V = \frac{V_m}{\sqrt{2}} \qquad\qquad (4-7)$$

则

$$P = \frac{V^2}{R} \qquad\qquad (4-8)$$

式（4-5）和（4-7）为正弦电流和电压有效值的定义，即正弦电流和电压有效值为该电流和电压最大值的 $1/\sqrt{2}$ 。

当电阻的电流或电压为正弦形式时，该电阻吸收的平均功率与某个直流电流或电压作用到该电阻时吸收的功率相等，这个直流电流或电压为正弦电流或电压的有效值。

对于一般的周期变化电流或电压，其有效值的定义为方均根（RMS），即

$$\begin{cases} I = \sqrt{\dfrac{1}{T}\displaystyle\int_0^T i^2 \mathrm{d}t} \\[3mm] V = \sqrt{\dfrac{1}{T}\displaystyle\int_0^T v^2 \mathrm{d}t} \end{cases} \qquad\qquad (4-9)$$

可以证明当该周期变化的电流或电压作用到电阻上时，该电阻吸收的平均功率仍然可以用有效值计算。有效值是在周期信号条件下定义的，对于非周期信号不存在有效值的概念。

有效值的定义简化了纯电阻平均功率的计算，但需要注意的是非纯电阻的平均功率不能直接用式（4-6）或式（4-8）计算，关于非纯电阻平均功率的计算将在 4.6 节介绍。

**例 4-4** 已知电阻 $R = 484\,\Omega$ 上的电压 $v = 311\sin(2\pi \times 50t)$ V，求该电压的有效值和该电阻吸收的平均功率。

**解：**

$$V = \frac{V_m}{\sqrt{2}} = \frac{311}{\sqrt{2}} = 220\,(\mathrm{V})$$

$$P = \frac{V^2}{R} = \frac{220^2}{484} = 100\,(\mathrm{W})$$

### 4.1.4 正弦稳态特点

当把正弦信号加到含有动态元件的线性稳定电路中时,响应将包含暂态和稳态两部分,稳态响应与输入信号的形式相同。

以图 4-6 所示正弦激励条件下 RL 电路为例考察电路中电流 $i$ 的响应特点。其中 $L = 1\text{H}$,$R = 2\,\Omega$,$v_S = 10\sin t\ \text{V}$,$i(0^+) = 1\,\text{A}$。

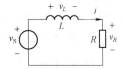

图 4-6 正弦激励 RL 电路

以电流 $i$ 为变量表示 $v_L$ 和 $v_R$ 建立的基尔霍夫电压方程为

$$L\frac{\mathrm{d}i}{\mathrm{d}t} + Ri = v_S$$

将元件参数代入该方程,得

$$\frac{\mathrm{d}i}{\mathrm{d}t} + 2i = 10\sin t$$

该方程的齐次解为

$$i_h = K\mathrm{e}^{-2t}$$

特解为

$$i_p = 4\sin t - 2\cos t = 2\sqrt{5}\sin(t - 26.6°)$$

电流 $i$ 的完全响应为

$$i = i_h + i_p = K\mathrm{e}^{-2t} + 2\sqrt{5}\sin(t - 26.6°)$$

根据 $i(0^+) = 1\,\text{A}$ 可知 $K = 3$。所以

$$i = [3\mathrm{e}^{-2t} + 2\sqrt{5}\sin(t - 26.6°)]\ \text{A}$$

其中,齐次解 $i_h = 3\mathrm{e}^{-2t}$ 随时间指数衰减,最终将消失,称为暂态响应。暂态响应结束后(当暂态响应足够小时,可认为暂态响应结束),电路的响应仅剩下特解 $i_p = 2\sqrt{5}\sin(t - 26.6°)$,称为稳态响应,此时的电路称为正弦稳态电路。

稳态响应具有如下特点:当输入激励为正弦形式时,稳态响应也为正弦形式,并且稳态响应的频率与输入激励的频率相同,称为同频正弦信号。

上述稳态响应特点是以图4-6中电流 $i$ 的分析为例得出的。若分析其他变量也可得出相同结论，即其他变量也为同频正弦信号，但幅度和相位会有所不同。

一般地，当线性稳定电路中的独立源均为同一频率的正弦信号时，电路中暂态响应将随时间指数衰减，电路中各个变量的稳态响应均为与独立源相同频率的正弦信号。分析电路中变量的稳态响应称为电路的正弦稳态分析。单一频率激励下的正弦稳态分析可以采用相量分析法，称为正弦稳态相量分析。采用相量分析法可以避免求解微分方程。

**练习与思考 4-1**：正弦量都有哪些特征参数？

**练习与思考 4-2**：描述正弦量周期性的参数有哪些？它们的关系是什么？

**练习与思考 4-3**：为什么只有同频正弦量比较相位关系才有意义？

**练习与思考 4-4**：有效值的物理意义是什么？

# 4.2　相量

线性电路在单一频率正弦信号激励条件下稳态响应均为同频正弦形式，在电路分析中若直接将正弦形式的电流和电压作为分析对象会导致运算十分复杂。利用欧拉公式，可以将正弦形式的电流和电压与相量形式的电流和电压相对应，而相量形式的电流和电压的分析十分简单。利用相量分析正弦稳态特性是电路分析的重要方法。

## 4.2.1　正弦信号的相量表示

正弦信号的相量表示是基于如下欧拉公式

$$e^{jx} = \cos x + j\sin x \qquad (4-10)$$

其中，$j^2 = -1$。

设正弦形式的电流 $i = I_m \sin(\omega t + \theta)$。根据欧拉公式可知

$$I_m e^{j(\omega t + \theta)} = I_m \cos(\omega t + \theta) + jI_m \sin(\omega t + \theta) \qquad (4-11)$$

定义正弦形式电流 $i$ 的最大值相量为

$$\dot{I}_m = I_m e^{j\theta} \qquad (4-12)$$

式（4-11）可改写为

$$I_m e^{j(\omega t + \theta)} = \dot{I}_m e^{j\omega t} = I_m \cos(\omega t + \theta) + jI_m \sin(\omega t + \theta) \qquad (4-13)$$

利用电流 $i$ 的最大值相量，对式（4-13）两侧进行取虚部运算（用 Im 表示），可得到

$$i = I_m \sin(\omega t + \theta) = \mathrm{Im}\left(\dot{I}_m e^{j\omega t}\right) \qquad (4-14)$$

利用式（4-14）可以将正弦形式电流 $i$ 与其最大值相量 $\dot{I}_m$ 相对应，即 $i \leftrightarrow \dot{I}_m$。

正弦形式电流 $i$ 的有效值相量定义为

$$\dot{I} = I e^{j\theta} \tag{4-15}$$

根据有效值与最大值的关系，式（4-14）又可以写成

$$i = I_{\mathrm{m}} \sin(\omega t + \theta) = \mathrm{Im}\,(\sqrt{2}\dot{I}e^{j\omega t}) \tag{4-16}$$

利用式（4-16）可以将正弦形式电流 $i$ 与其有效值相量 $\dot{I}$ 相对应，即 $i \leftrightarrow \dot{I}$。

同理，定义正弦形式电压 $v = V_{\mathrm{m}} \sin(\omega t + \theta)$ 的最大值相量为 $\dot{V}_{\mathrm{m}} = V_{\mathrm{m}} e^{j\theta}$，有效值相量为 $\dot{V} = V e^{j\theta}$，则

$$v = V_{\mathrm{m}} \sin(\omega t + \theta) = \mathrm{Im}\,(\dot{V}_{\mathrm{m}} e^{j\omega t}) = \mathrm{Im}\,(\sqrt{2}\dot{V} e^{j\omega t}) \tag{4-17}$$

**例 4-5**　求如下正弦形式的电流和电压的最大值相量和有效值相量。

$$i = 10\sqrt{2}\sin(\omega t - 60°)\,\mathrm{A}\,,\quad v = 220\sqrt{2}\cos(\omega t + 30°)\,\mathrm{V}$$

**解：**

$$\dot{I}_{\mathrm{m}} = 10\sqrt{2}e^{-j60°}\,\mathrm{A}\,,\quad \dot{I} = 10e^{-j60°}\,\mathrm{A}$$

由于 $v = 220\sqrt{2}\cos(\omega t + 30°) = 220\sqrt{2}\sin(\omega t + 120°)\,(\mathrm{V})$，所以

$$\dot{V}_{\mathrm{m}} = 220\sqrt{2}e^{j120°}\,\mathrm{V}\,,\quad \dot{V} = 220e^{j120°}\,\mathrm{V}$$

**例 4-6**　设角频率 $\omega = 100\pi\,\mathrm{rad/s}$，求如下电流和电压的相量对应的正弦信号。

$$\dot{I}_{\mathrm{m}} = 3e^{-j45°}\,\mathrm{A}\,,\quad \dot{V} = 10e^{j90°}\,\mathrm{V}$$

**解：**

由于 $\dot{I}_{\mathrm{m}}$ 为最大值相量，所以 $i = 3\sin(100\pi t - 45°)\,\mathrm{A}$。

由于 $\dot{V}$ 为有效值相量，所以 $v = 10\sqrt{2}\sin(100\pi t + 90°) = 10\sqrt{2}\cos(100\pi t)\,(\mathrm{V})$。

## 4.2.2　相量图

相量是复数，可以用复平面的有向线段表示，称为相量图。例如，电流 $i = I_{\mathrm{m}}\sin(\omega t + \theta)$ 的最大值相量为

$$\dot{I}_{\mathrm{m}} = I_{\mathrm{m}}e^{j\theta} = I_{\mathrm{m}}\cos\theta + jI_{\mathrm{m}}\sin\theta$$

其相量图如图 4-7 所示。

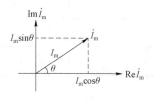

图 4-7　相量图

其中，横轴为相量的实部，纵轴为相量的虚部，$I_m$ 为最大值相量的长度，$\theta$ 为相量与实轴的夹角。最大值相量在虚轴的投影为该电流在 $t=0$ 时的瞬时值。

如图 4-8 所示，当相量以角频率 $\omega$ 逆时针旋转时，经过时间 $t_0$ 旋转的角度为 $\omega t_0$，此时旋转相量在虚轴的投影为 $I_m \sin(\omega t_0 + \theta)$，是该电流在 $t_0$ 时的瞬时值。相量旋转一周过程中在虚轴的投影与该电流一个周期的瞬时值相对应。

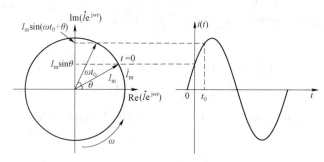

图 4-8  旋转相量与正弦波形的对应关系

需要注意的是相量本身不是瞬时值，旋转相量在虚轴的投影与瞬时值相对应。

在电路分析中要特别注意不同符号的含义。小写字母 $i(t)$ 或 $v(t)$ 表示电流或电压的瞬时值。大写字母 $I$ 或 $V$ 表示电流或电压的有效值。带下标 m 的大写字母 $I_m$ 或 $V_m$ 表示电流或电压的最大值。带点的大写字母 $\dot{I}$ 或 $\dot{V}$ 表示电流或电压的有效值相量。带点和下标 m 的大写字母 $\dot{I}_m$ 或 $\dot{V}_m$ 表示电流或电压的最大值相量。表 4-1 归纳了这些符号的含义。

表 4-1  电流和电压符号的含义

| 符号 | 含义 |
|---|---|
| $i(t)$，$v(t)$ | 瞬时值：$\begin{aligned}i(t) &= I_m \sin(\omega t + \theta_i) \\ &= \sqrt{2} I \sin(\omega t + \theta_i)\end{aligned}$，$\begin{aligned}v(t) &= V_m \sin(\omega t + \theta_v) \\ &= \sqrt{2} V \sin(\omega t + \theta_v)\end{aligned}$ |
| $I$，$V$ | 有效值：$I = I_m / \sqrt{2}$，$V = V_m / \sqrt{2}$ |
| $I_m$，$V_m$ | 最大值：$I_m = \sqrt{2} I$，$V_m = \sqrt{2} V$ |
| $\dot{I}$，$\dot{V}$ | 有效值相量：$\dot{I} = I e^{j\theta_i}$，$\dot{V} = V e^{j\theta_v}$ |
| $\dot{I}_m$，$\dot{V}_m$ | 最大值相量：$\dot{I}_m = I_m e^{j\theta_i}$，$\dot{V}_m = V_m e^{j\theta_v}$ |

### 4.2.3　相量运算

相量是由两个实数构成的复数，相量运算实际上是两个实数的运算。为了便于描述和运算，相量常采用三种形式，它们具有相同的含义。以电流 $i(t) = \sqrt{2}I\sin(\omega t_0 + \theta)$ 为例，该电流有效值相量的三种形式为

$$
\begin{aligned}
\dot{I} &= Ie^{j\theta} \\
&= I\angle\theta \\
&= I\cos\theta + jI\sin\theta
\end{aligned}
\tag{4-18}
$$

电路分析中经常需要用到三种形式之间的转换，需要熟练掌握。电路分析中用到的复数运算主要包括四则运算（加、减、乘、除）和共轭运算。

设两个复数分别为 $Z_1 = z_1e^{j\varphi_1} = z_1\angle\varphi_1 = x_1 + jy_1$ 和 $Z_2 = z_2e^{j\varphi_2} = z_2\angle\varphi_2 = x_2 + jy_2$，四则运算规则如下

$$
Z_1 \pm Z_2 = (x_1 \pm x_2) + j(y_1 \pm y_2)
$$

$$
Z_1 Z_2 = z_1 z_2 \angle(\varphi_1 + \varphi_2)
$$

$$
\frac{Z_1}{Z_2} = \frac{z_1}{z_2}\angle(\varphi_1 - \varphi_2)
$$

乘除运算也可以采用如下方式进行

$$
\begin{aligned}
Z_1 Z_2 &= (x_1 + jy_1)(x_2 + jy_2) \\
&= (x_1 x_2 - y_1 y_2) + j(x_1 y_2 + y_1 x_2)
\end{aligned}
$$

$$
\begin{aligned}
\frac{Z_1}{Z_2} &= \frac{x_1 + jy_1}{x_2 + jy_2} = \frac{(x_1 + jy_1)(x_2 - jy_2)}{x_2^2 + y_2^2} \\
&= \frac{(x_1 x_2 + y_1 y_2) + j(-x_1 y_2 + y_1 x_2)}{x_2^2 + y_2^2}
\end{aligned}
$$

$Z_1$ 的共轭运算规则为

$$
\begin{aligned}
Z_1^* &= z_1\angle -\varphi_1 \\
&= x_1 - jy_1
\end{aligned}
$$

对于复数 $Z = z\angle\theta = x + jy$，$z$ 为该复数绝对值，称为模或长度，$\theta$ 称为该复数的角度，即

$$
\begin{cases}
z = |Z| = \sqrt{x^2 + y^2} \\
\theta = \arctan\dfrac{y}{x}
\end{cases}
\tag{4-19}
$$

**例 4 – 7** 已知 $\dot{I}_1 = 10\,\text{A}$，$\dot{I}_2 = \text{j}10\,\text{A}$，求 $\dot{I}_1$，$\dot{I}_2$，$\dot{I}_3(\dot{I}_3 = \dot{I}_1 + \dot{I}_2)$ 的有效值、最大值、初相。

**解：**

$$\dot{I}_1 = 10 = 10\angle 0°\,(\text{A})，\quad I_1 = 10\,\text{A}，\quad I_{1\text{m}} = 10\sqrt{2}\,\text{A}，\quad \theta_{I_1} = 0°$$

$$\dot{I}_2 = \text{j}10 = 10\angle 90°\,(\text{A})，\quad I_2 = 10\,\text{A}，\quad I_{2\text{m}} = 10\sqrt{2}\,\text{A}，\quad \theta_{I_2} = 90°$$

$$\dot{I}_3 = \dot{I}_1 + \dot{I}_2 = 10 + \text{j}10 = 10\sqrt{2}\angle 45°\,(\text{A})，\quad I_3 = 10\sqrt{2}\,\text{A}，\quad I_{3\text{m}} = 20\,\text{A}，\quad \theta_{I_3} = 45°$$

**例 4 – 8** 已知 $\dot{I} = (1 + \text{j})\,\text{A}$，$\dot{V} = 1\,\text{V}$，求 $\dfrac{\dot{V}}{\dot{I}}$ 及 $\dot{V}\dot{I}^*$ 的模和角度。

**解：**

$$\frac{\dot{V}}{\dot{I}} = \frac{1}{1 + \text{j}} = \frac{1 - \text{j}}{2} = \frac{\sqrt{2}}{2}\angle -45°$$

$\dfrac{\dot{V}}{\dot{I}}$ 的模为 $\sqrt{2}/2$，角度为 $-45°$。该模值为电压与电流的有效值（或最大值）之比，该角度为电压与电流的相位差。

$$\dot{V}\dot{I}^* = 1 \times (1 - \text{j}) = \sqrt{2}\angle -45°$$

$\dot{V}\dot{I}^*$ 的模为 $\sqrt{2}$，角度为 $-45°$。该模值为电压与电流的有效值之积，该角度为电压与电流的相位差。

利用正弦函数与相量的对应关系，可以将正弦函数的运算转化为相量运算。在电路分析中遇到的运算主要包括两类约束运算，其中基尔霍夫运算为代数和运算，伏安关系运算为乘常数或微积分运算，这两类运算均可以借助相量，并利用复数的四则运算完成。下面介绍利用相量完成这些运算的原理。

设两个同频正弦电流分别为 $i_1 = \sqrt{2}I_1\sin(\omega t + \theta_1)$ 和 $i_2 = \sqrt{2}I_2\sin(\omega t + \theta_2)$，则

$$i_1 + i_2 = \text{Im}\,(\sqrt{2}\dot{I}_1\text{e}^{\text{j}\omega t}) + \text{Im}\,(\sqrt{2}\dot{I}_2\text{e}^{\text{j}\omega t}) = \text{Im}[\sqrt{2}(\dot{I}_1 + \dot{I}_2)\text{e}^{\text{j}\omega t}]$$

表明两个同频正弦信号相加时，可先进行对应的相量相加，然后再求相加后相量对应的正弦函数。

设正弦电流 $i = \sqrt{2}I\sin(\omega t + \theta)$，常数 $k$（实数）与该电流相乘可以表示为

$$ki = k\,\text{Im}\,(\sqrt{2}\dot{I}\text{e}^{\text{j}\omega t}) = \text{Im}[\sqrt{2}(k\dot{I})\text{e}^{\text{j}\omega t}]$$

表明常数与该电流相乘时，可先进行常数与相量的相乘，然后再求相乘后相量对应的正弦函数。

若对该电流进行微分运算，则

$$\frac{\mathrm{d}i}{\mathrm{d}t}=\frac{\mathrm{d}}{\mathrm{d}t}\mathrm{Im}\,(\sqrt{2}\dot{I}\mathrm{e}^{\mathrm{j}\omega t})=\mathrm{Im}\left(\sqrt{2}\dot{I}\frac{\mathrm{d}}{\mathrm{d}t}\mathrm{e}^{\mathrm{j}\omega t}\right)=\mathrm{Im}[\sqrt{2}(\mathrm{j}\omega\dot{I})]$$

表明正弦信号微分时，可先进行 $\mathrm{j}\omega$ 与相量的相乘，然后再求相乘后相量对应的正弦函数。

若对电流进行积分运算，则

$$\int i\mathrm{d}t=\int\mathrm{Im}(\sqrt{2}\dot{I}\mathrm{e}^{\mathrm{j}\omega t})\mathrm{d}t=\mathrm{Im}\,(\sqrt{2}\dot{I}\int\mathrm{e}^{\mathrm{j}\omega t}\mathrm{d}t)=\mathrm{Im}\left[\sqrt{2}\left(\frac{1}{\mathrm{j}\omega}\dot{I}\right)\right]$$

表明正弦信号积分时，可先进行 $\dfrac{1}{\mathrm{j}\omega}$ 与相量的相乘，然后再求相乘后对应的正弦函数。

表 4-2 归纳了以正弦函数为例的正弦函数运算与相量运算的对应关系。

表 4-2　正弦函数运算与相量运算的对应关系

| 正弦函数运算 | 相量运算 |
| --- | --- |
| $ki$ | $k\dot{I}$ |
| $i_1\pm i_2$ | $\dot{I}_1\pm\dot{I}_2$ |
| $\dfrac{\mathrm{d}i}{\mathrm{d}t}$ | $\mathrm{j}\omega\dot{I}$ |
| $\int i\mathrm{d}t$ | $\dfrac{1}{\mathrm{j}\omega}\dot{I}$ |

**例 4-9**　已知 $v_1(t)=220\sqrt{2}\sin(100\pi t+120°)\,\mathrm{V}$ ，$v_2(t)=220\sqrt{2}\sin(100\pi t-120°)\,\mathrm{V}$ ，利用相量计算 $v_3(t)=v_1(t)+v_2(t)$ 。

**解：**

$$\dot{V}_1=220\angle120°\,\mathrm{V}$$

$$\dot{V}_2=220\angle-120°\,\mathrm{V}$$

$$\dot{V}_3=\dot{V}_1+\dot{V}_2=220\angle120°+220\angle-120°$$

$$=220\left(\frac{-1+\mathrm{j}\sqrt{3}}{2}\right)+220\left(\frac{-1-\mathrm{j}\sqrt{3}}{2}\right)$$

$$=-220=220\angle180°\,(\mathrm{V})$$

$$v_3(t)=220\sqrt{2}\sin(100\pi t+180°)\,\mathrm{V}$$

**例 4-10**　已知 $i(t)=\sqrt{2}\sin 2t$ ，利用相量计算 $2i(t)+4\dfrac{\mathrm{d}}{\mathrm{d}t}i(t)+20\int i(t)\mathrm{d}t$ 。

解：

$$\dot{I} = 1\angle 0° \text{ A}$$

$$2\dot{I} + 4\times j\omega\dot{I} + 20\times\frac{1}{j\omega}\dot{I} = \left(2 + 4\times j\omega + 20\times\frac{1}{j\omega}\right)\dot{I}$$

$$= \left(2 + 4\times j2 + 20\times\frac{1}{j2}\right)\times 1\angle 0°$$

$$= 2 - j2$$

$$= 2\sqrt{2}\angle -45°$$

$$2i(t) + 4\frac{\mathrm{d}}{\mathrm{d}t}i(t) + 20\int i(t)\mathrm{d}t = 4\sin(2t - 45°)$$

相量可以用相量图表示，所以相量运算也可以借助相量图完成。

**例 4－11**　运用相量图求解例 4－9。

**解：** 根据例 4－9 可知 $\dot{V}_1 = 220\angle 120° \text{ V}$，$\dot{V}_2 = 220\angle -120° \text{ V}$，相量图如图 4－9（a）所示。由于 $\dot{V}_3 = \dot{V}_1 + \dot{V}_2$，根据矢量图相加原理可画出相量 $\dot{V}_3$，即 $\dot{V}_3 = 220\angle 180° \text{ V}$，与例 4－9 分析结果相同。

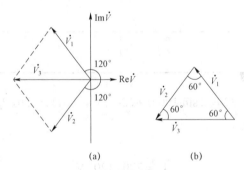

图 4－9　例 4－11 的相量图分析法

只要长度和角度不变，相量可以平移，并且可以省略坐标轴，这将使相量图更加简洁。图 4－9（a）所示的相量图也可用图 4－9（b）表示。

**练习与思考 4－5：** 为什么采用相量进行正弦量运算时要求同频？

**练习与思考 4－6：** $v(t) = V_m\sin(\omega t + \theta_v) = \dot{V}_m$ 或 $i(t) = \sqrt{2}I\sin(\omega t + \theta_i) = \sqrt{2}I\angle\theta_i$ 是否正确？为什么？若不正确应该如何修改？

**练习与思考 4－7：** 若 $\dot{I} = \dot{I}_1 + \dot{I}_2$，是否能说明 $I = I_1 + I_2$？该结论在什么条件下才是正确的？

**练习与思考 4-8**：如何根据相量图理解瞬时值？

# 4.3　两类约束关系的相量形式

电路在单一频率正弦激励条件下的稳态响应为同频正弦形式，故响应的形式一定也为正弦，且频率与激励的频率相同，需要分析的是响应的幅度和相位。相量恰好包含了幅度和相位，若能根据以前介绍的时域形式的基尔霍夫约束和元件约束得到对应的相量约束，就可以仿照以前的方法分析相量特性，并可以进一步得到相量所对应的正弦信号。

## 4.3.1　基尔霍夫定律的相量形式

设正弦稳态电路中某结点与 $n$ 条支路相连，正弦时间函数形式的基尔霍夫电流定律为

$$\sum_{k=1}^{n} i_k(t) = 0$$

即流出结点电流的代数和为零。将电流 $i_k(t)$ 用有效值相量表示，即 $i_k(t) = \text{Im}(\sqrt{2}\dot{I}_k e^{j\omega t})$，可得到

$$\sum_{k=1}^{n} \text{Im}(\sqrt{2}\dot{I}_k e^{j\omega t}) = \sqrt{2}\,\text{Im}\left[\left(\sum_{k=1}^{n}\dot{I}_k\right)e^{j\omega t}\right] = 0$$

上式对任何时间都成立，所以要求

$$\sum_{k=1}^{n} \dot{I}_k = 0 \qquad\qquad (4-20)$$

即流出结点电流相量的代数和为零。式（4-20）称为基尔霍夫电流定律的相量形式。

类似地，由 $m$ 个支路构成的闭合路经，正弦时间函数形式的基尔霍夫电压定律为

$$\sum_{k=0}^{m} v_k(t) = 0$$

即沿闭合路径各支路电压降的代数和为零。对应的基尔霍夫电压定律的相量形式为

$$\sum_{k=0}^{m} \dot{V}_k(t) = 0 \qquad\qquad (4-21)$$

即沿闭合路径各支路电压降相量的代数和为零。

需要注意，式（4-20）和（4-21）中各支路的电流和电压均为有效值相量。当各支路电流和电压均采用最大值相量表示时，可得到

$$\begin{cases} \sum_{k=1}^{n} \dot{I}_{km} = 0 \\ \sum_{k=1}^{m} \dot{V}_{km} = 0 \end{cases} \qquad (4-22)$$

电流相量与电压相量的参考方向与对应的时间函数形式的电流和电压的参考方向相同。电流相量与电压相量的关联参考方向的定义与对应的时间函数形式的电流和电压的关联参考方向的定义相同。

**例 4 – 12**  图 4 – 10 (a) 所示电路中, 已知 $v_1 = 5\sin(\omega t + \varphi)$ , $v_2 = V_{2m}\cos\omega t$ , $v_3 = 3\sin\omega t$ , 求 $V_{2m}$ 和 $\varphi$。

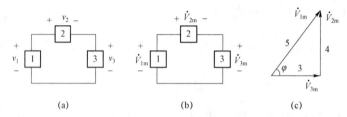

图 4 – 10   例 4 – 12 电路图及相量图

**解**: 画出如图 4 – 10 (b) 所示用相量表示的电路 (相量模型), 其中电压的最大值相量为

$$\dot{V}_{1m} = 5\angle\varphi , \quad \dot{V}_{2m} = V_{2m}\angle 90° , \quad \dot{V}_{3m} = 3\angle 0°$$

根据相量形式的 KVL 得到

$$\dot{V}_{1m} = \dot{V}_{2m} + \dot{V}_{3m}$$

将电压的最大值相量代入上式后得到

$$5\angle\varphi = V_{2m}\angle 90° + 3\angle 0°$$

将相量改写为如下形式

$$5\cos\varphi + j5\sin\varphi = jV_{2m} + 3$$

将复数等式写成两个实数等式, 即

$$\begin{cases} 5\cos\varphi = 3 \\ 5\sin\varphi = V_{2m} \end{cases}$$

得到

$$\begin{cases} V_{2m} = 4 \text{ V} \\ \varphi = 53.1° \end{cases}$$

图 4-10（c）为三个相量构成的相量图，从几何关系也可得到同样结果。

由图 4-10（c）所示相量图可以体会到，若将相量形式的 KVL 中的各相量首尾相连画在一个相量图中，将构成闭合图形。同理，将相量形式的 KCL 中的各相量首尾相连画在一个相量图中，也将构成闭合图形。

### 4.3.2 基本元件约束的相量形式

独立源伏安关系的相量形式可直接根据相量的定义得到。下面介绍电阻、电感和电容伏安关系的相量形式。

以下讨论中假设元件两端的电压与电流取关联参考方向。在正弦稳态条件下，设电流、电压的瞬时值及其有效值相量分别为

$$i(t) = I_{\mathrm{m}} \sin(\omega t + \theta_i) \quad \Leftrightarrow \quad \dot{I} = I \angle \theta_i$$

$$v(t) = V_{\mathrm{m}} \sin(\omega t + \theta_v) \quad \Leftrightarrow \quad \dot{V} = V \angle \theta_v$$

**1. 电阻元件**

用线性电阻的时间变量表示的伏安关系为

$$v(t) = Ri(t)$$

其两端电压与电流的幅度与相位关系为

$$\begin{cases} V_{\mathrm{m}} = RI_{\mathrm{m}} \\ \theta_v = \theta_i \end{cases}$$

在关联参考方向下，电阻两端电压与电流同相，写出的相量形式伏安关系为

$$\dot{V}_{\mathrm{m}} = R\dot{I}_{\mathrm{m}} \ 或 \ \dot{V} = R\dot{I}$$

电阻元件两端电压与电流波形、相量图和相量模型如图 4-11 所示。

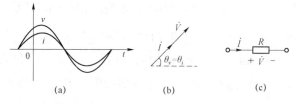

图 4-11 电阻元件两端电压与电流波形、相量图和相量模型

图 4-11（c）中的 $R$ 描述的是电阻元件电压和电流的相量关系，称为电阻元件的阻抗（单位为欧姆，$\Omega$），$1/R$ 称为电阻元件的导纳（单位为西门子，S）。相量图中标出的变量参考方向与对应的正弦变量参考方向相同。

**2. 电感元件**

用线性电感的时间变量表示的伏安关系为

$$v(t) = L\frac{\mathrm{d}i}{\mathrm{d}t}$$

将 $v(t)$ 和 $i(t)$ 表达式代入上式，有

$$v(t) = L\frac{\mathrm{d}i}{\mathrm{d}t} = L\frac{\mathrm{d}}{\mathrm{d}t}[I_\mathrm{m}\sin(\omega t + \theta_i)] = \omega L I_\mathrm{m}\cos(\omega t + \theta_i)$$

$$= \omega L I_\mathrm{m}\sin\left(\omega t + \theta_i + \frac{\pi}{2}\right)$$

电感两端正弦电压电流的幅度与相位关系为

$$\begin{cases} V_\mathrm{m} = \omega L I_\mathrm{m} \\ \theta_v = \theta_i + 90° \end{cases}$$

电感元件相量形式的伏安关系为

$$\dot{V}_\mathrm{m} = \mathrm{j}\omega L \dot{I}_\mathrm{m} \text{ 或 } \dot{V} = \mathrm{j}\omega L \dot{I}$$

在关联参考方向下，电感两端电压超前其电流 $\pi/2$。电感元件两端电压电流波形、相量图和相量模型如图 4-12 所示。

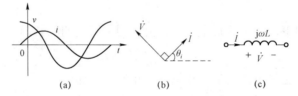

$$\text{(a)} \qquad\qquad \text{(b)} \qquad\qquad \text{(c)}$$

图 4-12　电感元件两端电压电流波形、相量图和相量模型

图 4-12（c）中的 $\mathrm{j}\omega L$ 描述的是电感元件电压和电流的相量关系，称为电感元件的阻抗（单位为欧姆，$\Omega$），$1/\mathrm{j}\omega L = -\mathrm{j}/\omega L$ 称为电感元件的导纳（单位为西门子，S）。

电感阻抗的虚部 $X_L = \omega L$ 称为感抗，电感导纳的虚部 $B_L = -1/\omega L$ 称为感纳。

**3. 电容元件**

用线性电容的时间变量表示的伏安特性为

$$i = C\frac{\mathrm{d}v}{\mathrm{d}t}$$

将 $v(t)$ 和 $i(t)$ 表达式代入上式，有

$$i(t) = C\frac{\mathrm{d}v}{\mathrm{d}t} = C\frac{\mathrm{d}}{\mathrm{d}t}[V_\mathrm{m}\sin(\omega t + \theta_v)]$$

$$= \omega C V_\mathrm{m}\cos(\omega t + \theta_v) = \omega C V_\mathrm{m}\sin\left(\omega t + \theta_v + \frac{\pi}{2}\right)$$

电容两端正弦电压电流的幅度与相位关系为

$$\begin{cases} I_\mathrm{m} = \omega C V_\mathrm{m} \\ \theta_i = \theta_v + 90^\circ \end{cases}$$

电容元件相量形式的伏安关系为

$$\dot{I}_\mathrm{m} = \mathrm{j}\omega C\dot{V}_\mathrm{m} \quad\text{或}\quad \dot{I} = \mathrm{j}\omega C\dot{V}$$

为了与电阻和电感伏安关系形式一致，电容元件的伏安关系也可写成

$$\dot{V}_\mathrm{m} = \frac{1}{\mathrm{j}\omega C}\dot{I}_\mathrm{m} = -\mathrm{j}\frac{1}{\omega C}\dot{I}_\mathrm{m} \quad\text{或}\quad \dot{V} = \frac{1}{\mathrm{j}\omega C}\dot{I} = -\mathrm{j}\frac{1}{\omega C}\dot{I}$$

在关联参考方向下，流过电容的电流超前其两端电压相位 $\pi/2$。电容元件两端电压电流波形、相量图和相量模型如图 4-13 所示。

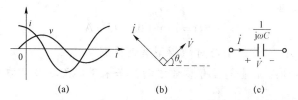

图 4-13　电容元件两端电压电流波形、相量图和相量模型

图 4-13（c）中的 $1/\mathrm{j}\omega C$ 描述的是电容元件电压和电流的相量关系，称为电容元件的阻抗（单位为欧姆，$\Omega$），$\mathrm{j}\omega C$ 称为电容元件的导纳（单位为西门子，S）。

电容阻抗的虚部 $X_C = -1/\omega C$ 称为容抗，电容导纳的虚部 $B_C = \omega C$ 称为容纳。

正弦稳态电路的阻抗用符号 $Z$ 表示，导纳用符号 $Y$ 表示。表 4-3 归纳了在关联参考方向下电阻、电感和电容元件的相量伏安关系。

表 4-3　电阻、电感和电容元件的相量伏安关系

| 元件 | 相量伏安关系 | 阻抗 $Z$ | 导纳 $Y$ |
|------|------------|---------|---------|
| 电阻 | $\dot{V}_\mathrm{m} = R\dot{I}_\mathrm{m}$，$\dot{V} = R\dot{I}$ | $R$ | $\dfrac{1}{R}$ |
| 电感 | $\dot{V}_\mathrm{m} = \mathrm{j}\omega L\dot{I}_\mathrm{m}$，$\dot{V} = \mathrm{j}\omega L\dot{I}$ | $\mathrm{j}\omega L$ | $\dfrac{1}{\mathrm{j}\omega L}$ |

续表

| 元件 | 相量伏安关系 | 阻抗 $Z$ | 导纳 $Y$ |
|------|-------------|---------|---------|
| 电容 | $\dot{V}_\mathrm{m} = \dfrac{1}{\mathrm{j}\omega C}\dot{I}_\mathrm{m}$ , $\dot{V} = \dfrac{1}{\mathrm{j}\omega C}\dot{I}$ | $\dfrac{1}{\mathrm{j}\omega C}$ | $\mathrm{j}\omega C$ |

**例 4 – 13**　将正弦电压 $v = 12\sin(60t + 45°)$ V 加到 $L = 0.1$ H 的电感上，求流过该电感的正弦稳态电流。

**解：** 最大值电压相量为

$$\dot{V}_\mathrm{m} = 12\angle 45°\ \text{V}$$

由电感元件相量伏安关系得

$$\dot{V}_\mathrm{m} = \mathrm{j}\omega L\dot{I}_\mathrm{m}$$

电流相量为

$$\dot{I}_\mathrm{m} = \frac{\dot{V}_\mathrm{m}}{\mathrm{j}\omega L} = \frac{12\angle 45°}{\mathrm{j}60\times 0.1} = \frac{12\angle 45°}{6\angle 90°} = 2\angle -45°\,（\text{A}）$$

对应的正弦稳态电流为

$$i(t) = 2\sin(60t - 45°)\ \text{A}$$

**练习与思考 4 – 9**：相量模型与时域模型有何区别？

**练习与思考 4 – 10**：相量是否有参考方向？若采用非关联参考方向，相量形式的元件伏安关系是什么？

**练习与思考 4 – 11**：电阻、电感、电容的电压和电流的幅度及相位的关系是什么？

**练习与思考 4 – 12**：电阻、电感、电容的电压和电流的幅度及相位关系是否与频率有关？是什么关系？

**练习与思考 4 – 13**：相量形式的基尔霍夫约束与基本元件约束的相量图有何特点？

# 4.4　阻抗与导纳

## 4.4.1　简单支路的相量伏安关系

前面介绍了由基本元件的阻抗和导纳构成的基本元件相量伏安关系，由这些基本元件相互连接构成的支路的伏安关系也可用支路的阻抗和导纳联系起来。

如图 4 – 14 所示 RL 串联电路的相量模型，由相量形式的基尔霍夫电压定律及基本元件的相量伏安关系得到 RL 串联电路的相量伏安关系为

$$\dot{V} = \dot{V}_R + \dot{V}_L = R\dot{I} + j\omega L\dot{I} = (R + j\omega L)\dot{I}$$

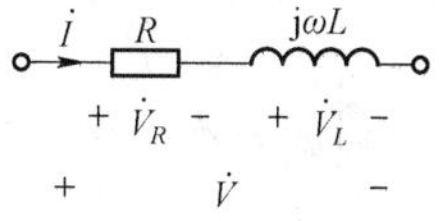

图 4-14　RL 串联的伏安关系

$R + j\omega L$ 称为 RL 串联支路的阻抗，$1/(R + j\omega L)$ 称为 RL 串联支路的导纳。

如图 4-15 所示 RC 并联电路的相量模型，由相量形式的基尔霍夫电流定律及基本元件的相量伏安关系得到 RC 并联电路的相量伏安关系为

$$\dot{I} = \dot{I}_R + \dot{I}_C = \frac{\dot{V}}{R} + j\omega C\dot{V} = \left( \frac{1}{R} + j\omega C \right)\dot{V} = (G + j\omega C)\dot{V}$$

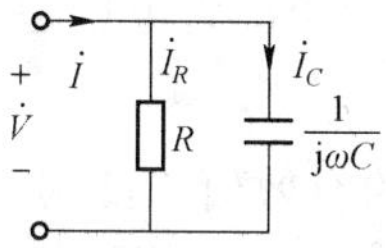

图 4-15　RC 并联的伏安关系

$G + j\omega C$ 称为 RC 并联支路的导纳，$1/(G + j\omega C)$ 称为 RC 并联支路的阻抗。

### 4.4.2　无源二端电路的阻抗与导纳

对于一般的无源线性二端电路，端口电压相量与电流相量之间成比例关系，称为相量形式的欧姆定律，可以用阻抗或导纳来描述。

如图 4-16 所示线性无源二端电路的相量模型，阻抗定义为

$$Z = \frac{\dot{V}}{\dot{I}} \tag{4-23}$$

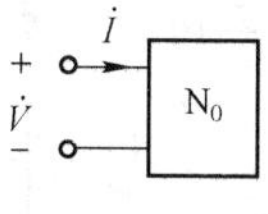

图 4-16　无源二端电路

阻抗的单位为欧姆（Ω）。$Z$ 为复数，可以写成极坐标或直角坐标形式

$$Z = |Z| \angle \phi_z = R + jX$$

其中

$$\begin{cases} |Z| = \dfrac{V}{I} \\ \phi_z = \phi_v - \phi_i \end{cases}$$

$|Z|$ 称为阻抗模，$\phi_z$ 称为阻抗角；$R$ 称为阻抗的电阻分量，$X$ 称为阻抗的电抗分量。阻抗模、阻抗角、电阻、电抗的关系可以用如图 4-17 所示阻抗三角形表示。

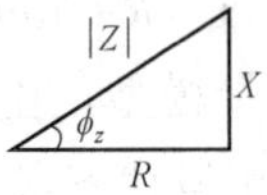

图 4-17　阻抗三角形

阻抗角 $\phi_z$ 是端口上电压与电流的相位差，它反映了二端电路阻抗的性质。当 $\phi_z = 0$ 时，$Z = R$，称电路 $N_0$ 为纯电阻性；当 $\phi_z > 0$ 时，电压超前电流，称电路 $N_0$ 为感性；当 $\phi_z < 0$ 时，电压落后电流，称电路 $N_0$ 为容性。

阻抗模 $|Z|$ 是端口上电压与电流的有效值（或最大值）之比。

无源二端电路特性也可以用导纳来描述。图 4-16 的导纳定义为

$$Y = \frac{\dot{I}}{\dot{V}} \tag{4-24}$$

导纳的单位为西门子（S）。$Y$ 为复数，可以写成极坐标或直角坐标形式

$$Y = |Y| \angle \phi_Y = G + jB$$

其中

$$\begin{cases} |Y| = \dfrac{I}{V} \\ \phi_Y = \phi_i - \phi_v \end{cases}$$

$|Y|$ 称为导纳模，$\phi_Y$ 称为导纳角；$G$ 称为导纳的电导分量，$B$ 称为导纳的电纳分量。导纳模、导纳角、电导、电纳的关系可以用如图 4-18 所示导纳三角形表示。

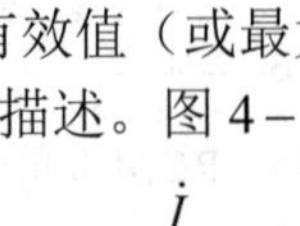

图 4-18　导纳三角形

导纳角 $\phi_Y$ 为端口上电流与电压的相位差，也能说明端口电路的性质。导纳模 $|Y|$ 是端口

上电流与电压的有效值（或最大值）之比。

对同一电路端口，其阻抗与导纳是倒数关系

$$Z = \frac{1}{Y}$$

需要特别注意的是，阻抗和导纳描述的是相量电压和相量电流的比例关系，而不是瞬时电压和瞬时电流的比例关系。

### 4.4.3　阻抗的连接

**1. 阻抗的串联**

图 4-19 为两个阻抗串联的电路。由相量形式的基尔霍夫电压定律及各阻抗的相量伏安关系得到

$$\dot{V} = \dot{V}_1 + \dot{V}_2 = Z_1 \dot{I} + Z_2 \dot{I} = (Z_1 + Z_2)\dot{I}$$

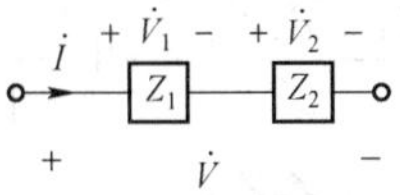

图 4-19　阻抗的串联

等效阻抗 $Z$ 为

$$Z = \frac{\dot{V}}{\dot{I}} = Z_1 + Z_2$$

即阻抗串联时，总阻抗等于各个阻抗值之和。对于多个阻抗串联的情况也有同样的结论。

**2. 阻抗的并联**

图 4-20 为两个阻抗并联的电路，由相量形式的基尔霍夫电流定律及各阻抗的相量伏安关系得到

$$\dot{I} = \dot{I}_1 + \dot{I}_2 = \frac{\dot{V}}{Z_1} + \frac{\dot{V}}{Z_2} = \left( \frac{1}{Z_1} + \frac{1}{Z_2} \right)\dot{V}$$

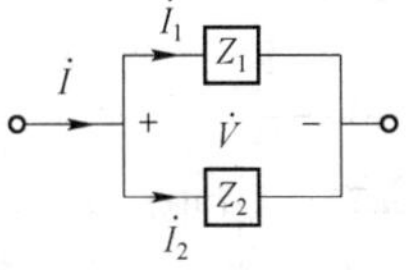

图 4-20　阻抗的并联

等效导纳 $Y$ 为

$$Y = \frac{\dot{I}}{\dot{V}} = \frac{1}{Z_1} + \frac{1}{Z_2}$$

即阻抗并联时，总导纳等于各个导纳值之和。对于多个阻抗并联的情况也有同样的结论。

图 4-20 所示阻抗并联的总阻抗为

$$Z = \frac{1}{Y} = \frac{Z_1 Z_2}{Z_1 + Z_2}$$

### 3. 星形和三角形连接

图 4-21 为阻抗的星形和三角形连接电路，与电阻的星形和三角形等效变换类似，由阻抗构成的星形和三角形电路也有同样形式的等效变换公式，即

$$\begin{cases} Z_{12} = \dfrac{Z_1 Z_2 + Z_2 Z_3 + Z_3 Z_1}{Z_3} \\[2mm] Z_{23} = \dfrac{Z_1 Z_2 + Z_2 Z_3 + Z_3 Z_1}{Z_1} \\[2mm] Z_{31} = \dfrac{Z_1 Z_2 + Z_2 Z_3 + Z_3 Z_1}{Z_2} \end{cases} \text{和} \begin{cases} Z_1 = \dfrac{Z_{12} Z_{31}}{Z_{12} + Z_{23} + Z_{31}} \\[2mm] Z_2 = \dfrac{Z_{12} Z_{23}}{Z_{12} + Z_{23} + Z_{31}} \\[2mm] Z_3 = \dfrac{Z_{23} Z_{31}}{Z_{12} + Z_{23} + Z_{31}} \end{cases}$$

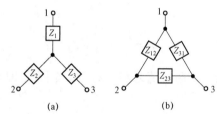

(a)　　　　　　　(b)

图 4-21　阻抗的星形和三角形连接

**例 4-14**　求图 4-22（a）所示电路的总阻抗、$\dot{V}$ 与 $\dot{I}$ 有效值之比、相位差及总阻抗的性质（纯阻性、感性或容性）。若用图 4-22（b）所示电路等效图 4-22（a）所示电路，求等效阻抗 $Z$。

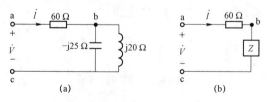

(a)　　　　　　　(b)

图 4-22　例 4-14 电路

**解：**

$$Z_{\text{ac}} = Z_{\text{ab}} + Z_{\text{bc}} = 60 + \frac{-\text{j}25 \times \text{j}20}{-\text{j}25 + \text{j}20} = 60 + \text{j}100 = 116.6\angle 59°(\Omega)$$

$$\frac{\dot{V}}{\dot{I}} = 116.6\ \Omega$$

$$\theta_v - \theta_i = 59°$$

由于电压超前电流 59°，所以总阻抗的性质为感性。图 4-22（b）中的等效阻抗 $Z$ 为 j100 Ω。

**例 4-15**　已知图 4-23 所示正弦稳态电路中的 $R_1 = R_2 = 1\ \Omega$，$L = 0.2\ \text{H}$，$C = 1\ \text{F}$，求阻抗 $Z_{\text{ac}}$ 表达式。

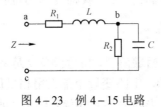

图 4-23　例 4-15 电路

**解：**

$$Z_{\text{ab}} = R_1 + \text{j}\omega L$$

$$Z_{\text{bc}} = \frac{1}{Y_{\text{bc}}} = \frac{1}{\dfrac{1}{R_2} + \text{j}\omega C} = \frac{R_2(1 - \text{j}\omega R_2 C)}{1 + (\omega R_2 C)^2}$$

$$
\begin{aligned}
Z_{\text{ac}} &= Z_{\text{ab}} + Z_{\text{bc}} \\
&= (R_1 + \text{j}\omega L) + \frac{R_2(1 - \text{j}\omega R_2 C)}{1 + (\omega R_2 C)^2} \\
&= \left[ R_1 + \frac{R_2}{1 + (\omega R_2 C)^2} \right] + \text{j}\left[ \omega L - \frac{\omega R_2^2 C}{1 + (\omega R_2 C)^2} \right]
\end{aligned}
$$

代入元件参数得到

$$Z_{\text{ac}}(\omega) = 1 + \frac{1}{1 + \omega^2} + \text{j}\left( \frac{\omega}{5} - \frac{\omega}{1 + \omega^2} \right) = R(\omega) + \text{j}X(\omega)$$

$Z_{\text{ac}}$ 的实部 $R(\omega)$ 是等效电阻，虚部 $X(\omega)$ 是等效电抗，它们都与信号频率 $\omega$ 有关，即无源二端电路的阻抗和导纳取决于电路结构、元件参数和信号源频率。当电路结构参数确定时，阻抗和导纳都是频率的函数。

练习与思考 **4-14**：若阻抗为 $(5 + j10)\,\Omega$，导纳是否为 $(0.2 + j0.1)\,S$？为什么？若不是应该是多少？

练习与思考 **4-15**：若阻抗 $Z_1 = 10\,\Omega$，$Z_2 = 10\angle 45^\circ\,\Omega$，串联后的阻抗模是否为 $20\,\Omega$？为什么？若不是应该是多少？

练习与思考 **4-16**：若采用关联参考方向的 $v(t) = 100\sqrt{2}\sin(\omega t + 30^\circ)\,V$，$i(t) = 20\sqrt{2}\sin(\omega t - 45^\circ)\,A$，则阻抗和导纳是多少？

# 4.5 相量分析

对于单一频率正弦激励下的线性稳定电路，当电路达到稳态时，各支路电流和电压变量都是与信号源频率相同的正弦信号，其幅度和相位各不相同，可以采用相量分析法进行分析。

相量分析法的一般步骤是：

（1）将电路时域模型转化为相量模型，相量模型就是将已知正弦激励用已知相量表示，其他元件参数用阻抗或导纳表示，电路变量全部采用相量形式；

（2）根据相量形式的基尔霍夫约束和元件伏安约束（或电路定理），仿照直流线性电路的分析方法求出相量解；

（3）将相量解转化为时间函数形式。

## 4.5.1 阻抗串联与并联电路的分析

### 1. 阻抗串联分压电路

图 4-24 所示电路的总阻抗为

$$Z = Z_1 + Z_2$$

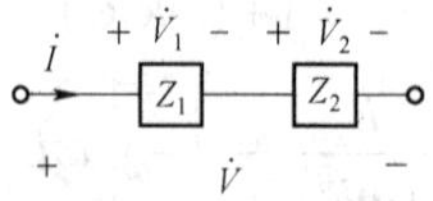

图 4-24 阻抗串联分压电路

支路电流为

$$\dot{I} = \frac{\dot{V}}{Z} = \frac{\dot{V}}{Z_1 + Z_2}$$

各元件电压为

$$
\begin{cases}
\dot{V}_1 = Z_1 \dot{I} = \dfrac{Z_1}{Z_1 + Z_2}\dot{V} \\[3mm]
\dot{V}_2 = Z_2 \dot{I} = \dfrac{Z_2}{Z_1 + Z_2}\dot{V}
\end{cases}
$$

即阻抗串联时，电压相量比与阻抗成正比，该结论为相量形式的分压原理。

**例 4－16**　已知图 4－25(a)所示正弦稳态电路中的 $R = 2\Omega$，$C = 0.1\mathrm{F}$，$v_S = \sqrt{2}\sin 5t\ \mathrm{V}$，求 $v_R$ 和 $v_C$。

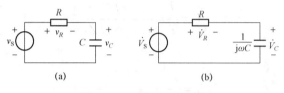

图 4－25　例 4－16 电路

**解：**先根据图 4－25（a）和给定的正弦电压的角频率画出如图 4－25（b）所示的相量模型。由给定的 $v_S$ 表达式可知，采用有效值相量分析比较方便。相量模型中的电压源有效值相量 $\dot{V}_S = 1\angle 0°\ \mathrm{V}$，其他两个元件的电压相量用 $\dot{V}_R$ 和 $\dot{V}_C$ 表示，电阻和电容的参数用阻抗表示。

根据分压关系可知

$$
\dot{V}_R = \frac{R}{R + \dfrac{1}{\mathrm{j}\omega C}}\dot{V}_S = \frac{2}{2 + \dfrac{1}{\mathrm{j}5 \times 0.1}} \times 1\angle 0° = \frac{1+\mathrm{j}}{2} = \frac{\sqrt{2}}{2}\angle 45°\ （\mathrm{V}）
$$

$$
\dot{V}_C = \frac{\dfrac{1}{\mathrm{j}\omega C}}{R + \dfrac{1}{\mathrm{j}\omega C}}\dot{V}_S = \frac{\dfrac{1}{\mathrm{j}5 \times 0.1}}{2 + \dfrac{1}{\mathrm{j}5 \times 0.1}} \times 1\angle 0° = \frac{1-\mathrm{j}}{2} = \frac{\sqrt{2}}{2}\angle -45°\ （\mathrm{V}）
$$

将相量解转化为时间函数形式

$$
v_R = \sin(5t + 45°)\ \mathrm{V}
$$

$$
v_C = \sin(5t - 45°)\ \mathrm{V}
$$

**2. 阻抗并联分流电路**

图 4－26 所示电路的总导纳为

$$
Y = \frac{1}{Z_1} + \frac{1}{Z_2}
$$

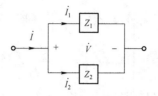

图 4-26 阻抗并联分流电路

支路电压为

$$\dot{V} = \frac{\dot{I}}{Y} = \frac{\dot{I}}{1/Z_1 + 1/Z_2}$$

各元件电流为

$$\begin{cases} \dot{I}_1 = \dfrac{\dot{V}}{Z_1} = \dfrac{1/Z_1}{1/Z_1 + 1/Z_2}\dot{I} \\[3mm] \dot{I}_2 = \dfrac{\dot{V}}{Z_2} = \dfrac{1/Z_2}{1/Z_1 + 1/Z_2}\dot{I} \end{cases}$$

即阻抗并联时，电流相量比与导纳成正比，该结论为相量形式的分流原理。

**例 4-17** 已知图 4-27(a)所示正弦稳态电路中的 $R = 5\Omega$，$L = 0.5\text{H}$，$i_S = 10\cos 10t \text{ A}$，求 $i_R$ 和 $i_L$。

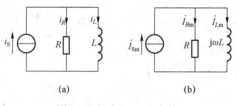

图 4-27 例 4-17 电路

**解**：先根据图 4-27（a）和给定的正弦电压的角频率画出如图 4-27（b）所示的相量模型。由给定的 $i_S$ 表达式可知采用最大值相量分析比较方便。相量模型中的电流源最大值相量 $\dot{I}_{Sm} = \text{j}10 \text{ V}$，其他两个元件电流相量用 $\dot{I}_{Rm}$ 和 $\dot{I}_{Lm}$ 表示，电阻和电感的参数用阻抗表示。

根据分流关系可知

$$\dot{I}_{Rm} = \frac{1/R}{1/R + 1/\text{j}\omega L}\dot{I}_{Sm} = \frac{1/5}{1/5 + 1/(\text{j}\times 10\times 0.5)}\times \text{j}10 = 5(-1+\text{j}) = 5\sqrt{2}\angle 135° \text{（A）}$$

$$\dot{I}_{Lm} = \frac{1/j\omega L}{1/R + 1/j\omega L}\dot{I}_{Sm} = \frac{1/(j\times 10\times 0.5)}{1/5 + 1/(j\times 10\times 0.5)}\times j10 = 5(1+j) = 5\sqrt{2}\angle 45°\,(\text{A})$$

将相量转化为时间函数形式

$$i_R = 5\sqrt{2}\sin(10t + 135°)\,\text{A}$$

$$i_L = 5\sqrt{2}\sin(10t + 45°)\,\text{A}$$

**3. 阻抗串并联电路**

对于只有一个独立源的正弦稳态电路，可以重复利用阻抗串并联及分压分流的方法进行分析。

**例 4-18**  分析图 4-28 所示正弦稳态相量模型的阻抗 $Z_1$、$Z_{in}$，以及 $\dot{V}_1$ 和 $\dot{V}_{in}$、$\dot{V}_o$ 和 $\dot{V}_{in}$ 的相位差。

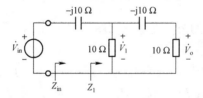

图 4-28  例 4-18 电路

**解**：为了书写方便，用"+"号表示阻抗串联，用"//"表示阻抗并联。

$$Z_1 = 10\,//\,(10 - j10) = \frac{10\times(10 - j10)}{10 + (10 - j10)} = (6 - j2)\,(\Omega)$$

$$Z_{in} = -j10 + Z_1 = (6 - j12)\,(\Omega)$$

根据分压原理可知

$$\dot{V}_1 = \frac{Z_1}{Z_{in}}\dot{V}_{in} = \frac{6 - j2}{6 - j12}\dot{V}_{in} = \frac{1 + j}{3}\dot{V}_{in} = \frac{\sqrt{2}}{3}\angle 45°\times\dot{V}_{in}$$

$$\dot{V}_o = \frac{10}{10 - j10}\dot{V}_1 = \left(\frac{\sqrt{2}}{2}\angle 45°\right)\left(\frac{\sqrt{2}}{3}\angle 45°\times\dot{V}_{in}\right) = \frac{1}{3}\angle 90°\times\dot{V}_{in}$$

$\dot{V}_1$ 超前 $\dot{V}_{in}$ 45°，$\dot{V}_o$ 超前 $\dot{V}_{in}$ 90°。

### 4.5.2  一般正弦稳态电路的分析

**1. 相量图分析法**

相量图分析法就是将必要的相量用相量图表示，然后利用几何关系进行分析。相量图中只要各相量的大小和方向不变，几何关系就保持不变。为方便绘制相量图，通常选定具有代表性的相量作为参考相量，然后利用两类基本约束确定其他相量。

**例 4-19** 图 4-29（a）所示正弦稳态相量模型中 $A_1$、$A_2$ 和 A 为电流表，电流表的读数为有效值。若 $A_1$ 读数为 8A，$A_2$ 读数为 6 A，分析 A 的读数及 $\dot{I}_R$ 与 $\dot{I}_S$ 的相位差。

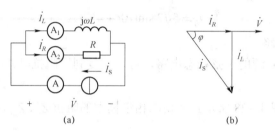

图 4-29 例 4-19 的相量图分析

**解：** 电压 $\dot{V}$ 是三个元件的公共变量。如图 4-29（b）所示，选择 $\dot{V}$ 为参考相量，以便于绘制其他相量。

电阻的伏安关系为 $\dot{V} = R\dot{I}_R$，表明 $\dot{I}_R$ 与 $\dot{V}$ 同相，长度为 6。

电感的伏安关系为 $\dot{V} = \mathrm{j}\omega L\dot{I}_L$，表明 $\dot{I}_L$ 落后 $\dot{V}$ 90°，长度为 8。

基尔霍夫电流定律为 $\dot{I}_S = \dot{I}_R + \dot{I}_L$，表明 $\dot{I}_R$ 与 $\dot{I}_L$ 的矢量和为 $\dot{I}_S$。

根据图 4-29（b）所示相量图的几何关系可知

$$\begin{cases} I_S = \sqrt{I_R^2 + I_L^2} = \sqrt{6^2 + 8^2} = 10\,(\text{A}) \\ \varphi = \arctan \dfrac{I_L}{I_R} = \arctan \dfrac{8}{6} = 53.1° \end{cases}$$

所以，A 的读数为 10 A，$\dot{I}_R$ 超前 $\dot{I}_S$ 53.1°。

**例 4-20** 图 4-30（a）所示正弦稳态相量模型中 $V_1$、$V_2$ 和 V 为电压表，电压表的读数为有效值。若 $V_1$ 读数为 10 V，$V_2$ 读数为 10 V，分析 V 的读数及 $\dot{V}_1$ 与 $\dot{V}$ 的相位差。

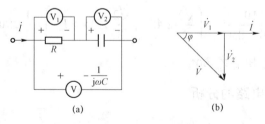

图 4-30 例 4-20 的相量图分析

**解：** 电流 $\dot{I}$ 是公共变量。如图 4-30（b）所示，选择 $\dot{I}$ 为参考相量，以便于绘制其他相量。

电阻的伏安关系为 $\dot{V}_1 = R\dot{I}$，表明 $\dot{V}_1$ 与 $\dot{I}$ 同相，长度为 10。

电容的伏安关系为 $\dot{V}_2 = \dfrac{1}{j\omega C}\dot{I}$，表明 $\dot{V}_2$ 落后 $\dot{I}$ 90°，长度为 10。

基尔霍夫电压定律为 $\dot{V} = \dot{V}_1 + \dot{V}_2$，表明 $\dot{V}_1$ 与 $\dot{V}_2$ 的矢量和为 $\dot{V}$。

根据图 4–36（b）所示相量图的几何关系可知

$$\begin{cases} V = \sqrt{V_1^2 + V_2^2} = \sqrt{10^2 + 10^2} = 10\sqrt{2} \approx 14.14\,(\text{V}) \\ \varphi = \arctan \dfrac{V_2}{V_1} = \arctan \dfrac{10}{10} = 45° \end{cases}$$

所以，V 的读数为 14.14 V，$\dot{V}_1$ 超前 $\dot{V}$ 45°。

**2. 两类约束的综合运用**

综合运用两类约束可以在分析过程中减少方程使用数。

**例 4–21**　求图 4–31 所示正弦稳态相量模型的 $\dot{V}$。

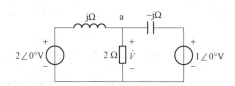

图 4–31　例 4–21 电路的相量图模型

**解：** 以电压 $\dot{V}$ 为变量，利用元件约束建立结点 a 的基尔霍夫电流方程为

$$\frac{\dot{V} - 2\angle 0°}{j} + \frac{\dot{V} - 1\angle 0°}{-j} + \frac{\dot{V}}{2} = 0$$

得到

$$\dot{V} = -j2\ \text{V}$$

**例 4–22**　求图 4–32 所示正弦稳态相量模型的 $\dot{I}$。

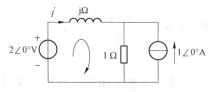

图 4–32　例 4–22 电路的相量图模型

**解**：以电压 $\dot{I}$ 为变量，利用元件约束建立图 4-32 所示回路的基尔霍夫电压方程为

$$-2\angle 0° + j\dot{I} + 1 \times (\dot{I} + 1\angle 0°) = 0$$

得到

$$\dot{I} = \frac{1-j}{2} = \frac{\sqrt{2}}{2} \angle -45° \text{A}$$

**3. 叠加定理的应用**

当电路含有多个独立源时，根据叠加定理，电路的响应是各个独立源单独作用时响应的叠加。若电路除独立源外的元件为电阻、电感和电容，独立源单独作用时的电路分析可以利用阻抗串并联及分压分流关系进行。

**例 4-23** 求图 4-33（a）所示正弦稳态相量模型的 $\dot{V}$。

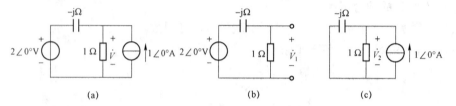

图 4-33 例 4-23 电路的相量图模型

**解**：根据叠加定理，图 4-33（a）所示电路的响应可看做图 4-33（b）和图 4-33（c）两个电路响应的叠加。

对于图 4-33（b）所示电路，根据分压原理得

$$\dot{V}_1 = \frac{1}{1-j} \times 2\angle 0° = (1+j)(\text{V})$$

对于图 4-33（c）所示电路，根据阻抗并联的等效阻抗得

$$\dot{V}_2 = \frac{-j \times 1}{-j+1} \times 1\angle 0° = \frac{1-j}{2}(\text{V})$$

所以

$$\dot{V} = \dot{V}_1 + \dot{V}_2 = \frac{3+j}{2} = \frac{\sqrt{10}}{2} \angle 18.4°(\text{V})$$

**4. 戴维南定理的应用**

相量形式的戴维南定理为：线性含独立源的二端相量模型可以等效为一个电压源 $\dot{V}_{OC}$ 与一个阻抗 $Z_0$ 相串联的支路。其中 $\dot{V}_{OC}$ 为该二端相量模型的开路相量电压，$Z_0$ 为该二端相量模型中全部独立源置零后的等效阻抗。

**例4-24**　求图4-34（a）所示正弦稳态相量模型的 $\dot{I}$ 。

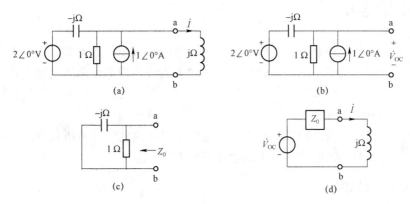

图 4-34　例 4-24 电路的相量图模型

**解**：先用图 4-34（b）所示相量模型分析开路电压 $\dot{V}_{OC}$ 。该电路已在例 4-23 分析过，即

$$\dot{V}_{OC} = \frac{3+j}{2} \text{ V}$$

然后用图 4-34（c）分析等效阻抗

$$Z_0 = \frac{-j \times 1}{-j+1} = \frac{1-j}{2} \text{ } (\Omega)$$

用戴维南等效电路代替图 4-34（a）中 ab 两端左侧电路，得到图 4-34（d）。分析图 4-34（d）的电流为

$$\dot{I} = \frac{\dot{V}_{OC}}{Z_0 + j} = \frac{(3+j)/2}{(1-j)/2 + j} = 2-j = \sqrt{5} \angle -26.6° \text{ (A)}$$

**练习与思考 4-17**：相量分析法适用的条件是什么？举例说明什么分析不能用相量分析法？

**练习与思考 4-18**：两个阻抗串联，总电压有效值是否一定大于两个阻抗的电压有效值之和？什么时候最小？什么时候最大？

**练习与思考 4-19**：两个导纳并联，若每个导纳的电流有效值都不为零，总电流是否一定不为零？为什么？

**练习与思考 4-20**：阻抗、导纳、电压相量、电流相量都是复数，在物理意义上有何不同？

## 4.6　正弦稳态功率

单一频率正弦信号激励条件下稳态响应为与激励同频的正弦形式，采用相量分析法可以得到响应的幅度和初相。由于瞬时电压和瞬时电流都为周期变化的同频正弦形式，而瞬时功率 $p = vi$，所以瞬时功率具有周期变化的特点。周期变化的瞬时功率具有特征值，这些特征值具有明确的物理意义，用相量分析法可得到这些特征值。

本节介绍正弦稳态瞬时功率的特点、特征值，以及这些特征值所具有的有功功率、无功功率、视在功率及功率因数等基本概念和分析方法。

### 4.6.1　基本元件的功率

**1. 电阻的瞬时功率**

设关联参考方向电流的初相位为零，则电阻 $R$ 的瞬时电流、瞬时电压及瞬时功率为

$$i(t) = I_{\mathrm{m}} \sin \omega t$$
$$v(t) = V_{\mathrm{m}} \sin \omega t$$
$$p(t) = V_{\mathrm{m}} I_{\mathrm{m}} \sin^2 \omega t = VI(1 - \cos 2\omega t)$$

电阻瞬时功率的波形如图 4-35 所示。

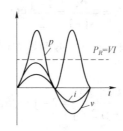

图 4-35　电阻瞬时功率的波形

电阻瞬时功率中的 $1 - \cos 2\omega t$ 是以角频率 $2\omega$ 周期变化的固定形式，特征值 $VI$ 为瞬时功率的平均值，即

$$P_R = VI = I^2 R = \frac{V^2}{R}$$

平均功率也称为有功功率，单位为瓦特（W）。

**2. 电感的瞬时功率**

设关联参考方向电流的初相位为零，则电感 $L$ 的瞬时电流、瞬时电压及瞬时功率为

$$i(t) = I_\mathrm{m} \sin \omega t$$

$$v(t) = V_\mathrm{m} \sin(\omega t + 90^\circ) = V_\mathrm{m} \cos \omega t$$

$$p(t) = V_\mathrm{m} I_\mathrm{m} \sin \omega t \cos \omega t = VI \sin 2\omega t$$

电感瞬时功率的波形如图 4-36 所示。

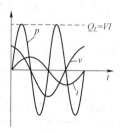

图 4-36　电感瞬时功率的波形

电感瞬时功率中的 $\sin 2\omega t$ 是以角频率 $2\omega$ 周期变化的固定形式，特征值 $VI$ 为瞬时功率的正最大值，用 $Q_L$ 表示，即

$$Q_L = VI = I^2 \omega L = \frac{V^2}{\omega L}$$

$Q_L$ 称为电感的无功功率，单位为伏安（V·A）。电感的平均功率为零，无功功率反映了电感与外界交换的瞬时功率的最大值。

**3. 电容的瞬时功率**

设关联参考方向电流的初相位为零，则电容 $C$ 的瞬时电流、瞬时电压及瞬时功率为

$$i(t) = I_\mathrm{m} \sin \omega t$$

$$v(t) = V_\mathrm{m} \sin(\omega t - 90^\circ) = -V_\mathrm{m} \cos \omega t$$

$$p(t) = -V_\mathrm{m} I_\mathrm{m} \sin \omega t \cos \omega t = -VI \sin 2\omega t$$

电容瞬时功率的波形如图 4-37 所示。

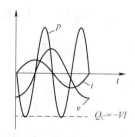

图 4-37　电容瞬时功率的波形

电容瞬时功率中的 $\sin 2\omega t$ 是以角频率 $2\omega$ 周期变化的固定形式，特征值 $-VI$ 为瞬时功率的负最大值，用 $Q_C$ 表示，即

$$Q_C = -VI = -\frac{I^2}{\omega C} = -\omega C V^2$$

$Q_C$ 称为电容的无功功率，单位为伏安（V·A）。电容的平均功率为零，无功功率反映了电容与外界交换的瞬时功率的最大值（与电感瞬时功率反相，取负号）。

电阻、感和电容的瞬时功率具有固定形式，有功功率和无功功率为瞬时功率的特征值，并且具有明确的物理意义。表 4-4 归纳了这三类基本元件的有功功率和无功功率。

表 4-4　电阻、电感、电容的有功功率和无功功率

| 元件 | 有功功率/W | 无功功率/（V·A） |
| --- | --- | --- |
| 电阻 | $P_R = VI = I^2 R = \dfrac{V^2}{R}$ | $Q_R = 0$ |
| 电感 | $P_L = 0$ | $Q_L = VI = I^2 \omega L = \dfrac{V^2}{\omega L}$ |
| 电容 | $P_C = 0$ | $Q_C = -VI = -\dfrac{I^2}{\omega C} = -\omega C V^2$ |

### 4.6.2　二端电路的功率

如图 4-38 所示二端电路，设关联参考方向电流的初相位为零，电压的初相位为 $\varphi$，则瞬时电流、瞬时电压及瞬时功率为

$$i(t) = I_{\mathrm{m}} \sin \omega t$$
$$v(t) = V_{\mathrm{m}} \sin(\omega t + \varphi)$$
$$p(t) = V_{\mathrm{m}} I_{\mathrm{m}} \sin \omega t \sin(\omega t + \varphi)$$
$$= VI \cos \varphi (1 - \cos 2\omega t) + VI \sin \varphi \sin 2\omega t$$

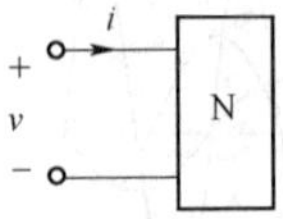

图 4-38　二端电路

瞬时功率分为两部分：含有 $1 - \cos 2\omega t$ 的部分与电阻的瞬时功率的形式相同，并且具有相同的物理意义；含有 $\sin 2\omega t$ 的部分与电感和电容的瞬时功率的形式相同，并且具有相

同的物理意义。

二端电路瞬时功率有两个特征参数：$VI\cos\varphi$ 为有功功率，单位为瓦特（W）；$VI\sin\varphi$ 为无功功率，单位为伏安（V·A），即

$$\begin{cases} P = VI\cos\varphi \\ Q = VI\sin\varphi \end{cases} \tag{4-25}$$

电阻、电感、电容的电压和电流的相位差分别为 $0°$，$90°$，$-90°$，基本元件的有功功率和无功功率是一般的二端电路的有功功率和无功功率的特例。

由于

$$\begin{cases} P^2 + Q^2 = (VI)^2 \\ \varphi = \arctan\dfrac{P}{Q} \end{cases}$$

所以二端电路有功功率和无功功率可以用如图 4-39 所示的功率三角形表示。

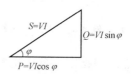

图 4-39　功率三角形

其中，$S = VI$ 称为视在功率，单位为伏安（V·A），$\cos\varphi$ 称为功率因数（用 $\lambda$ 表示），$\varphi$ 称为功率因数角，即

$$\begin{cases} S = VI \\ \lambda = \cos\varphi \end{cases} \tag{4-26}$$

由于式（4-25）和式（4-26）都由两个实数构成，并且满足图 4-39 所示功率三角形的关系，因此可以用一个复数表示，即

$$\tilde{S} = P + jQ \tag{4-27}$$

复数 $\tilde{S}$ 称为复功率。

正弦稳态电路功率的分析主要是分析图 4-39 所示功率三角形表示的各特性，它们与二端电路的电压、电流及电压与电流的相位差相关。根据本章介绍的相量分析法可以得到这些特性，进而完成功率特性的分析。

复功率可以直接用电压相量和电流相量计算。设二端电路关联参考方向的电压相量和电流相量分别为 $\dot{V} = V\angle\theta_v$ 和 $\dot{I} = I\angle\theta_i$，则

$$\dot{V}\dot{I}^* = VI\angle(\theta_v - \theta_i) = VI\angle\varphi = VI\cos\varphi + jVI\sin\varphi = P + jQ$$

即

$$\tilde{S} = \dot{V}\dot{I}^* \tag{4-28}$$

根据功率守恒原理，二端电路的总复功率、总有功功率、总无功功率等于电路中各部分的复功率、有功功率、无功功率之和，即

$$\begin{cases} \tilde{S} = \sum \tilde{S}_k \\ P = \sum P_k \\ Q = \sum Q_k \end{cases} \tag{4-29}$$

**例 4-25** 求图 4-40 所示有效值相量模型 ac 两端右侧电路的 $P$、$Q$、$S$ 和 $\lambda$。

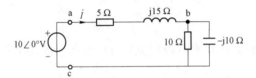

图 4-40　例 4-25 电路的相量模型

**解 1：** 用相量分析法分析 $\dot{I}$，然后根据定义分析功率特性。

$$Z_{ac} = 5 + j15 + \frac{-j10 \times 10}{-j10 + 10} = 10 + j10 = 10\sqrt{2}\angle 45^\circ \ (\Omega)$$

$$\dot{I} = \frac{10\angle 0^\circ}{Z_{ac}} = \frac{10\angle 0^\circ}{10\sqrt{2}\angle 45^\circ} = \frac{\sqrt{2}}{2}\angle -45^\circ \ (A)$$

$$\begin{cases} V = 10 \text{ V} \\ I = \dfrac{\sqrt{2}}{2} \text{ A} \\ \varphi = 0 - (-45^\circ) = 45^\circ \end{cases}$$

$$\begin{cases} P = VI\cos\varphi = 10 \times \dfrac{\sqrt{2}}{2}\cos 45^\circ = 5 \ (\text{W}) \\ Q = VI\sin\varphi = 10 \times \dfrac{\sqrt{2}}{2}\sin 45^\circ = 5 \ (\text{V} \cdot \text{A}) \\ S = VI = 10 \times \dfrac{\sqrt{2}}{2} = 5\sqrt{2} \ (\text{V} \cdot \text{A}) \\ \lambda = \cos\varphi = \cos 45^\circ = \dfrac{\sqrt{2}}{2} \end{cases}$$

**解 2：** 用复功率分析。

$$\tilde{S} = \dot{V}\dot{I}^* = 10\angle 0° \times \frac{\sqrt{2}}{2}\angle 45° = 5\sqrt{2}\angle 45° = S\angle\varphi = 5 + j5 = P + jQ$$

结果与解 1 相同。

**解 3：** 先分析各元件电压或电流，计算各元件的有功功率和无功功率，然后再根据功率守恒原理分析。

$$\dot{V}_{bc} = \frac{10 // (-j10)}{Z_{ac}} \times 10\angle 0° = \frac{5 - j5}{10 + j10} \times 10 = -j5 \,(V)$$

$$\begin{cases} P = 5I^2 + \dfrac{V_{bc}^2}{10} = 5 \times \left(\dfrac{\sqrt{2}}{2}\right)^2 + \dfrac{5^2}{10} = 5\,(W) \\ \\ Q = 15I^2 - \dfrac{V_{bc}^2}{10} = 15 \times \left(\dfrac{\sqrt{2}}{2}\right)^2 - \dfrac{5^2}{10} = 5\,(V \cdot A) \end{cases}$$

$$\begin{cases} S = \sqrt{P^2 + Q^2} = \sqrt{5^2 + 5^2} = 5\sqrt{2}\,(V \cdot A) \\ \\ \varphi = \arctan\dfrac{Q}{P} = \arctan\dfrac{5}{5} = 45° \\ \\ \lambda = \cos\varphi = \cos 45° = \dfrac{\sqrt{2}}{2} \end{cases}$$

**练习与思考 4-21：** 电阻、电感、电容的功率都可以用电压（或电流）有效值和阻抗模来计算，这些功率的物理意义是什么？

**练习与思考 4-22：** 一般二端电路在正弦稳态条件下瞬时功率有几个特征参数？都是什么？

**练习与思考 4-23：** 一般二端电路的有功功率、无功功率与哪些特性有关？

**练习与思考 4-24：** 什么情况下视在功率等于有功功率？

### 4.6.3　功率因数补偿

二端电路功率由有功分量和无功分量构成。有功分量被二端电路吸收，用有功功率描述。无功分量为二端电路与其外部电路之间交换的功率，用无功功率描述。

将二端电路看作用电设备，外部电路包括供电设备和传输线路。当供电设备向用电设备输送电功率时，输送的功率既包括有功分量，又包括无功分量，两者均需要产生电流。无功分量导致供电设备向用电设备传送有功功率的同时产生额外电流。该电流一方面导致传输线路的额外功耗，另一方面导致供电设备输出额外的电流，增加供电设备的负担。

有功功率与无功功率的比例关系与功率因数有关。在保障所需有功功率条件下，通过功率因数修正技术，提高功率因数，可以降低无功功率，从而减少传输线路的损耗，降低供电设备的负担。

**例 4-26** 如图 4-41 所示供电系统，传输线路电阻 $R = 0.2\,\Omega$。供电设备输出电压的有效值 $V_S = 220\,\mathrm{V}$，输出有功功率 $P = 5\,\mathrm{kW}$，并且功率因数 $\lambda = 0.6$。分析电流有效值 $I$，传输线路消耗的有功功率 $P_R$ 及用电设备吸收的有功功率 $P_L$。

图 4-41　例 4-26 供电系统

**解：**

$$P = V_S I \lambda$$

$$I = \frac{P}{V_S \lambda} = \frac{5\,000}{220 \times 0.6} \approx 38\,(\mathrm{A})$$

$$P_R = 2I^2 R = 2 \times 38^2 \times 0.2 \approx 578\,(\mathrm{W})$$

$$P_L = P - P_R = 5\,000 - 578 = 4\,422\,(\mathrm{W})$$

本例表明供电设备提供的有功功率中只有约 88% 被用电设备吸收，约 12% 被传输线路损耗。

**例 4-27** 某有功功率 $P = 40\,\mathrm{W}$ 的照明装置相量模型如图 4-42（a）所示。供电电压有效值 $V = 220\,\mathrm{V}$，频率 $f = 50\,\mathrm{Hz}$，电流有效值 $I = 0.4\,\mathrm{A}$。（1）求该照明装置的 $Q$，$S$ 及 $\lambda$。（2）若为该照明装置并联一个 $C = 4.75\,\mathrm{\mu F}$ 的电容，求并联电容后的 $P'$，$Q'$，$S'$ 及 $\lambda'$。

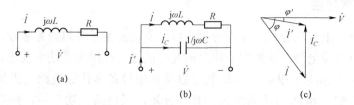

图 4-42　例 4-27 电路的相量模型

解：（1）

$$S = VI = 220 \times 0.4 = 88 \, (\text{V} \cdot \text{A})$$

$$\lambda = \frac{P}{S} = \frac{40}{88} \approx 0.455$$

$$\varphi = \arccos \lambda = \arccos 0.455 \approx 63°$$

$$Q = S \sin \varphi = 88 \sin 63° \approx 78.4 \, (\text{V} \cdot \text{A})$$

以电压为参考相量，电压和电流的相量图如图 4-42（c）所示。

（2）照明装置的供电电压未变，电压和电流的相量图仍然如图 4-42（c）所示。并联电容只会改变无功功率，有功功率保持不变，并联电容后的有功功率 $P'$ 仍为 40 W。

照明装置为感性，所以

$$\dot{I} = 0.4 \angle -63° = (0.182 - \text{j}0.356)\,(\text{A})$$

并联电容的电流为

$$\dot{I}_C = \text{j}\omega C \dot{V} = \text{j}(2\pi \times 50 \times 4.75 \times 10^{-6}) \times 220 \angle 0° \approx \text{j}0.328\,(\text{A})$$

所以

$$
\begin{aligned}
\dot{I}' &= \dot{I} + \dot{I}_C = (0.182 - \text{j}0.356) + \text{j}0.328 \\
&= 0.182 - \text{j}0.028 = (0.184 \angle -8.75°)\,(\text{A})
\end{aligned}
$$

各电压和电流的相量图如图 4-42（c）所示。

$$
\begin{cases}
\lambda' = \cos \varphi' = \cos 8.75° = 0.988 \\
S' = VI' = 220 \times 0.184 = 40.48\,(\text{V} \cdot \text{A}) \\
Q' = S' \sin \varphi' = 40.48 \sin 8.75° = 6.158\,(\text{V} \cdot \text{A})
\end{cases}
$$

本例照明装置为感性（无功功率为正值），在保证照明装置有功功率不变的条件下，通过并联电容（无功功率为负值）提高了功率因数，降低了无功功率和视在功率，总电流有效值下降一半多。

若有 100 盏这样的照明装置，功率因数补偿前的总电流有效值为 40 A，功率因数补偿后的总电流有效值下降为 18.4 A，而且维持照明装置的有功功率不变，即照明亮度不变，但降低了供电线路的损耗和对供电设备的要求。

目前，有各种先进的功率因数补偿技术，可以使功率因数达到 0.99 以上。提高功率因数对降低能耗，提高供电设备利用率具有重要意义。

**练习与思考 4-25**：为什么说提高功率因数对降低能耗，提高供电设备利用率具有重要意义？

**练习与思考 4-26**：电压电流相位差的大小与功率因数的大小有何关系？

**练习与思考 4-27**：若二端电路为感性，通过并联电容或串联电容都可以提高功率因数。在供电电压（有效值）不变的条件下，采用并联电容与采用串联电容相比有何好处？

# 本 章 要 点

■ 正弦交流电路中的激励电源和电路变量是正弦形式的电压和电流。正弦变量的三个特征值是频率、幅度和相位。

■ 相位差是同频率电压或电流的初始相位之差。比较不同变量的相位，可以先指定一个为相位参考，再用其他正弦变量与其相比较，判断超前、落后、同相或反相关系。

■ 正弦电压或电流的有效值是它们的均方根值，正弦电压或电流在电阻上产生的平均功率等于其有效值的直流电压或电流在相同电阻上产生的功率。

■ 包含有动态元件的电路，其中任何变量在正弦激励下的稳态响应都是与激励电源相同频率的正弦变量，幅度和相位各不相同。

■ 相量是一个复数，用来代表正弦电压和电流的幅度和相位。相量可以用复平面上的有向线段来表示。

■ 时间变量正弦函数的线性运算与其相量的线性运算相对应。时间函数的微分和积分运算，对应了相量的复数相乘和相除运算。利用相量的代数运算可以间接完成时间函数的加、减、缩放、微分和积分运算。

■ 在交流电路中，基尔霍夫定律和元件特性可以用相量表示。

■ 无源元件电阻、电容和电感组成的二端电路，其端口电压相量与电流相量之比称为阻抗。阻抗表示了相量形式的欧姆定律。阻抗可以用串并联等效化简。

■ 将电路中正弦变量用相量表示，将无源元件端口特性用阻抗或导纳表示，得到电路相量模型。用线性电路分析方法求解相量电路模型，解出相量解，并进一步得到时间变量的方法，称为相量分析法。

■ 直流电路中的分析方法，如等效方法、叠加方法、支路电流法、结点分析法等都可以用来分析相量电路。

■ 正弦交流电路中，元件或部分电路吸收的功率，跟端口电压与电流的相位差有关。电阻吸收有功功率或平均功率，电感和电容与外部交换无功功率。一个电路或负载的电压与电流有效值乘积是视在功率，平均功率与视在功率比值是功率因数。

■ 为了充分利用输电设备的容量，需要对负载进行功率因数补偿，使得设备功率因数接近于 1。

# 习　题

**4－1**　已知正弦电流、电压的波形如题 4－1 图所示，写出电流、电压的瞬时表达式。

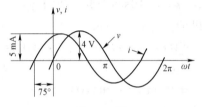

题 4－1 图

**4－2**　已知正弦电压　$v_{ab} = 311\sin\left(314t + \dfrac{\pi}{3}\right)$ V。

（1）求振幅、初相、周期、频率和 $t = 0$ 时的 $v_{ab}$ 值，并指出此时实际上哪点电位高？

（2）写出 $v_{ba}$ 的表达式。

（3）画出 $v_{ab}$ 的波形图。

**4－3**　$v$，$i$ 为同频正弦量，$f = 50\text{Hz}$，$V_m = 100\text{ V}$，$I_m = 2\text{ A}$，已知 $v$ 比 $i$ 超前 $T/6$。

（1）求 $v$，$i$ 的相位差。

（2）以 $v$ 为参考正弦量，写出 $v$，$i$ 的瞬时表达式。

（3）以 $i$ 为参考正弦量，写出 $i$，$v$ 的瞬时表达式。

**4－4**　写出下列正弦量的最大值相量，并比较相位关系。

$$i_1(t) = 5\sin(\omega t - 180°)\text{ mA}$$

$$i_2(t) = 3\sin(\omega t + 120°)\text{ mA}$$

$$v(t) = 6\sin(\omega t + 60°)\text{ V}$$

**4－5**　已知角频率 $\omega = 10\text{ rad}/\text{s}$，写出下列相量对应的瞬时表达式。

（1）$\dot{V}_1 = 10\angle -30°$ V　　　（2）$\dot{V}_2 = 60\angle 140°$ V

（3）$\dot{I}_1 = \text{j}5$ A　　　　　　（4）$\dot{I}_2 = 2$ A

并利用相量分析法求出 $v_1(t) + v_2(t)$ 和 $i_1(t) + i_2(t)$。

**4－6**　设 $\omega = 200\text{ rad/s}$，写出下列有效值相量代表的正弦信号。

（1）$\dot{V}_1 = \dfrac{10 + \text{j}10}{2 - \text{j}3}$ V　　　（2）$\dot{V}_2 = (3 - \text{j}8)5\text{e}^{-\text{j}60°}$ V

（3）$\dot{I}_1 = \dfrac{10}{1+j3}$ A　　　　（4）$\dot{I}_2 = \dfrac{1+j3}{1-j3}$ A

**4－7**　用相量图求下列各组正弦量的和或差。

（1）$i_1(t) = 3\cos(\omega t)$ mA，$i_2(t) = 4\sin(\omega t - 90°)$ mA，
　　　求 $i(t) = i_1(t) + i_2(t)$。

（2）$i_1(t) = 10\sin(314t)$ A，$i_2(t) = 10\sin(314t - 120°)$ A，
　　　求 $i(t) = i_1(t) + i_2(t)$ 和 $i(t) = i_1(t) - i_2(t)$。

（3）$v_1(t) = 4\sin(\omega t)$ V，$v_2(t) = 7\sin(\omega t + 90°)$ V，$v_3(t) = 3\sin(\omega t - 90°)$ V，
　　　求 $v(t) = v_1(t) + v_2(t) + v_3(t)$。

**4－8**　给定正弦信号 $v_1(t) = 25\sin\omega t$ V 和 $v_2(t) = 50\sin(\omega t + 45°)$ V，利用相量分析法求出满足 $v_1(t) + v_2(t) + v_3(t) = 0$ 的 $v_3(t)$。

**4－9**　已知相量 $\dot{V}_1 = (-3 + j4)$ V，利用相量运算找出超前 $v_1(t)$ 90°，且振幅为 10 V 的正弦电压 $v_2(t)$（频率为 50 Hz）。

**4－10**　已知线圈的电感 $L = 10$ mH，将其接到 $v(t) = 2\sin\omega t$ V 的信号源上，求在下列频率时通过该电感的正弦稳态电流。

（1）$f = 465$ kHz

（2）$f = 2$ kHz

**4－11**　已知电容器两端的电压有效值为 220 V，$f = 50$ Hz，通过正弦稳态电流的有效值为 0.33 A，计算电容量 $C$。

**4－12**　求题 4－12 图所示相量模型的等效阻抗，并写出阻抗的实部、虚部、模和幅角。

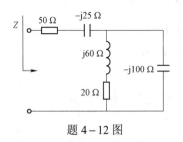
题 4－12 图

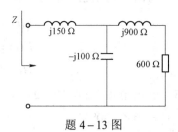
题 4－13 图

**4－13**　求题 4－13 图所示电路的等效阻抗。

**4－14**　假设一个线性电路的电压是 $v(t) = 200\sin(1\,000t + 45°)$ V，在正弦稳态条件下与 $v(t)$ 关联方向的输入电流 $i(t) = 20\sin 1\,000t$ mA。

（1）求电路输入端的等效阻抗。

（2）当 $v(t) = 150\sin(1\,000t + 90°)\,\text{V}$ 时，求正弦稳态电流 $i(t)$。

**4-15**　已知题 4-15 图所示电路的 $R_1 = 0.5\,\Omega$，$R_2 = 1\,\Omega$，$L = 15\,\text{mH}$，$C = 0.01\,\text{F}$，求在信号源频率 $\omega = 100\,\text{rad/s}$ 时的 $Z_{ab}$ 和 $Y_{ab}$。

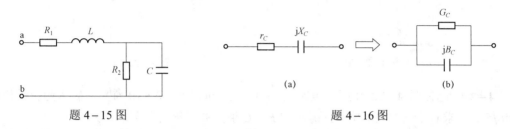

题 4-15 图　　　　　　　　　　　　题 4-16 图

**4-16**　求题 4-16 图（a）和题 4-16 图（b）等效时 $r_C$、$X_C$ 与 $G_C$、$B_C$ 的关系。

**4-17**　题 4-17 图所示电路工作在正弦稳态下，$\omega = 5\,\text{k rad/s}$。计算使输入阻抗 $Z$ 为纯阻的 $C$ 值，并求出阻抗值。

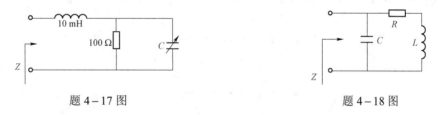

题 4-17 图　　　　　　　　　　　　题 4-18 图

**4-18**　写出题 4-18 图所示电路的输入阻抗，并求出使阻抗虚部为零的频率 $\omega_0$。

**4-19**　题 4-19 图所示电路中，$i_S = \sin10^6 t\,\text{mA}$，$R = 10\,\text{k}\Omega$，$L = 1\,\text{mH}$。计算当 $C$ 为何值时，$v$ 与 $i_S$ 同相。

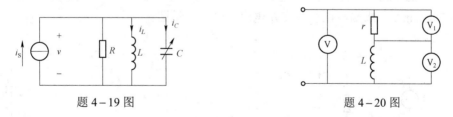

题 4-19 图　　　　　　　　　　　　题 4-20 图

**4-20**　已知题 4-20 图所示电路的电压表读数 $V = 15\,\text{V}$，$V_1 = 10\,\text{V}$，求电压表 $V_2$ 的读数 $V_2$。

**4-21**　已知题 4-21 图所示电路中 $r = 8\,\Omega$，电源频率 $f = 50\,\text{Hz}$，调节 $R$（$R = 10\,\Omega$）时，电压表 $V_1$ 和 $V_2$ 读数相同，求 $L$。

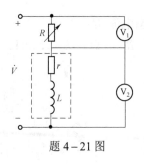

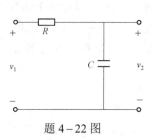

题 4-21 图
题 4-22 图

**4-22** 已知题 4-22 图所示电路的 $v_1(t) = 5\sqrt{2}\sin(2\pi\times168\times10^3 t)$ V，输入阻抗的模为 $100\sqrt{5}\ \Omega$，求 $v_2$ 和 $v_1$ 的相位差为 $60°$ 时的 $R$、$C$ 值，并指出超前落后关系。

**4-23** 一电容器加直流电压 500 V 时，测得电流为 0.1 A，而加频率为 50 Hz 的 500 V 正弦电压时，测得电流为 0.4 A，求该电容器的并联等效参数 $G$ 和 $C$。

**4-24** 已知题 4-24 图所示 RLC 串联电路的 $R = 30\ \Omega$，$L = 0.01\ \text{H}$，$C = 10\ \mu\text{F}$，端口电压有效值 $V = 10\ \text{V}$，$\omega = 2\,000\ \text{rad/s}$，求 $\dot{I}$、$\dot{V}_L$、$\dot{V}_C$，并画出相量图。

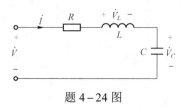

题 4-24 图

**4-25** 已知 RLC 串联电路的电源频率为 $f$，$V_R = 3\ \text{V}$，$V_L = 6\ \text{V}$，$V_C = 2\ \text{V}$，求当电源频率为 $f/2$ 且 $V_R$ 仍为 3 V 时的 $V_L$、$V_C$ 及总电压 $V$。

**4-26** 已知题 4-26 图所示电路的 $R = 2\ \text{k}\Omega$，$L = 0.2\ \text{H}$，$C = 0.1\ \mu\text{F}$，$i_S(t) = 2\sqrt{2}\times\sin(2\pi\times796 t)$ mA，求端电压和各支路电流，画出相量图。

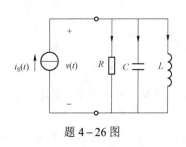

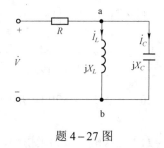

题 4-26 图
题 4-27 图

**4-27** 已知题 4-27 图所示电路的 $V = 100\ \text{V}$，$I_L = 10\ \text{A}$，$I_C = 15\ \text{A}$，$\dot{V}$ 比 $\dot{V}_{ab}$ 超前 $\pi/4$，求 $R$，$X_C$ 和 $X_L$。

**4-28** 如题 4-28 图所示并联式 RC 交流电桥，用该电桥可测量电容器的电容量及等效电阻。调节 $R_3$ 和 $C_3$，当电桥平衡时（电流表读数为零），若 $R_1 = 500\,\Omega$，$R_2 = 1\,000\,\Omega$，$R_3 = 750\,\Omega$，$C_3 = 50\,\mu\text{F}$，求 $R_x$ 和 $C_x$ 的值。

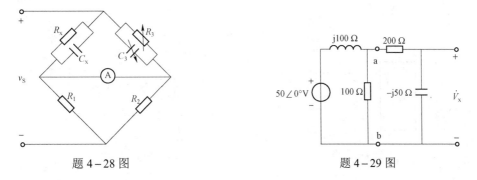

题 4-28 图　　　　　　　　　　　题 4-29 图

**4-29** 题 4-29 图所示电路为正弦稳态相量电路，求出 ab 左端的等效电路，并计算相量电压 $\dot{V}_x$。

**4-30** 已知题 4-30 图所示电路的 $\dot{V}_{S1} = 100\angle 0°\,\text{V}$，$\dot{V}_{S2} = 100\angle -120°\,\text{V}$，$\dot{I}_S = 2\angle 0°\,\text{A}$，$X_L = |X_C| = R = 5\,\Omega$，用叠加定理求 $\dot{I}_1$ 和 $\dot{I}_2$。

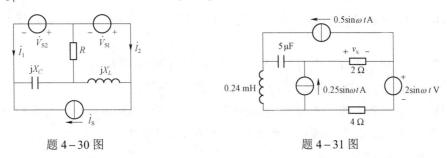

题 4-30 图　　　　　　　　　　　题 4-31 图

**4-31** 如题 4-31 图所示正弦稳态电路，已知 $\omega = 5\times 10^4\,\text{rad/s}$，用叠加定理计算 $v_x$。

**4-32** 求出题 4-32 图所示稳态电路中负载电阻左侧电路的相量戴维南等效电路。利用相量等效电路求出负载上的电压 $v(t)$ 和电流 $i(t)$。

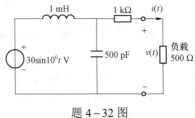

题 4-32 图

**4-33** 如题 4-33 图所示正弦稳态相量电路，当 $Z_L$ 为零时，接口处电流相量 $\dot{I} = (3.6 - j4.8)\,\text{mA}$；当 $Z_L = -j40\,\Omega$ 时，接口处电流相量 $\dot{I} = (10 - j0)\,\text{mA}$。求电源电路的戴维南等效电路。

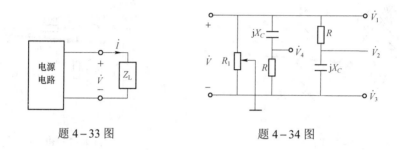

题 4-33 图　　　　　　　　题 4-34 图

**4-34** 题 4-34 图所示电路为雷达指示器的移相电路，调节使 $R_1$ 的中点接地。证明当 $R = X_C$ 时，$\dot{V}_1$，$\dot{V}_2$，$\dot{V}_3$ 和 $\dot{V}_4$ 幅度相同，相位依次差 $90°$。

**4-35** 已知某无源二端电路的等效阻抗 $Z = (20 + j25)\,\Omega$，端口电流 $i = 4\sqrt{2}\sin(\omega t + \pi/3)\,\text{A}$，求该电路的复功率、有功功率和无功功率。

**4-36** 如题 4-12 图所示电路，若输入电压有效值为 2 V，求 $P$，$Q$，$S$ 和功率因数 $\lambda$。

**4-37** 某负载电压有效值为 100 V，有功功率为 800 W，功率因数为 0.8（感性），求视在功率、无功功率、流过该负载电流的有效值及负载阻抗。

**4-38** 一台设备上的 5 台感应电动机同时工作，每台电动机的功率为 6.4 kW，功率因数为 0.68（滞后），供电电源频率和有效值为 50 Hz，220 V。

（1）求该设备总供电电流。

（2）要提高该设备功率因数到 0.95（滞后），求需要并联电容的容量和补偿后该设备的总电流。

**4-39** 用有效值为 220 V，频率为 50 Hz 的交流电源供给动力和照明用电，动力负载为 5 台 1.7 kW 的电动机，功率因数 $\cos\varphi = 0.8$（感性），照明负载为 200 盏 40 W 电灯（电阻性），求总电流、总功率和功率因数。若用并联电容器的方法将功率因数提到 1，求电容量 $C$。

**4-40** 设计题 4-40 图中接口电路的 $X_1$ 和 $X_2$ 电抗值，当 $\omega = 10^6\,\text{rad/s}$ 时，使得从电源端向右侧看去的等效阻抗 $50\,\Omega$，从 $600\,\Omega$ 负载端向左侧看去的等效电源内阻抗为

$600\,\Omega$。计算产生 $X_1$ 和 $X_2$ 所需的电感和电容元件参数。

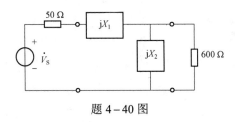

题 4−40 图

# 第5章
# 三相电路

**提要** 在电能的产生、传输和使用中普遍使用三相正弦交流电源的形式。由三相正弦交流电源和三相负载构成的电路称为三相电路。三相电路与单相电路相比有很多优点，是重要的交流电路类型。本章介绍了三相电源和负载的特点，讨论了正弦稳态下三相电路的电压、电流和功率的计算方法，简要介绍了电力系统的构成及安全用电的基础知识。

## 5.1 三相电源

### 5.1.1 三相系统

电能的利用中广泛采用正弦交流电压来供电，发电设备可以产生单相电压或者多相电压，与用电设备构成单相或者多相供电系统。图 5-1（a）显示的是单相系统，包含一个交流电源，并通过一对输电线连接用电负载。图 5-1（b）显示的是三相系统，其中的电源为三个频率和电压幅度相同，但相位不同的交流电压源，它们通过四根输电线与一组三个用电负载相连。

在实际供电系统中多采用三相系统。三相系统由三相电源、传输线路和三相负载组成。三相电源电压由三相交流发电机产生。我国三相电源的频率为 50 Hz，三个交流电压源幅度相同，相位相差 120°。

与单相系统供电比较，三相系统供电有很多优点。比如，三相对称负载总瞬时功率恒定，动力输出均匀，电力驱动的机械可减少震动。输送同样的功率，采用三相系统比单相系统供电传输更经济，比如三相系统电线消耗的电能比单相系统更少。因此，大多数电力都是以三相交流电提供的，需要的单相电压取自三相供电系统，而不是单独产生和输送的。

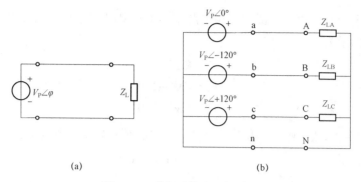

图 5-1 单相系统和三相系统

## 5.1.2 三相电源

三相电源由三个频率相同、振幅相同、相位差均为 120°的正弦电压源组成。三相电源来源于三相发电机,图 5-2(a)为三相发电机示意图。其中,定子 ax,by,cz 为三个完全相同且彼此间相位相差 120°的绕组,每个绕组称为一相绕组。当磁极(转子)以 ω 角速度匀速度旋转时,每个绕组两端子间会产生正弦形式的感应电压;三个绕组端电压相当于三个电压源,如图 5-2(b)所示,它们的频率和振幅相同,相位彼此相差 120°,构成三相交流电源。

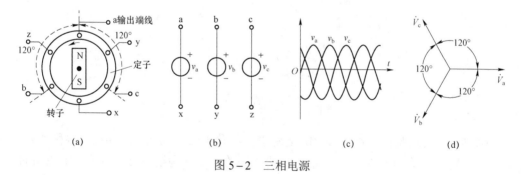

图 5-2 三相电源

若以 $v_a(t)$ 为参考正弦量,则图 5-2(b)所示三个电压源的电压表达式为

$$\begin{cases} v_a(t) = V_m \sin \omega t \\ v_b(t) = V_m \sin(\omega t - 120°) \\ v_c(t) = V_m \sin(\omega t + 120°) \end{cases} \quad (5-1)$$

三个电压的波形如图 5-2(c)所示。三相交流电压达到正最大值的先后顺序称为相序。以上三相电源的相序为 a-b-c,若此相序为正序或顺序,则相序 c-b-a 为反序或逆

序。在将三相电源并入电网，或用三相电源驱动电动机时，需要考虑三相电源的相序。三相电源的电压相量为

$$\begin{cases} \dot{V}_a = V_p \angle 0° \\ \dot{V}_b = V_p \angle -120° \\ \dot{V}_c = V_p \angle +120° \end{cases} \tag{5-2}$$

其相量图如图5-2（d）所示。由于三相电压的相位对称分布，所以三个电压之和为零

$$\dot{V}_a + \dot{V}_b + \dot{V}_c = 0 \tag{5-3}$$

### 5.1.3 三相电源的连接

在电力系统中，三相电源来自发电机的绕组或三相变压器的二次绕组，三个绕组上的感应电压作为三相电压源，三个绕组端线可以采用不同的连接方式向外供电。

三相电源的第一种连接方式为星形连接，就是将末端连在一起，始端a，b，c与输电线连接，如图5-3（a）所示。在公共连接点可以引出一根线，与始端三根线一起，称为**三相四线制**，而当没有公共点引出线时则称为**三相三线制**供电。

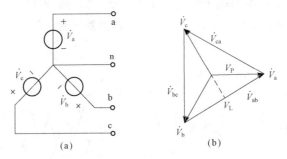

图5-3　星形连接三相电源

在图5-3（a）所示电路中，a，b，c端引出的输电线称为相线或端线（俗称"火线"），n端引出的输电线称为中线（中性线）。相线之间的电压称为**线电压**，相线到中线间的三个电压称为**相电压**。

在星形连接时，三相电源的每个线电压是两个相电压之差，即

$$\begin{cases} \dot{V}_{ab} = \dot{V}_a - \dot{V}_b \\ \dot{V}_{bc} = \dot{V}_b - \dot{V}_c \\ \dot{V}_{ca} = \dot{V}_c - \dot{V}_a \end{cases} \tag{5-4}$$

根据式（5-4）的关系，可以画出相电压和线电压的相量图，如图5-3（b）所示。相

量图给出了星形连接的电源的线电压与相电压的幅度和相位关系。

若以 $\dot{V}_a$ 为参考相量，则线电压相量可以表示为

$$
\begin{cases}
\dot{V}_{ab} = \sqrt{3}V_P\angle 30° = \sqrt{3}\dot{V}_a\angle 30° \\
\dot{V}_{bc} = \sqrt{3}V_P\angle -90° = \sqrt{3}\dot{V}_b\angle 30° \\
\dot{V}_{ca} = \sqrt{3}V_P\angle 150° = \sqrt{3}\dot{V}_c\angle 30°
\end{cases}
$$

可见三个线电压也是相位对称的，构成了一组三相电压。设 $V_L$ 和 $V_P$ 分别为线电压和相电压的有效值，通过相量图中的几何关系，可知下面的结果

$$
\frac{1}{2}V_L = V_P\cos 30°
$$

即

$$
V_L = \sqrt{3}V_P \tag{5-5}
$$

星形连接三相电源的线电压有效值是相电压有效值的 $\sqrt{3}$ 倍。我国的供电系统中，民用低压配电电源为星形连接三相电源，相电压有效值是 220 V，线电压有效值是 380 V（$220\sqrt{3}$ V）。

三相电源的第二种连接方式为三角形连接。把三个相电压源按照极性首末端依次连接的方式连接成三角形，从连接点处引出供电线，得到三根输出线之间的电压 $\dot{V}_{ab}$，$\dot{V}_{bc}$，$\dot{V}_{ca}$，即电压源的电压，如图 5-4 所示。注意，三角形连接的三个电压源构成了回路，所以连接方式要满足三个电压之和为零的条件。

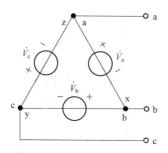

图 5-4　三角形连接三相电源

三角形连接时，三相电源输出线电压就是每相电源的电压，即 $V_L = V_P$。这种连接方式多用于变电和输电的中间环节。

**练习与思考 5-1**：在三角形连接的三相电源中，当有一相电压源断开时，输出的三相电压是否有变化？

# 5.2 三相负载

### 5.2.1 星形连接三相负载

在三相供电系统中，负载也按一定的连接方式接到电源上，用三个负载组成三相电路的负载。实际的用电负载连接到三相电源的方式不同，具体可分为两类。一类是单相负载，是指需要单相电源供电的设备或电器，通常功率较小，如照明灯、电风扇和其他家用电器等。单相负载用三相电源中的一相电压来供电，多个单相负载分配到三相电源的不同相电压上，共同构成三相电路的负载。另一类是三相负载，每台设备都需要用三相电源供电，通常是功率较大的工业设备，如三相交流电动机、大功率三相电炉等。通常三相负载设备的三相阻抗相同，称为对称三相负载。对称三相负载与三相电源构成对称三相电路。由多个单相负载组成的三相电路负载，由于每相电压的负载阻抗不相同，且随时可能变化，所以是不对称的负载。三相制供电系统实际是三个同频正弦电压作用下的复杂电路，在对称负载情况下，负载电压和电流具有特定的规律，可使分析计算大为简化。

先讨论星形连接三相负载。如图 5-5（a）所示，三个负载接成星形，其端线和中点 N 分别与三相四线制三相电源的相线和中线相连。由于三相电源也是星形连接，电源和负载构成 Y-Y 连接三相电路，电路中每一相负载两端的电压分别是三相电源的一相电压。这种电路相当于三个单相电路，中线为三个单相电路的公共回线。

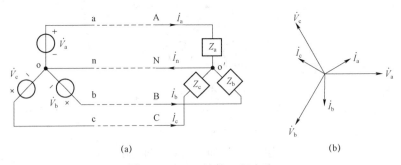

(a)                (b)

图 5-5 Y-Y 连接三相电路

在分析三相电路时，把每相负载中的电流称为**相电流**，把连接负载的相线上的电流称为**线电流**。在星形负载电路中，这两种电流相同，即线电流等于相电流。若输电线路是理想导线，则负载相电流为

$$\dot{I}_a = \frac{\dot{V}_a}{Z_a}, \quad \dot{I}_b = \frac{\dot{V}_b}{Z_b}, \quad \dot{I}_c = \frac{\dot{V}_c}{Z_c} \tag{5-6}$$

当负载对称时有 $Z_a = Z_b = Z_c$，三个负载上电流有效值相同，$I_L = I_P$，且电流相量 $\dot{I}_a$，$\dot{I}_b$，$\dot{I}_c$ 也是相位对称的，如图 5-5（b）所示，所以有

$$\dot{I}_n = \dot{I}_a + \dot{I}_b + \dot{I}_c = 0 \tag{5-7}$$

这说明中线无电流，可省去中线。没有中线的三相供电方式称为**三相三线制**。在分析对称星形三相负载时，不管原来是否有中线，不论中线阻抗为多少，均可设想 nN 间有一根理想导线连接。

**例 5-1**　已知对称三相三线制线电压为 380 V，星形对称负载的每相阻抗 $Z = 10 \angle 10° \ \Omega$，求电流相量。

**解：**由于负载是对称的，可以假设电源是星形连接，并假设负载中点与电源中性点之间有一根导线相连，构成形如图 5-5（a）所示的 Y-Y 对称三相电路。因此，图 5-6 中每相负载上电压有效值为

$$V_P = \frac{380}{\sqrt{3}} = 220 \ (V)$$

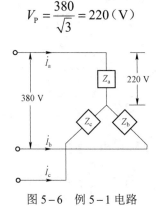

图 5-6　例 5-1 电路

每相负载上的电流有效值为

$$I_P = \frac{220}{10} = 22 \ (A)$$

假设 a 相负载电压为零相位，即 $\dot{V}_a = 220 \angle 0° \ V$，可以写出负载电流相量表达式如下

$$\dot{I}_a = \frac{\dot{V}_a}{Z} = \frac{220}{10 \angle 10°} = 22 \angle -10° \ (A)$$

$$\dot{I}_b = 22 \angle (-10° - 120°) = 22 \angle -130° \ (A)$$

$$\dot{I}_c = 22 \angle (-10° + 120°) = 22 \angle 110° \ (A)$$

可见，对称三相负载的相电流的相位是对称的。

当负载不对称时，必须采用三相四线制，才能保证电路中的负载相互独立，得到稳定的额定电压。这时尽管负载不对称，但各相负载上的相电压仍对称，并等于电源相电压（忽略线路压降）。若无中线或中线断开，由于负载不对称，电源和负载的中点间将产生电位差，负载相电压便不对称，各相负载获得的电压高低不同，可能会造成用电设备毁坏或欠压工作。因此，不对称负载一定要用四线制，中线不能断开。此外，由于负载相电流不对称，中线电流也不为零。在实际线路中，中线导线具有一定电阻，过大的中线电流会在中线上产生显著的电压降，这对供电质量和安全均有不利影响，所以不对称系统的负载应尽量平衡配置。

**例 5-2**　如图 5-7 所示三相电路中，电源线电压为 380 V，A 相负载 $R_A$ 是 11 盏额定电压为 220 V、功率为 100 W 的白炽灯，B 相负载 $R_B$ 是 4 盏额定电压为 220 V、功率为 100 W 的白炽灯，C 相负载为开路。求：（1）中线存在时各相负载的电流和中线电流；（2）中线断开时各相负载的电压和电流。

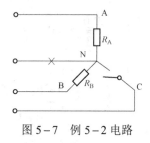

图 5-7　例 5-2 电路

**解：**（1）有中线存在时，A 相和 B 相负载电压为

$$V_P = \frac{380}{\sqrt{3}} = 220 (V)$$

负载在额定电压下工作，计算出负载电流为

$$I_A = \frac{P_A}{V_P} = \frac{1100}{220} = 5 (A)$$

$$I_B = \frac{P_B}{V_P} = \frac{400}{220} = 1.82 (A)$$

设 A 相电压相位为零，B 相电压相位为 $-120°$，计算中线电流相量

$$\dot{I}_N = \dot{I}_A + \dot{I}_B = 5 + 1.82\angle-120°$$

$$= 5 - 0.91 - j1.58 = 4.09 - j1.58 = 4.38\angle-21.1° (A)$$

中线电流有效值 $I_N = 4.38$ A。计算出负载电阻

$$R_\mathrm{A} = \frac{V_\mathrm{P}}{I_\mathrm{A}} = \frac{220}{5} = 44\,(\Omega)$$

$$R_\mathrm{B} = \frac{V_\mathrm{P}}{I_\mathrm{B}} = \frac{220}{1.82} = 121\,(\Omega)$$

（2）当中线断开时，$R_\mathrm{A}$ 与 $R_\mathrm{B}$ 形成串联电路，承受电压为 AB 之间线电压 380 V，负载电流为

$$I_\mathrm{A} = I_\mathrm{B} = \frac{380}{R_\mathrm{A} + R_\mathrm{B}} = \frac{380}{44 + 121} = 2.30\,(\mathrm{A})$$

$R_\mathrm{A}$ 实际电压 $V_\mathrm{A} = R_\mathrm{A} I_\mathrm{A} = 44 \times 2.3 = 101\,(\mathrm{V})$，$R_\mathrm{B}$ 实际电压 $V_\mathrm{B} = R_\mathrm{B} I_\mathrm{B} = 121 \times 2.3 = 278\,(\mathrm{V})$。

可以看出：（1）当负载不对称时，依赖中线才能保证各相负载得到稳定的额定电压，且中线上电流不为零；（2）当中线断开时，等效阻值较高的 B 相白炽灯负载 $R_\mathrm{B}$ 承受的电压较高，超过额定电压，可能会损坏，而等效阻值较小的 A 相白炽灯负载 $R_\mathrm{A}$ 承受的电压较低，低于额定电压，不能正常发光。由于当三相负载不对称时，中线断开会造成各相负载电压分配不均，设备不能正常工作甚至损坏，所以三相四线制供电中的中线很重要，不能断开，中线上不能安装开关和熔断器等。

## 5.2.2 三角形连接三相负载

三相负载的另一种连接方式是三角形连接，三个负载的连接点处连接电源的三根相线，如图 5-8（a）所示。三角形连接三相负载的每相负载上的相电压就是线电压。

三角形连接的三相负载中，每个负载电压是确定的，不会受其他负载的影响。由于不需要中线，在分析负载电压、电流时，只须知道电源的线电压，而不必追究三相电源的接法。

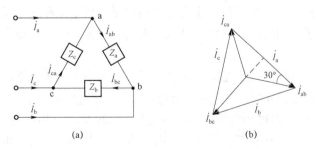

图 5-8 三角形连接三相负载

对于图 5-8（a）所示的三角形连接三相负载，可以分别计算出负载的相电流

$$\dot{I}_{ab} = \dot{V}_{ab} / Z_a$$
$$\dot{I}_{bc} = \dot{V}_{bc} / Z_b$$
$$\dot{I}_{ca} = \dot{V}_{ca} / Z_c$$

图 5-8（a）中连接电源的端线上的电流称为线电流。对于三角形负载，线电流与相电流不同，线电流可以用相电流表示为

$$\dot{I}_a = \dot{I}_{ab} - \dot{I}_{ca}$$
$$\dot{I}_b = \dot{I}_{bc} - \dot{I}_{ab} \qquad (5-8)$$
$$\dot{I}_c = \dot{I}_{ca} - \dot{I}_{bc}$$

当负载对称时，$Z_a = Z_b = Z_c$，三个负载上相电流有效值相同，电流相位对称，如图 5-8（b）所示。

设相电流和线电流有效值分别为 $I_P$ 和 $I_L$，由电流相量图可知

$$\frac{1}{2}I_L = I_P \cos 30°$$

即

$$I_L = \sqrt{3}I_P \qquad (5-9)$$

对称三角形负载的线电流有效值是相电流有效值的 $\sqrt{3}$ 倍，线电流的相位对称，可以表示为

$$\begin{cases} \dot{I}_a = \sqrt{3}\dot{I}_{ab}\angle -30° \\ \dot{I}_b = \sqrt{3}\dot{I}_{bc}\angle -30° \\ \dot{I}_c = \sqrt{3}\dot{I}_{ca}\angle -30° \end{cases}$$

以上讨论了负载在星形和三角形连接时的相电压、相电流和线电压、线电流之间的关系。在讨论中忽略了三相线路的损耗，当线路损耗不可忽略时，处理方法在后边的例子中会加以说明。

在三相电路中，三相负载的连接方式取决于负载相电压的额定值和线电压。当负载相电压的额定值与线电压相同时，应接成三角形。当负载相电压的额定值等于线电压的 $1/\sqrt{3}$ 倍时，应接成星形。例如，当每相绕组的电压额定值为 220 V 的三相电动机与线电压为 380 V 的三相电源连接时，电动机应作星形连接，而与线电压为 220 V 的三相电源连接时，电动机应作三角形连接，这样，才能保证电动机在额定电压下正常运转。

由以上讨论可知，对称三相电路的特点为各部分电流、电压都具有对称性，所以只要计算其中的一相即可知其余两相。

## 5.3　三相电路的功率

### 5.3.1　三相负载的平均功率

以 $\dot{V}_a$，$\dot{V}_b$，$\dot{V}_c$ 和 $\dot{I}_a$，$\dot{I}_b$，$\dot{I}_c$ 分别表示三相电路的相电压和相电流，$\varphi_a$，$\varphi_b$，$\varphi_c$ 表示每相电压与电流的相位差，则各相的平均功率为

$$P_a = V_a I_a \cos\varphi_a$$
$$P_b = V_b I_b \cos\varphi_b$$
$$P_c = V_c I_c \cos\varphi_c$$

三相负载的总功率 $P = P_a + P_b + P_c$。

当负载对称时，设负载功率因数为 $\cos\varphi$，相电流有效值为 $I_p$，三相负载总功率为

$$P = 3V_p I_p \cos\varphi \tag{5-10}$$

当负载作星形连接时

$$I_P = I_L，\quad V_P = \frac{V_L}{\sqrt{3}}$$

当负载作三角形连接时

$$I_P = \frac{I_L}{\sqrt{3}}，\quad V_P = V_L$$

将上述关系代入式（5-10）可得对称三相负载总功率用线电压和线电流的表示

$$P = \sqrt{3}V_L I_L \cos\varphi \tag{5-11}$$

**练习与思考 5-2：**在供电电源连接方式不变的条件下，相同三相负载在允许不同工作电压时，采用哪种连接方式可以获得较大功率？

**练习与思考 5-3：**关于对称三相负载，线电压与线电流的相位差和负载相电压与负载相电流的相位差有何关系？

### 5.3.2　对称三相负载的瞬时功率

设对称三相负载的 a 相电压为零相位，负载阻抗角为 $\varphi$，相电压和相电流瞬时表达式为 $v_a(t) = V_m \sin\omega t$，$i_a(t) = I_m \sin(\omega t - \varphi)$，则 a 相负载的瞬时功率为

$$p_a(t) = V_m \sin(\omega t) I_m \sin(\omega t - \varphi)$$
$$= V_p I_p \cos\varphi - V_p I_p \cos(2\omega t - \varphi)$$

类似地写出其他两相负载的瞬时功率

$$p_b(t) = V_m \sin(\omega t - 120°)I_m \sin(\omega t - 120° - \varphi)$$
$$= V_P I_P \cos\varphi - V_P I_P \cos(2\omega t + 120° - \varphi)$$
$$p_c(t) = V_m \sin(\omega t + 120°)I_m \sin(\omega t + 120° - \varphi)$$
$$= V_P I_P \cos\varphi - V_P I_P \cos(2\omega t - 120° - \varphi)$$

三相负载的总瞬时功率为

$$p_a(t) + p_b(t) + p_c(t) = 3V_P I_P \cos\varphi = P \tag{5-12}$$

可见，对称三相负载总瞬时功率是与时间无关的常量，等于其平均功率。如果负载为三相电动机，则电动机的转矩平衡，无振动（转矩和功率成正比），这正是三相制的优点之一。单相电动机则因瞬时功率以两倍电源频率随时间而变化，其转矩也是随时间变化的，因此会有振动。

**例 5-3** 已知三相电动机绕组的电阻 $R = 48\,\Omega$，感抗 $X_L = 64\,\Omega$，绕组电压的额定值为 220 V，求此电动机分别接到线电压为 380 V 和 220 V 的三相电源时的相电流、线电流和消耗的功率。

**解：** 当线电压为 380 V 时，电动机的三个绕组应接成星形，如图 5-9（a）所示，则 $V_P = \dfrac{V_L}{\sqrt{3}} = \dfrac{380}{\sqrt{3}} = 220\,(\text{V})$，与额定电压值相符，所以电动机正常运转，此时

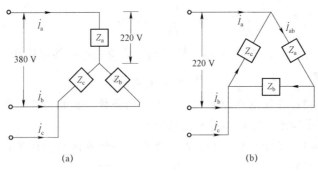

图 5-9 例 5-3 电路

$$I_L = I_P = \frac{V_P}{\sqrt{R^2 + X_L^2}} = \frac{220}{\sqrt{48^2 + 64^2}} = \frac{220}{80} = 2.75\,(\text{A})$$

$$P = 3I_P^2 R = 3 \times 2.75^2 \times 48 = 1\,089\,(\text{W})$$

或

$$\cos\varphi = \frac{R}{|Z|} = \frac{48}{80} = 0.6 \quad （功率因数）$$

$$P = 3V_{\mathrm{P}}I_{\mathrm{P}}\cos\varphi = 3 \times 220 \times 2.75 \times 0.6 = 1\,089（\mathrm{W}）$$

当线电压为 220 V 时，电动机绕组应接成三角形，如图 5－9（b）所示，则

$$V_{\mathrm{P}} = V_{\mathrm{L}} = 220\ \mathrm{V}$$

$$I_{\mathrm{P}} = \frac{V_{\mathrm{P}}}{\sqrt{R^2 + X_{\mathrm{L}}^2}} = \frac{220}{80} = 2.75（\mathrm{A}）$$

$$I_{\mathrm{L}} = \sqrt{3}I_{\mathrm{P}} = 4.77\ \mathrm{A}$$

此时，由于相电流与前面的结果相同，功率也相同。

例 5－3 中，对于不同的线电压，采用了负载的不同接法，以保证负载得到要求的额定电压。对于 380 V 供电，如果负载连接成三角形，显然可能会烧毁电动机绕组；对于 220 V 供电，如果负载连接成星形，则负载低于额定电压工作。因此，这两种方式都是不合理的。

采用星形负载连接可以降低负载电压这一点，在实际应用中可以加以利用。比如，为了避免某些大功率电动机启动电流过大，采用绕组的可变连接方式，启动时按照星形连接，以较低的电压和电流启动，待达到一定转速后，再切换为三角形连接，把负载电压升高到额定电压值。

**例 5－4**　已知对称三相电路电源侧的线电压 $V_{\mathrm{L}} = 380\ \mathrm{V}$，三角形负载阻抗 $Z_{\mathrm{P}} = (4.5 + \mathrm{j}14)\ \Omega$，线路阻抗 $Z_{\mathrm{L}} = (1.5 + \mathrm{j}2)\ \Omega$，求线电流和负载的相电流。

**解：**依照题意画出电路如图 5－10 所示，其中考虑了线路阻抗，并假设电源为星形连接。

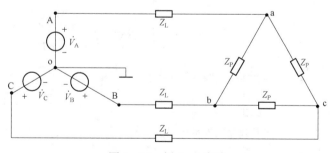

图 5－10　例 5－4 电路

方法 1：利用对称性，只列出结点 a 和结点 b 的 KCL 方程

$$\begin{cases} \dfrac{\dot{V}_a - \dot{V}_b}{Z_P} + \dfrac{\dot{V}_a - \dot{V}_c}{Z_P} + \dfrac{\dot{V}_a - \dot{V}_A}{Z_L} = 0 \qquad (1) \\[4mm] \dfrac{\dot{V}_b - \dot{V}_a}{Z_P} + \dfrac{\dot{V}_b - \dot{V}_c}{Z_P} + \dfrac{\dot{V}_b - \dot{V}_B}{Z_L} = 0 \qquad (2) \end{cases}$$

将两个方程两边相减，（1）–（2）得到

$$(\dot{V}_a - \dot{V}_b)\left(\frac{1}{Z_L} + \frac{3}{Z_P}\right) = \frac{1}{Z_L}(\dot{V}_A - \dot{V}_B)$$

由于 $\dot{V}_{ab} = \dot{V}_a - \dot{V}_b$，有

$$\dot{V}_{ab}\left(\frac{1}{Z_L} + \frac{3}{Z_P}\right) = \frac{1}{Z_L}(\dot{V}_A - \dot{V}_B)$$

$$\dot{I}_{ab} = \frac{\dfrac{1}{Z_L}(\dot{V}_A - \dot{V}_B)}{\left(\dfrac{1}{Z_L} + \dfrac{3}{Z_P}\right)Z_P} = \frac{\dot{V}_A - \dot{V}_B}{Z_P + 3Z_L} = \frac{220\angle 0° - 220\angle -120°}{4.5 + j14 + 4.5 + j6} = \frac{380\angle 30°}{21.93\angle 65.77°} = 17.3\angle -35.8°\,(\text{A})$$

$$\dot{I}_A = \sqrt{3}\,\dot{I}_P\angle -30° = \sqrt{3}I_P\angle -65.77° = 30\angle -65.8°\,(\text{A})$$

方法 2：采用等效变换的方法，把三角形负载等效为星形负载。根据对称负载的性质，在电源中点与负载中点之间连接中线，如图 5-11 所示，这样等效后不会影响线电流计算结果。有了中线后，变成了三个简单的单相电路问题。计算其中 a 相等效电路，如图 5-12 所示。

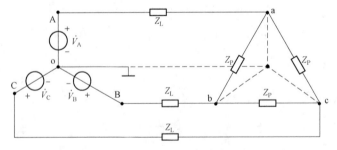

图 5-11　三角形负载等效为星形

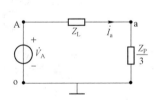

图 5-12　单相等效电路

由 $Z_P = (4.5 + j14)\,\Omega$ 和 $V_P = V_{Ao} = 220\,\text{V}$ 得，计算线电流相量

$$\dot{I}_a = \frac{\dot{V}_A}{Z_L + Z_P/3} = \frac{220}{1.5 + j2 + 1.5 + j4.67} = 30.0\angle -65.8°\,(\text{A})$$

回到图 5-11 原始电路中的三角形负载，计算出相电流

$$\dot{I}_{ab} = \frac{\dot{I}_a}{\sqrt{3}} \angle 30° = 17.3 \angle -35.8°（A）$$

**练习与思考 5-4：** 在供电电源连接方式不变的条件下，若三相负载允许工作在不同电压下，采用哪种连接方式可以获得较大功率？两种连接方式负载功率相差多少倍？

# 5.4  电力系统介绍

## 5.4.1  电力系统构成

电力系统是由大量的发电机、变压器、电力线路和负载组成的各种电气设备按一定方式连成的整体，用来生产、传输、分配和消费电能。电力系统分布在广阔的地域中，图 5-13 给出了电力系统的示意图。

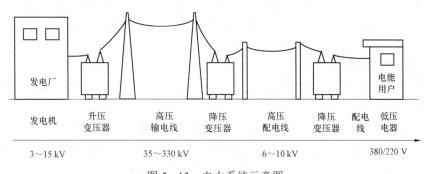

图 5-13  电力系统示意图

电力系统中用于电能传输的网络称为电力网，如图 5-13 所示，电力网由变电所和输配电线路组成。电力系统由发电厂、电力网和电能用户组成。电力系统中的发电机、变压器、电力线路和用电设备构成电能从产生、传输到利用的主要通道，称为一次系统。除此之外，为了保障系统的正常运行还需要额外保护，通信和调度控制系统，称为二次系统。

电力系统中的发电厂用来产生电能，利用汽轮机、水轮机等带动三相交流同步发电机产生出三相交流电。发电设备利用的一次能源包括火力、水力、核能、地热等。

为了将电能输送给远距离的用电负荷，在升压变电所利用升压变压器升高电压，再利用高压输电线路进行远距离传送。在用电负荷中心的降压变电所将电压降低，通过分级的降压和配电网络将电能传送给最终用户。所以，电力网络从功能上可以分为输电网和配电网两部分。

电力网常按电压等级分为四类：低压电网为 1 kV 及以下，高压电网为 3～330 kV，超高压电网为 330～1 000 kV，特高压电网为 1 000 kV 及以上。

### 5.4.2　电力系统的参数和特点

**1. 电力系统的基本参量**

一个电力系统有以下几个主要参量。

（1）总装机容量，指该系统中实际安装的发电机组额定有功功率的总和，以千瓦（kW）、兆瓦（MW）、吉瓦（GW）为单位。

（2）年发电量，指该系统中所有发电机组全年实际发出电能的总和，以千瓦时（kWh）、兆瓦时（MWh）、吉瓦时（GWh）为单位。例如，2009 年我国的总装机容量为 8.74 亿 kW，年发电量为 36 506 亿 kWh。我国电力工业的发电量和装机容量都居世界第二位。

（3）最大负荷，指规定时间内，电力系统总有功功率负荷的最大值，以千瓦（kW）、兆瓦（MW）、吉瓦（GW）为单位。

（4）额定频率，按国家标准规定，我国所有交流电力系统的额定频率为 50 Hz。

（5）最高电压等级，指该系统中最高的电压等级电力线路的额定电压。我国目前电力系统的交流最高电压等级为 1 000 kV，直流最高电压等级为 800 kV。

**2. 电力系统的特点和要求**

电能的利用无处不在，电能与其他形式能量转换容易，便于输送，易于控制。电力系统有如下特点。

（1）重要性：现代生活离不开电能，电力系统是国家的神经和命脉。

（2）同时性：电能不能大量储存，其生产、传输、分配和消费是同时进行的。

（3）整体性：生产、输送、消费电能各环节所组成的统一整体不可分割。

（4）快速性：电能的传播速度接近于光速。

电力系统运行有以下四点要求。

（1）安全要求。保证安全可靠的供电，需要对系统的运行进行安全监控。要求：高维修水准，配备足够的有功电源和无功电源，电力系统结构完善。

（2）质量要求。主要有三方面要求：电压偏移一般不超过用电设备额定电压的±5%，频率偏移一般不超过±（0.2～0.5）Hz，波形畸变率不能超过给定限制。

（3）经济性要求。包括火电厂的煤耗，电厂的厂用电率，电网的网损率等。

（4）环保要求。尽可能减小对生态环境的有害影响。

**练习与思考 5−5：**查阅资料，了解我国电力工业管理和运营结构，了解我国目前特高压输电发展情况，了解我国目前新能源发展和利用现状。

### 5.4.3 电力系统的额定电压等级

#### 1. 额定电压、额定电流和额定容量

电气设备的额定电压，就是能使电气设备正常工作的电压。在额定电压下工作，电气设备技术性能和经济效果最好。电气设备的最高电压是考虑设备的绝缘性能确定的最高运行电压值。

设备电压高了容易烧坏，低了不能正常工作（灯泡发光不正常，电动机不正常运转）。在额定电压下，电器中的元器件都工作在最佳状态，电器的性能才稳定，寿命才得以延长。

在电力系统中，对直流电压而言额定电压为平均值，对交流电压而言额定电压为有效值，且指线电压。

额定电流是用电器在额定电压下工作的电流。电气设备额定电流是指在额定环境条件下，允许连续通过设备的最大工作电流。用电器工作时电流不应超过它的额定电流。

发电机的额定容量是指在额定环境条件下运行时，在出线端以千伏安表示的连续输出容量。发电机的额定容量用有功功率与功率因数来表示，电力变压器额定容量常用视在功率表示。

#### 2. 电力系统额定电压等级

电力系统规定了包括多种电压的额定电压等级标准，适应不同设备的经济性需要。由于三相视在功率正比于线电压和线电流，$S = VI$，当输送功率一定时，输电电压愈高，则输送电流愈小，因而所用导线截面积愈小；但电压愈高对绝缘的要求愈高，杆塔、变压器、断路器的绝缘投资也愈大。因此，对应于一定的输送功率与输送距离，应有一个最佳的输电电压。

在我国规定的三相交流电网和电力设备的额定电压等级中，1 kV 以下的为低压，3～330 kV 为高压，330～1 000 kV 为超高压，1 000 kV 以上的为特高压。3 kV 及以上的高压用于发电、配电，110 kV 及以上的高压与超高压用于远距离输电。

## 5.5 安全用电

### 5.5.1 人体安全电压和电流

当人体接触带电体并构成回路时，会有电流流过人体，使人体受到伤害，这就是触电。电流对人体可能造成电伤和电击两种伤害。电伤是对人体外部造成的电弧烧伤、烫伤等局部伤害，电击是对人体内部的伤害，主要是对心、肺和神经的伤害，严重的会导致人死亡，是主要的触电危害。

人体在触电时表现出来的症状与流过人体的电流大小有关。对于 50～60 Hz 交流电流，在 1 mA 左右人开始有感觉，手轻微颤抖；8 mA 左右手已难以摆脱带电体，感觉到剧痛；20 mA 左右手迅速麻痹，不能摆脱带电体，且呼吸困难；50 mA 左右电流通过人体心脏很短时间，就会使呼吸麻痹，心室颤动；100 mA 电流经过人体很短时间便可致命。因此，电流越大，对人体伤害越大。对于相同大小的交流和直流电流来说，交流电流对人体伤害更大一些。

一般规定，10 mA 以下的工频（50～60 Hz）交流电流或 50 mA 以下的直流电流对人体是安全的，将该范围内的电流称为安全电流。

触电对人体的伤害程度有以下四个相关因素。

（1）人体电阻的大小。人体电阻大小不固定，人体皮肤干燥时阻值较大，约 10～100 kΩ。当皮肤出汗或破损时阻值较小（1 kΩ左右）。接触面积大，接触紧密时电阻也会减小。

（2）触电电压高低。触电电压高则流过人体电流大。一般规定，在正常环境下安全电压为 36 V，在潮湿场所的安全电压为 24 V。

（3）触电时间。触电后长时间未能脱离带电导体，电流长时间流过人体会造成严重伤害。

（4）流过人体的部位。电流流过心脏和大脑时对人的伤害最大。

### 5.5.2 触电方式

人体触电方式主要有单相触电、两相触电和跨步电压。

**1. 单相触电**

单相触电是指人体只接触一根相线时发生的触电。单相触电又分为电源中性点接地触电和电源中性点不接地触电两种情况。如图 5-14（a）所示示意图为电源中性点接地单相触电，触电在变压器低压侧中性点接地情况下发生。触电时人体将一个相线接地，经大地和中性点构成回路，人体经受 220 V 单相电压。触电的伤害与人体和地面的接触电阻有关，穿胶鞋站在干燥地面上能增大接地电阻，减轻伤害。

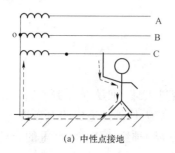

(a) 中性点接地

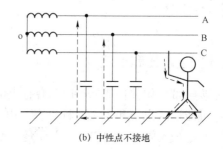

(b) 中性点不接地

图 5-14　单相触电

图 5-14（b）所示示意图为电源中性点不接地单相触电，是在电源变压器低压侧中性点不接地情况下发生的。可能的电流通路是触电相线经人体、大地及另外两相线的接地阻抗到变压器。因此，正常情况下较前一种单相触电电源中性点不接地触电伤害要轻。但如果电气设备与大地之间绝缘不好产生漏电甚至相线对地短路，则加在人体上电压可达380 V，从而发生严重触电事故。

**2. 两相触电**

两相触电是指在人体同时接触两根相线时发生的触电，如图 5-15 所示。两根相线之间电压为 380 V，经过人体构成回路，即便人体对大地绝缘也不能避免受到严重伤害。

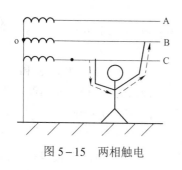

图 5-15　两相触电

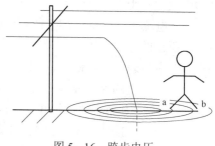

图 5-16　跨步电压

**3. 跨步触电**

当电线或电气设备与大地之间发生漏电或短路时，有电流向大地泄漏扩散，在电流泄漏点周围产生电压，此时人在该区域行走会发生触电，称为跨步触电。图 5-16 所示情况为一根相线故障接地，导致相线电压直接加在落地点。此时，以导线接地点为中心，导线上电流向大地四周扩散，地面电压也逐渐下降，离开中性点越远电压越低。人在此区域行走时，两只脚着地点与中性点距离不同，造成两脚之间产生电压差，即跨步电压。这个电压使得电流经过人体，导致触电。

一般来说，在低压电路中，在距离接地故障点 20 m 以外，泄漏电压已经很低，接近大地零电位，不会发生跨步触电。在存在跨步电压的区域，只有两只脚的距离很小才能降低两只脚之间电压，所以当不小心进入跨步触电区域时，要避免大步行走，应迈小步或单脚跳出。

### 5.5.3　保护线接地

前面讨论的单相和两相触电描述属于直接触电，即人体直接触碰电线。实际中很多触电是间接触电，如电线与用电设备外露导体之间发生漏电或短路，人体接触设备外壳就会导致间接触电。解决这个问题的方法就是用保护线将设备外露导体进行保护线接地。受配电系统中性点接地方式等各种因素影响，保护线接地有几种不同的方式。

**1. 保护线接地的类型**

对于低压配电系统，国际电工委员会规定了配电系统（电源侧）工作接地和用电设备（负载侧）保护线接地的标准方式，一共包括 IT 系统、TT 系统和 TN 系统三种类型。类型命名的第一个字母表示电源侧接地方式，第二个字母表示负载侧接地方式，含义如下。

IT 系统：电源不接地，或有一点通过高阻抗接地。用电设备外漏，可导电部分直接接地。

TT 系统：电源侧有一点（一般为中性点）直接接地。用电设备外漏，可导电部分单独直接接地，电器独立于电源接地。

TN 系统：电源侧有一点直接接地。用电设备外漏，可导电部分直接与电源接地点连接，或与该点引出的导线连接。

TN 系统根据中线（N）与保护线（PE）的组合情况，又分为 TN-C、TN-S 和 TN-C-S 三种类型。TN-C 系统的保护线与中线共用一根导线，称为 PEN。TN-S 系统中保护线与中线分开了。TN-C-S 系统的保护线前一段与中线共用，后一段分开。

这几种不同类型的接地系统如图 5-17 所示。

以上接地系统的描述中，接地是指通过接地装置连接大地。接地装置包括埋入地下且与大地紧密接触的接地极（钢管或铜棒等）及连接导线。接地电阻要求不大于 4 Ω。

系统电源侧接地点一般为中性点，如配电变压器次级绕组星形连接的连接点。用电设备的外露可导电部分是设备能被触及的可导电部分，如设备的金属外壳，它在正常时不带电，在故障时可能带电。

中线来自系统电源侧的中性点，是三相四线制供电所需要的一根导线。理论上在三相负载平衡时中线上没有电流，实际中由于存在单相负载，或三相负载不完全平衡，中线上有电流，设备与电源之间的中线上有电压。因此，即使系统中性点接地，设备处中线也不是地电位。

保护线用来将设备外露可导电部分与接地极、接地干线或电源接地点进行连接。该导线在正常情况下不通过电流，只起保护作用。在 TN-S 系统中，保护线连接的设备外壳与系统接地点一样都是地电位，保护线在任何情况下都不能被切断。

PEN 线是将保护线功能与中线功能合一的导线，既与电气设备外壳相连，又有中线电流通过。采用 PEN 线是出于简单和经济考虑。

对于接地类型的选择要考虑多种因素。系统端不接地的 IT 类型适用于防暴环境等特殊场合，单相接地故障短时间可不断电。TT 和 TN-S 系统中采用独立保护线，消除了 PEN 电流和压降对电子设备的影响，适合于对精密电子仪器供电。TN-S 系统比较适合于高层建筑和对安全性要求较高的场合，是国际电工委员会推荐的系统类型。

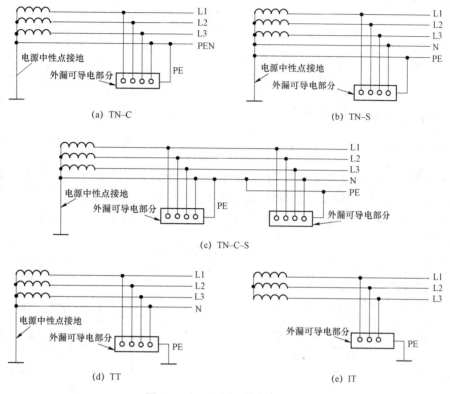

图 5-17　不同类型的接地系统

### 2. 保护线接地防止触电

采用 PE 保护线连接设备外壳的目的是尽量将可导电的外壳电位维持在大地电位, 防止在发生故障时人体接触外壳形成到大地的电流。

在 TT 和 IT 系统中, 用电设备金属外壳通过导线在本地接地。图 5-18 显示 IT 系统中, 当发生单相 L1 线与电动机外壳短路故障时, 若没有电动机外壳接地, 当人体触碰电动机时, 电流经外壳、人体和分布电容回到电源, 故障电流可能达到触电的危险程度。外壳接地时, 由于保护线接地电阻很小 (小于 4 Ω), 远远小于人体电阻 (约 1 kΩ), 因此电流基本上从接地电阻流过, 不会流过人体, 起到保护作用。

图 5-19 显示的是 TN-S 系统, 采用三相四线制供电, 可连接三相和单相设备。设备的外壳连接到系统的保护线上, 使得所有设备外壳通过系统中性点接地并保持在地电位。对于有可导电又容易接触的外壳的单相设备, 需要使用三极插头, 将设备外壳连接到保护线上。

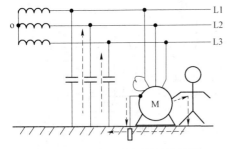
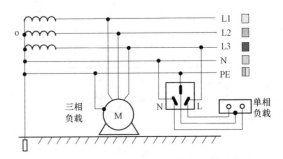

图 5-18  设备外壳经保护线接地        图 5-19  设备外壳经保护线接电源接地点

在实际应用中，用电设备与供电线之间需要加入断路器等保护装置，在发生故障导致设备电流过大、设备短路时，应切断设备与供电线路之间的通路，避免损坏供电系统或造成人身伤害。图 5-20 显示了两种配电系统下电器设备的断路器安装示意图。

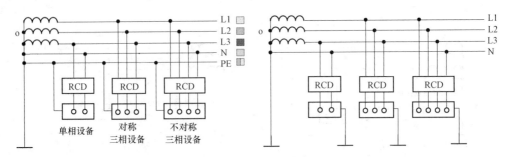

图 5-20  设备的漏电保护

图 5-20 中设备供电所需要的相线和中线都经过断路器与设备连接。当线路或设备故障造成设备端过流或短路时，断路器将检测到电流异常，并切断设备与线路的连接。注意保护线不经过断路器，可保证在任何情况下设备外壳直接连接大地或系统的保护线。

某些情况下，相线与外壳故障连接造成经保护线的电流大小可能不足以让断路器产生过流保护动作，或动作不及时，从而使得设备外壳上短时间电位升高，人触碰后可能触电。为此，需要采用漏电保护器，即带有漏电保护功能的断路器。

图 5-21 显示了三极漏电保护器的原理。当三相负载正常工作时，穿过磁环的三根相线和中线电流之和为零，磁环上的感应线圈上电压为零。若有相线向外壳漏电，通过人体流向大地，则磁环中四根导线的电流之和不为零，在磁环的感应线圈上产生电压，这个电压放大之后将驱动一个电磁铁发生动作，切断相线，起到漏电保护作用。根据需要，不同的漏电保护器可以切断 1～4 根导线。根据其工作原理，漏电保护器又称为剩余电流动作保护器。图 5-20 显示了两种接地系统中各种负载的漏电保护器接法。

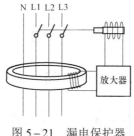

图 5-21 漏电保护器

# 本 章 要 点

■ 三相电源是三个共同供电的同频率正弦电压源，它们的幅度相同，相位依次相差 120°。三个电压源依次通过最大值的次序称为相序。

■ 三相电源可以连接成星形或三角形，以四线或三线方式供电。供电线之间的电压称为线电压，供电线与中线之间的电压称为相电压。

■ 三个负载以星形或三角形连接构成三相负载；每相负载上的电流称为相电流，而供电线上的电流称为线电流。当各相负载相同时称为对称三相负载，其与三相电源连接构成对称三相电路。对称星形负载中，线电流等于相电流，线电压有效值为相电压有效值的 $\sqrt{3}$ 倍；对称三角形负载中，线电压等于相电压，线电流有效值为相电流有效值的 $\sqrt{3}$ 倍。

■ 三相负载的功率是各相负载功率之和。对称三相负载的瞬时功率为常数，其值等于平均功率。

■ 电力系统由发电厂、电力网和电能用户组成。发电厂将各种形式一次能源转换成电能。电力网完成输电和配电功能。三相交流电压由三相同步发电机产生，通过变压器升压后进行远距离传输，通过配电变压器降压后分配电能给用电设备。

■ 发电机、线路、变压器和用电设备都有额定电压。国家规定了额定电压等级，便于电网的互连和设备通用。

■ 交流电环境中，人体的安全电流为 10 mA，在正常环境下安全电压为 36 V，在潮湿环境下安全电压为 24 V。

■ 低压配电网配电变压器次级和用电设备的接地方式有 IT、TT、TN 三大类型，用电设备端保护接地，防止外壳漏电造成人员触电。

# 习　题

**5-1**　如题 5-1 图所示电路为对称三相电路，求：

（1）相电压和相电流；

（2）以 a 相为参考，画出相电压和相电流的相量图；

（3）负载消耗的总功率。

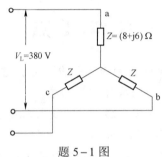

题 5-1 图

**5-2**　电阻为 10 Ω 的星形负载连到三相星形电源上，线电压有效值为 208 V，求：

（1）电源的相电压有效值；

（2）负载的相电压有效值、相电流有效值；

（3）线电流有效值。

**5-3**　如题 5-3 图所示电路为 Y-Y 连接三相电路，相序为 a-b-c，求：

（1）相位 $\theta_2$，$\theta_3$；

（2）每相负载的电流相量；

（3）线电压有效值、线电流有效值。

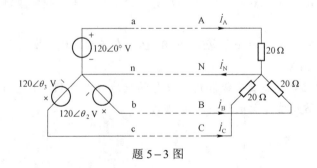

题 5-3 图

**5-4**　一个平衡的三角形负载，其电阻值为 20 Ω，连接到星形三相电源上，线电压有效值为 208 V，求：

（1）三相电源的相电压；

（2）负载的相电压、相电流；

（3）线电流。

**5－5**  如题 5－5 图所示对称三相电路中每相电源电压有效值为 220 V，$Z = (6 + j8)\,\Omega$，求：

（1）线电压有效值和线电流有效值；

（2）以 $\dot{V}_{AB}$ 为参考相量，写出线电压和负载相电流的瞬时式；

（3）负载消耗的总功率。

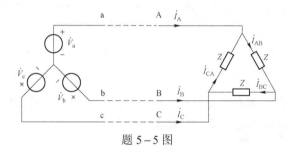

题 5－5 图

**5－6**  在题 5－6 图所示△－Y 三相系统中，负载 $Z = (6 - j8)\,\Omega$，求：（1）负载相电压有效值；（2）线电压有效值及电源相电压有效值。

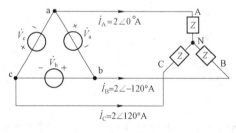

题 5－6 图

**5－7**  已知对称三相电路的电源线电压 $V_L = 380$ V，三角形负载阻抗 $Z_p = (4 + j4)\,\Omega$，线路阻抗 $Z_L = 1\,\Omega$，求线电流和负载的相电流。

**5－8**  对称三相电路的线电压有效值 $V_L = 230$ V，负载阻抗 $Z_p = (12 + j16)\,\Omega$，求：

（1）负载按星形连接时的线电流有效值和吸收的总功率；

（2）负载按三角形连接时的线电流、相电流和吸收的总功率。

**5－9**  在如题 5－9 图所示对称三相电路中，$V_{AB} = 380$ V，三相电动机吸收的功率为 1.4 kW，功率因数为 0.866（滞后），$Z = -j55\,\Omega$，求 $V_{ab}$ 和电源端的功率因数。

**5-10** 如题5-10图所示电路中的$\dot{V}_S$是频率$f=50$ Hz的正弦电压源。若要使$\dot{V}_{ao}$、$\dot{V}_{bo}$、$\dot{V}_{co}$构成对称三相电压，试求$R$、$L$、$C$之间应当满足什么关系。设$R=20$ Ω，求$L$和$C$的值。

**5-11** 如题5-11图所示对称三相电路，线电压为380 V，$R=200$ Ω，负载吸收的无功功率为$1520\sqrt{3}$V·A。试求：（1）线电流；（2）电源发出的复功率。

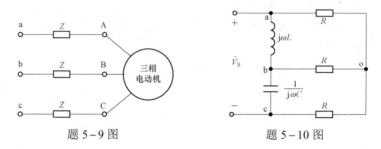

题5-9图　　　　　　　　　题5-10图

**5-12** 题5-12图所示为对称三相电路，线电压为380 V，$R=300$ Ω，$Z=100\angle60°$ Ω。试求：（1）电源发出的复功率；（2）线电流有效值。

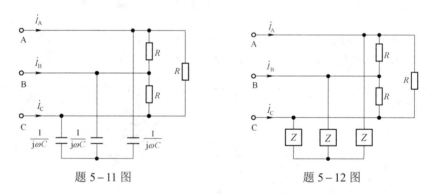

题5-11图　　　　　　　　　题5-12图

**5-13** 一台三相电动机，其三相绕组连接成三角形接在线电压380 V的三相电源上，吸收功率为11.43 kW，功率因数为0.87，求电动机的线电流和相电流的有效值。

**5-14** 在题5-14图中用三相四线制电源给照明电路供电，线电压为380 V，A相和B相负载各为5盏白炽灯，C相负载为10盏白炽灯，所有白炽灯的额定电压为220 V，功率为100 W。（1）求各相负载的线电流、相电流、中线电流的有效值；（2）画出相电压和相电流的相量图；（3）若A相输电线断开，求各相负载电压和电流有效值；（4）若A相输电线和中线同时断开，求各相负载电压和电流有效值。

**5-15** 在题5-15图中，已知线电压为380 V，各电流表读数为10 A，三相感性负载的总功率为4.5 kW，求：（1）负载阻抗$Z$；（2）当AB相阻抗断开时各电流表读数和总功率；（3）当 A 相输电线断开时各电流表读数和总功率。

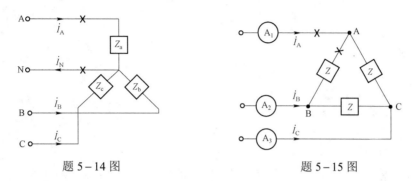

题 5-14 图                    题 5-15 图

**5-16**  有些家用电器（如洗衣机等）用单相交流电供电，为什么使用三孔插座？题 5-16 图给出了三种插座接线图，判断三种接法正确与否。

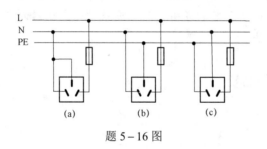

题 5-16 图

# 第6章
# 磁路和变压器

**提要**　利用磁耦合可实现电能、磁能和机械能的转换。电磁铁、电动机和变压器等电工设备的工作依赖于磁耦合。本章回顾了电磁学的有关知识，介绍了铁磁材料性质，引入了磁路的概念以简化磁耦合问题的分析，然后重点讨论变压器的工作原理，简单介绍实际变压器的特性与使用方法。

## 6.1　磁场的基本概念

### 6.1.1　磁感应强度与磁通量

磁场可以由永久磁铁激发，也可以由电流产生。磁场分布可以用磁力线来描绘。磁力线切线方向表示磁场中每一点磁感应强度矢量 **B** 的方向，磁力线的疏密表示磁场弱或强。穿过与磁力线方向垂直的单位面积的磁力线多少为磁通，如图 6-1 所示。磁通定义为磁感应强度 **B** 对某个截面上的积分

图 6-1　磁通和磁感应强度

$$\varPhi = \int_S \boldsymbol{B} \cdot \mathrm{d}\boldsymbol{S} \tag{6-1}$$

如果在考察的截面上磁感应强度大小均匀且垂直于该平面，则磁通计算可简化为

$$\boldsymbol{\Phi} = BS \tag{6-2}$$

其中 $S$ 是该截面的面积。磁通量的单位是韦伯（Wb），磁感应强度的单位是韦伯每平方米（Wb/m²），即特斯拉（T）。

### 6.1.2　磁场强度和磁导率

磁场强度 $\boldsymbol{H}$ 是空间矢量，用来描述产生磁通的激励分布。磁场是由运动电荷产生的，在实际应用中，常用线圈通过电流来产生磁场。线圈的结构和电流确定了磁场强度 $\boldsymbol{H}$ 的分布，而磁感应强度 $\boldsymbol{B}$ 及磁通量则由磁场强度 $\boldsymbol{H}$ 和线圈周围的磁介质的性质共同确定。如图 6-2 所示示意图为载流线圈产生的磁场强度和磁感应密度的分布，其中磁力线通过的闭合路径由两种不同的导磁物质构成，两种物质部分的磁感应强度大小 $B_1$ 与 $B_2$ 不同。

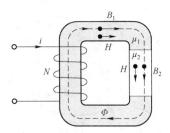

图 6-2　磁场强度、磁感应强度与磁导率的关系

磁感应强度 $\boldsymbol{B}$ 用磁场强度 $\boldsymbol{H}$ 表示为

$$\boldsymbol{B} = \mu\boldsymbol{H} \tag{6-3}$$

其中 $\mu$ 为磁介质的磁导率，单位为 H/m，$\boldsymbol{H}$ 的单位为 A/m。真空中的磁导率 $\mu = \mu_0 = 4\pi \times 10^{-7}$（H/m），其他物质的磁导率可用相对磁导率来表示。相对磁导率是该物质的磁导率与真空磁导率的比值

$$\mu_{\mathrm{r}} = \frac{\mu}{\mu_0} \tag{6-4}$$

相同的磁场强度在不同的导磁物质中产生不同大小的磁感应强度（不同的磁通密度）。例如，在图 6-2 中，磁通路径中两种物质的磁导率分别为 $\mu_1$ 和 $\mu_2$，且 $\mu_1 > \mu_2$，因此，两部分的磁场强度 $H$ 大小相同，但磁感应强度大小为 $B_1 > B_2$。

非铁磁物质包括空气、铜、铝和绝缘材料等，其磁导率近似等于真空磁导率。铁磁性物质的磁导率远远高于真空的磁导率，稀有金属合金的相对磁导率 $\mu_{\mathrm{r}}$ 可达几十万。在变压器和电动机中常用铁心的相对磁导率约为几千。实际上，铁磁物质的磁导率并不是常数，它与磁场强度有关，铁磁物质 $B$ 与 $H$ 的关系为一条非线性曲线。

### 6.1.3 安培环路定律

安培环路定律指出，磁场强度沿着任意闭合路径的线积分等于穿过该闭合路径所围面积的电流的代数和。安培环路定律表示为

$$\oint \boldsymbol{H} \cdot \mathrm{d}\boldsymbol{l} = \sum i \qquad (6-5)$$

其中，积分式内为矢量的点积，其数值等于 $Hdl\cos\theta$，$\theta$ 是长度单元 $\mathrm{d}\boldsymbol{l}$ 与 $\boldsymbol{H}$ 矢量的夹角。在时变磁场下，式（6-5）等号右端项应包含传导电流和位移电流（全电流定律）。电流方向与积分路径绕行方向为右螺旋关系时电流值为正。例如，在图 6-3 中，沿指定闭合路径方向计算积分时，电流的代数和为 $I_1 - I_2$。

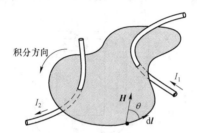

图 6-3 积分方向与所围电流符号

当磁场强度为常数，且计算路径与磁场强度一直相同时，安培环路定律表达式可简化为

$$Hl = \sum i \qquad (6-6)$$

**例 6-1** 计算如图 6-4 所示螺线管中磁感应强度 $B$ 的表达式。已知线圈匝数为 $N$，电流为 $I$，线圈均匀绕在整个均匀磁介质圆环上，圆环材料的磁导率为 $\mu$，圆环中心线半径为 $R$，截面圆形的半径为 $r$。假设 $R \gg r$，内部的磁感应强度大小相同，求穿过线圈的总磁通和磁链。

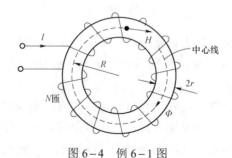

图 6-4 例 6-1 图

**解**：在半径为 $R$ 的圆形虚线路径上磁场强度大小相同，在这个闭合路径上应用安培定

律可得到

$$Hl = H2\pi R = NI$$

$$H = \frac{NI}{2\pi R}$$

$$B = \frac{\mu NI}{2\pi R}$$

在假设 $R \gg r$，且铁心内的磁感应强度大小相同的条件下，计算出磁通和磁链

$$\Phi = BS = \frac{\mu NI}{2\pi R} \cdot \pi r^2 = \frac{\mu NIr^2}{2R}$$

$$\Psi = N\Phi = \frac{\mu N^2 Ir^2}{2R}$$

### 6.1.4　感应电动势

当磁通变化时，在垂直于磁力线的平面上会产生涡旋电场，若有导体处在此平面上，则在导体上会产生感应电动势；若导体闭合，就会产生感应电流。如果导体构成的线圈为 $N$ 圈，且穿过各圈的磁通量都相同，则同样的磁通量的电磁作用会增强 $N$ 倍。定义磁链为线圈圈数与磁通量的乘积

$$\Psi = N\Phi$$

根据法拉第电磁感应定律，当穿过一个线圈的磁通量发生变化时，在线圈导线中产生总感应电动势为

$$e = -\frac{\mathrm{d}\Psi}{\mathrm{d}t} = -N\frac{\mathrm{d}\Phi}{\mathrm{d}t} \tag{6-7}$$

式（6-7）中感应电动势与磁通的参考方向符合右螺旋关系。当磁场随着时间变化，或线圈与磁场间有相对运动时，都会引起磁通变化，产生感应电动势。

楞次定律用来确定感应电动势的极性，即，电动势的真实极性：使得在导体中产生一个抵抗磁通量变化的电流。例如，按照图 6-5（a）显示电流 $i$、电动势 $e$ 和磁通 $\Phi$ 的参考方向，穿过线圈的磁通量 $\Phi$ 如果增加，感应电动势 $e$ 会驱动感应电流沿着 $i$ 的反方向流动产生反向磁通，从而得到式（6-7）的结果。

导体运动切割磁力线也会产生感应电动势。例如，在图 6-5（b）中，有均匀磁场 $B$ 指向纸面里，滑动导体保持与固定导体接触的同时向右侧移动。在滑动导体上产生感应电动势

$$e = Blu \tag{6-8}$$

其中 $u = \mathrm{d}x/\mathrm{d}t$ 是滑动导体移动的速度。式（6-8）是导体方向、运动方向与磁场方向相互

垂直条件下的计算公式。图 6-5（b）中可以用滑动导体左侧与固定导体围成的面积中磁通量的改变来解释电动势产生的原因。

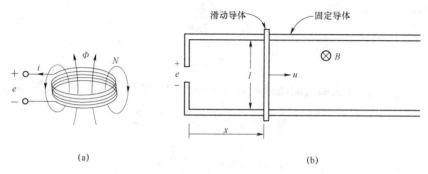

图 6-5　感应电动势

### 6.1.5　互感

当两个线圈在空间上靠近，一个线圈电流产生的磁通穿过另一个线圈时，就会发生互感现象。在图 6-6（a）中，线圈 I 和线圈 II 分别处于左侧和右侧，线圈 I 中的电流 $i_1$ 产生的磁通为 $\Phi_1 = \Phi_{11} + \Phi_{21}$，其中的一部分磁通 $\Phi_{21}$ 穿过了线圈 II。两个线圈的磁链分别为 $\Psi_1 = N_1 \Phi_1$ 和 $\Psi_{21} = N_2 \Phi_{21}$，其中 $\Psi_1$ 称为自感磁链，$\Psi_{21}$ 称为互感磁链。磁链与产生磁链的电流之间的关系为

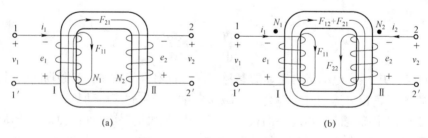

图 6-6　互感线圈和互感元件

$$\Psi_1 = L_1 i_1$$

及

$$\Psi_{21} = M i_1$$

其中，$M$ 是互感系数（简称互感），单位为亨（H）。当电流 $i_1$ 变化时，两线圈端口均产生感应电势，其中线圈 I 的自感电势为

$$e_1 = -\frac{\mathrm{d}\varPsi_1}{\mathrm{d}t} = -N_1\frac{\mathrm{d}\varPhi_1}{\mathrm{d}t} = -L_1\frac{\mathrm{d}i_1}{\mathrm{d}t}$$

线圈 II 的互感电势为

$$e_2 = -\frac{\mathrm{d}\varPsi_2}{\mathrm{d}t} = -N_2\frac{\mathrm{d}\varPhi_2}{\mathrm{d}t} = -M\frac{\mathrm{d}i_1}{\mathrm{d}t}$$

当两个线圈中都有电流时，每个线圈中都会存在自感磁通和互感磁通。在图 6-6（b）中，线圈 II 的电流 $i_2$ 产生的磁通为 $\varPhi_2 = \varPhi_{22} + \varPhi_{12}$，其中的一部分磁通 $\varPhi_{12}$ 穿过了线圈 I。可以证明电流 $i_2$ 在线圈 I 上产生的互感磁链也可以用互感系数表示为 $\varPsi_{12} = Mi_2$。此时，两个线圈上的感应电势可表示为

$$\begin{aligned} e_1 &= -L_1\frac{\mathrm{d}i_1}{\mathrm{d}t} - M\frac{\mathrm{d}i_2}{\mathrm{d}t} \\ e_2 &= -L_2\frac{\mathrm{d}i_2}{\mathrm{d}t} - M\frac{\mathrm{d}i_1}{\mathrm{d}t} \end{aligned} \qquad (6-9)$$

注意，感应电势的极性是根据电流参考方向和互感线圈的绕向来确定的。互感电势的极性通常借助于线圈的同名端来判断。在有互感的两个线圈中，每个线圈选一个端子，如果每个线圈电流从各自选定的端子流入时产生的磁通方向一致，则称这两个端子为同名端，否则称为异名端。通常将同名端用一对圆点标出。在图 6-6（b）中，线圈 I 的 1 端和线圈 II 的 2 端为同名端。如果电流的方向改变，或者线圈的绕向结构不同，则式（6-9）中感应电势的极性也会改变。

在两个互感线圈中，每个线圈电流产生的磁通中穿过对方线圈的部分所占比例定义为两个线圈的耦合系数

$$k = \frac{\varPhi_{21}}{\varPhi_1} = \frac{\varPhi_{12}}{\varPhi_2}$$

可以证明，耦合系数与自感和互感的关系为

$$k = \frac{M}{\sqrt{L_1 L_2}} \qquad (6-10)$$

耦合系数 $k$ 小于 1，说明有漏磁通存在。若 $k$ 接近于 1，则称为紧耦合。当 $k$ 很小时，则称为松耦合。

以上讨论的自感和互感是单位电流产生的自感磁链和互感磁链，它们与线圈圈数和磁通所在的磁物质特性有关，物质的磁导率越高，自感和互感也就越高。在铁磁性材料中可以实现很高的自感和互感，耦合系数接近于 1，但由于铁磁性材料的磁导率不是常数，所以自感和互感值也不是常数，而是随电流大小而变化。

**练习与思考 6-1**：在图 6-6 中，若改变 $i_2$ 的参考方向，写出两个线圈端口感应电势的表达式。

**练习与思考 6-2**：在图 6-6 中，写出两个线圈端口电压 $v_1$ 和 $v_2$ 关于端口电流 $i_1$ 和 $i_2$ 的表达式。

# 6.2 铁磁材料

## 6.2.1 铁磁材料的电磁特性

物质根据其磁特性可以分为铁磁材料和非铁磁材料两大类。铁磁材料具有特殊的磁特性，在电气设备中有广泛的应用，它们的磁性能包括高导磁特性、磁饱和特性和磁滞特性。

**1. 高导磁特性**

铁磁材料的内部存在很多能导磁的小区域，称为磁畴。磁畴中的局部分子运动电流方向一致而显示出磁性。在没有外加磁场作用时，各个磁畴的磁场方向是随机的，它们的磁场相互抵消，材料整体对外不显示磁性。在外加磁场的作用下，这些磁畴的方向逐渐趋于一致，形成一个附加磁场，与外磁场叠加，从而使磁场大为增强。因此，铁磁材料的磁导率要比没有磁畴结构的非铁磁材料的磁导率高很多。

在工程应用中，利用铁磁材料的高导磁特性实现产生强磁场和约束磁通路径的目的。在电磁铁、电动机和变压器等设备的线圈中放入铁磁材料制成的铁心，就可以用比较小的电流产生足够强的磁感应强度和磁通。

铁磁材料包括铁、镍、钴及其合金，通常在材料中加入少量硅或稀土元素等，以改善材料的磁特性。铁磁材料的相对磁导率 $\mu_r$ 可达 $10^2 \sim 10^5$。

**2. 磁饱和特性**

铁磁材料由于磁化产生的磁场，不会随着外部磁场的增强而无限增强，这是由于当其内部磁畴逐渐都与外加磁场方向一致后，材料内部的磁感应强度大小将趋向一个定值。

在图 6-7（a）中，一个铁磁材料圆环上绕有通电线圈，用来在圆环中产生磁通，当线圈电流变化时圆环中的磁场强度 $H$ 和磁感应强度 $B$ 的关系曲线如图 6-7（b）所示，该曲线称为铁磁材料的磁化曲线，或 $B$-$H$ 曲线。

当初始环路中没有磁通，电流从零开始增加时，$H$ 和 $B$ 从零开始增加。在曲线的 $Oa$ 段，$B$ 随着 $H$ 增大而增大较快，接近为线性增长；当进入 $ab$ 段之后，$B$ 的增大变得缓慢；当到达 $b$ 点之后，继续增大电流，$H$ 随之增大，但是 $B$ 几乎不再变化，趋向于一个特定数值 $B_S$（饱和磁感应强度），称铁磁材料达到了磁饱和。典型的铁磁材料在 $B$ 为 $1 \sim 2$ T 时进入磁饱和，每种铁磁材料的饱和磁感应强度 $B_S$ 可以从相应手册中查到。

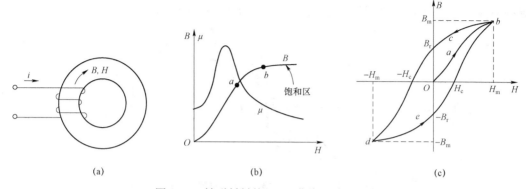

图 6-7　铁磁材料的 $B-H$ 曲线和磁滞回线

在图 6-7（b）中，按照 $\mu = B/H$ 关系也画出了磁导率随着磁场强度 $H$ 的变化曲线。由于 $B-H$ 关系不是线性关系，因此铁磁材料的磁导率 $\mu$ 并不是一个常数。

由于在发生磁饱和后铁磁材料的磁感应强度不能再增加，所以，对于电磁铁和继电器等设备来说，电磁吸力受到饱和时最大磁感应强度 $B_S$ 的限制；对于变压器和电感器来说，进入饱和区后线圈的磁通将不再随着激磁电流变化而变化，电磁感应作用就会失效。因此，通常要求所采用的铁磁材料的 $B_S$ 值要足够高，同时设计上要避免进入材料的磁饱和区。

**3. 磁滞特性**

当铁磁材料处在外加的交变磁场中时，材料会被不同方向的磁场反复磁化，这时其 $B-H$ 曲线会形成一个回形闭合曲线，称为磁滞回线。当图 6-7（a）所示圆环的线圈电流为交流电流时，产生的 $B-H$ 磁滞回线如图 6-7（c）所示。

当铁磁材料被初次磁化时对应的 $B-H$ 曲线段为 $O-a-b$ 段。当磁场强度 $H$ 从最大值 $H_m$ 开始减小时，$B$ 沿着 $bc$ 段变化；当 $H$ 减小为零时，$B$ 却未回到零，此时的磁感应强度值 $B_r$ 称为剩磁。只有当 $H$ 反向变化到 $-H_c$ 时，$B$ 才减小到零，此时 $H$ 的大小 $H_c$ 称为矫顽磁力。当 $H$ 开始从 $-H_m$ 向 $H_m$ 变化时，$B$ 沿着曲线的 $d-e-b$ 段变化，同样需要在 $H$ 增长到 $H_c$ 时才能变为零。

从 $B-H$ 曲线看出，磁性材料被激发的磁感应强度 $B$ 与材料原来是否已经被磁化有关系，激发反方向磁场时需要先消除先前的磁场，使得 $B$ 的变化滞后于 $H$。这种磁感应强度 $B$ 的变化滞后于磁场强度 $H$ 的变化的特性称为磁滞特性。

实际应用中用磁滞回线描述铁磁材料 $B-H$ 特性不是很方便。如果用幅度一定的交流电流激发磁场，在动态稳定后，可确定 $B-H$ 曲线的顶点 $B_m$ 和 $H_m$。改变电流幅度可得到不同曲线，再将这些曲线的顶点连接起来，得到的曲线称为铁磁材料的基本磁化曲线，曲线的测量过程如图 6-8 所示。通常对一种铁磁材料给出其基本磁化曲线及由此计算出的磁导率曲线。图 6-9 给出了几种典型的铁磁材料的基本磁化曲线。

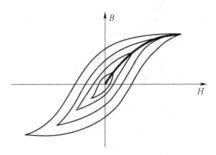

图 6-8   基本磁化曲线的测量

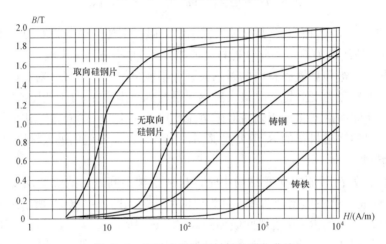

图 6-9   几种典型铁磁材料的磁化曲线

## 6.2.2   铁磁材料的损耗

### 1. 磁滞损耗

铁磁材料被磁化过程中会吸收能量，并存储在材料中。在交流应用中，由于铁磁材料被反复磁化时，其内部磁畴方向不断变化，磁畴之间摩擦发热而造成的能量损耗，称为磁滞损耗 $P_h$。利用磁滞回线分析可知，在磁场变化的每个周期，铁磁材料吸收的能量大于放出的能量，其单位体积的磁滞损耗等于其磁滞回线所包围的面积。因此，对于交流应用，为了减小磁滞损耗，应当选用磁滞回线比较窄的材料。对于特定的铁磁材料，因为每个周期热能的转化值一定，所以磁滞损耗与工作频率成正比。工程上常用经验公式计算磁滞损耗 $P_h$

$$P_\mathrm{h} = k_\mathrm{h} f B_\mathrm{m} n V$$

其中，$k_\mathrm{h}$ 和 $n$ 是与材料性质有关的常数，$f$ 是交流电流频率，$B_\mathrm{m}$ 是磁感应强度最大值。

**2. 涡流损耗**

在铁磁材料的交流应用中还有一种现象也会产生损耗。由铁磁材料制成的铁心为导电体，当穿过铁心的磁场发生变化时，在铁心内产生与磁场方向垂直的感应电动势和感应电流，这种感应电流称为涡流，如图 6-10（a）所示。涡流会导致铁心发热，产生的功率损耗称为涡流损耗 $P_\mathrm{e}$。

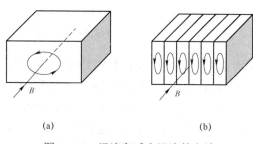

(a)　　　　　　　　　　　　(b)

图 6-10　涡流和减小涡流的方法

为减小涡流损耗，一种方法是增大铁心材料的电阻率，通常是加入硅元素制成硅钢片；另一种方法是用具有绝缘外涂层的薄钢片沿着磁场的方向叠成铁心，使得涡流只能在钢片内流动，增大等效涡流电阻，如图 6-10（b）所示。

在磁感应强度大小一定的条件下，铁心中的感应电动势与磁通变化频率成正比，而涡流损耗与电动势平方成正比。所以，涡流损耗与频率的平方成正比。在工程上常用下面的经验公式计算涡流损耗 $P_\mathrm{e}$

$$P_\mathrm{e} = k_\mathrm{e} f^2 B_\mathrm{m}^2 V$$

其中，$k_\mathrm{e}$ 是与材料性质有关的常数。

在变压器和电动机等应用中，由铁磁材料制成的铁心的磁滞损耗和涡流损耗被统称为铁心损耗，简称铁损。

### 6.2.3　铁磁材料的种类和应用

铁磁材料根据磁滞回线可以分成软磁材料、硬磁材料和矩磁材料三种类型。

**1. 软磁材料**

软磁材料是磁滞回线比较窄的铁磁材料，其磁滞回线如图 6-11（a）所示。软磁材料容易磁化和退磁，磁滞损耗比较小。软磁材料中的铸钢、工业纯铁、硅钢片等具有较高的饱和磁感应强度，常用于制造电磁铁、电动机和变压器等设备的铁心；坡莫合金和铁氧体等软磁材料具有较高的磁导率和较低的损耗，常用于制作高频变压器和电感器的铁磁芯。

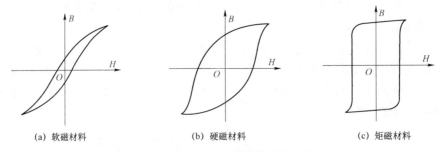

图 6-11　三类铁磁材料的磁滞回线

　　近年来开发出的非晶合金材料具有优良的软磁特性，其应用开始迅速扩展。与传统金属材料的晶体结构不同，非晶合金材料在制造中利用超急冷凝固，得到了原子无序排列结构的合金材料，由此获得了高饱和磁感应强度、高磁导率和低铁损等独特的电磁特性。其中，铁基非晶合金具有较高的饱和磁感应强度，磁导率、矫顽力和铁损指标都优于硅钢片，已经被广泛应用于中低频变压器和电感器的铁心中，制作的配电变压器的空载损耗只有传统硅钢片变压器的 30%。铁基纳米晶合金具有优良的高频磁性能，可在高频应用中用来替代坡莫合金及铁氧体制作变压器和电感器，实现更小的体积、更稳定的温度性能和更低的成本。

**2. 硬磁材料**

　　硬磁材料的磁滞回线较宽，包围面积较大，如图 6-11（b）所示，其特点是磁滞特性明显，剩磁 $B_r$ 较大，矫顽力 $H_c$ 较高。硬磁材料被磁化后不易退磁而能长期保留磁性，适合制作永久磁铁和磁钢等。典型的硬磁材料有铁与铝镍钴的合金、铁与铬钴的合金、铁与稀土元素的合金等。其中属于稀土永磁材料的钕铁硼稀土合金近年来被广泛应用于各种永磁电动机，有效提高了电动机的效率。

**3. 矩磁材料**

　　矩磁材料的磁滞回线接近矩形，如图 6-11（c）所示，其特点是在很小的外部磁场作用下即可达到饱和，并在外磁场去掉后仍能保持状态。典型的矩磁材料有锰镁铁氧体和一些铁镍合金等。利用矩磁材料保持磁饱和的"记忆"能力，可制作计算机外部存储设备，如磁盘、磁鼓，或开关和逻辑器件等。

　　**练习与思考 6-3**：解释为什么在线圈通交流电流时，铁磁材料单位体积在每个周期的能量损耗就是其磁滞回线所包围的面积。

# 6.3 磁路

## 6.3.1 磁路的概念

### 1. 电气设备中的磁路

在磁场中，由于不同物质的磁导率不同，形成的磁通量大小也不同。磁通更容易集中在磁导率高的空间内。通常利用磁性物质将主要磁通约束在规定的闭合路径内，称为磁路。在电气设备中常用铁磁材料制成铁心，为设备工作需要的主要磁通构成磁路。图 6−12 中给出了三种设备中的铁心磁路，其中的磁通由线圈电流或永磁铁产生。图 6−12（a）为变压器的带有两个绕组的铁心磁路；图 6−12（b）为电磁继电器的磁路，绕有线圈部分的为铁心，下面是活动的衔铁，磁路由铁心、铁心与衔铁之间的空气隙，以及衔铁构成。图 6−12（c）为电动机定子上永磁铁磁极产生磁通的磁路，由磁极、定子、空气隙和转子铁心构成。

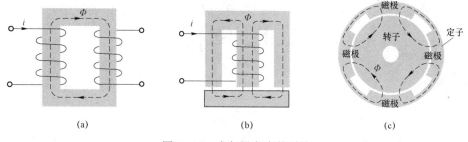

图 6−12　电气设备中的磁路

在电气设备应用中，磁路用来实现电磁和磁电能量转换、电动机和机电能量转换，电气设备的分析和设计需要对铁心中的磁通、磁场强度和磁感应强度与激励电流进行计算。由于实际磁路的电磁分布比较复杂，通常模仿电路模型对磁路计算进行简化和近似处理。

### 2. 磁路欧姆定律

在磁路模型中，可以用安培环路定律推导出磁路欧姆定律来。在图 6−13 中，单一铁磁材料构成铁心，其截面为矩形，各处截面积均为 $S$。在铁心上绕有 $N$ 匝线圈，通有直流电流 $I$。设矩形环路沿磁通方向上的平均长度为 $l$，且横截面的面积比较小，可以近似认为铁心中的磁场强度 $H$ 和磁通方向如图 6−13 所示，大小是各处相同的。

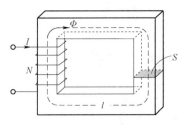

图 6-13　简单磁路

根据安培环路定律

$$\oint \boldsymbol{H} \cdot \mathrm{d}\boldsymbol{l} = \sum i$$

把积分路径选在闭合铁心中，如图 6-13 中虚线所示，根据前面给出的条件，计算出左侧积分 $\oint \boldsymbol{H} \cdot \mathrm{d}\boldsymbol{l} = Hl$，右侧电流和 $\sum i = NI$，得到

$$Hl = NI \qquad\qquad (6-11)$$

上述计算结果中，$NI$ 是产生磁通的激励，仿照电路模型，将其定义为磁动势 $F_\mathrm{m}(F_\mathrm{m} = NI)$；同时，把 $Hl$ 看成是沿着铁心回路的磁压降，这样可得到 $H = F_\mathrm{m}/l$。

根据磁感应强度 $B$ 与磁场强度 $H$ 的关系 $B = \mu H$，计算出铁心中的磁通量为

$$\Phi = BS = \mu HS = \mu\left(\frac{NI}{l}\right)S = \frac{F_\mathrm{m}}{l/(\mu S)}$$

定义磁阻为

$$R_\mathrm{m} = \frac{l}{\mu S} \qquad\qquad (6-12)$$

$R_\mathrm{m}$ 表示物质对于磁通的阻碍程度，其单位为 1/H。此时，磁通量可以表示为

$$\Phi = \frac{F_\mathrm{m}}{R_\mathrm{m}} \qquad\qquad (6-13)$$

式（6-13）在形式上与电路中的欧姆定律相似，故称为磁路欧姆定律。

对于单一材料构成的单回路磁路，利用磁路欧姆定律可以计算出对于给定磁通量需要多大电流，线圈要多少匝，也可反过来为给定电流计算铁心中的磁通和磁感应强度。需要注意，铁磁材料的磁导率 $\mu$ 不是常数，因此磁阻 $R_\mathrm{m}$ 也不是常数，与磁路中的磁场强度有关。

**3. 磁路基尔霍夫定律**

与电路类似，若磁路有分支，形成多个回路，如图 6-14 所示，则在磁路结点上各支路磁通之和等于零，此结论称为磁路基尔霍夫第一定律。例如，在结点 a 的三个分支上的磁通满足如下关系

$$-\Phi_1 + \Phi_2 + \Phi_3 = 0 \qquad (6-14)$$

对于图 6−15 所示的三段不同材料构成的磁路，根据安培环路定律可得到

$$H_1 l_1 + H_2 l_2 + H_3 l_3 = NI \qquad (6-15)$$

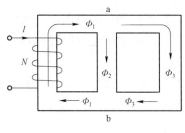

图 6−14　分支磁路

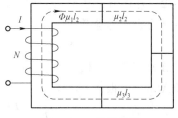

图 6−15　多段磁路

式（6−15）中，$H_k$ 和 $l_k$ 表示第 $k$ 段磁路的磁场强度和平均长度。式（6−14）可理解为闭合磁路上磁势降之和等于回路中的总磁动势，此结论称为磁路基尔霍夫第二定律。

磁路基尔霍夫定律可以直接用来进行磁路计算，而磁路欧姆定律通常只用于定性分析，这是因为铁磁材料的磁阻并非常数，与磁场强度有关，不方便直接用来进行磁路计算。对于多段磁路通常利用式（6−15）中的磁场强度 $H$，依据材料的 $B-H$ 曲线将磁动势与磁通关联起来。

电路与磁路的变量及变量之间关系的对比见表 6−1。

表 6−1　电路与磁路的对比

| 电路 | 磁路 |
| --- | --- |
| 电动势 $E$ | 磁动势 $F_m$ |
| 电流 $I$ | 磁通量 $\Phi$ |
| 电阻 $R$ | 磁阻 $R_m$ |
| 欧姆定律 $I = V/R$ | 欧姆定律 $\Phi = F_m/R_m$ |
| 基尔霍夫定律 $\sum I_k = 0$ , $\sum V_k = \sum E_k$ | 基尔霍夫定律 $\sum \Phi_k = 0$ , $\sum H_k l_k = \sum NI$ |

磁路分析中有两种常见问题。第一种是给定希望的磁通量或磁感应强度，根据磁路结构确定需要的线圈电流和匝数。第二种是给定线圈电流和匝数，求铁心中的磁通量。考虑到非线性的 $B-H$ 关系，第二种问题手工定量计算较为复杂，后面的讨论将以第一种问题作为例子，借以说明磁路的一些特点。

### 6.3.2　直流磁路分析

直流磁路是用直流电流激励产生磁通，励磁线圈称为直流铁心线圈。直流磁路中的磁通在稳态下不随时间变化，因此在激励线圈中不产生感应电动势。

**例 6-2**　在图 6-13 所示的铁心磁路中，线圈匝数 $N = 200$，磁路的平均长度为 50 cm，要求铁心中的磁感应强度 $B = 0.8$ T。求铁心材料分别为铸铁和无取向硅钢片时线圈中的电流。

**解：**（1）当铁心材料为铸铁时，在图 6-9 所示磁化曲线上查出对应的磁场强度 $H_1 = 6\,000$ A/m，再根据式（6-11）计算出线圈的电流

$$I_1 = \frac{H_1 l_1}{N} = \frac{6\,000 \times 0.5}{200} = 15（\text{A}）$$

（2）当铁心材料为无取向硅钢片时，在图 6-9 所示磁化曲线上查出对应的磁场强度 $H_2 = 65$ A/m，再根据式（6-11）计算出线圈的电流

$$I_2 = \frac{H_2 l_2}{N} = \frac{65 \times 0.5}{200} = 0.162\,5（\text{A}）$$

可见，要得到同样的磁感应强度，不同的铁心材料所需要的磁动势 $NI$ 不同。采用磁导率较高的铁心材料可以减小励磁电流，或减少线圈匝数，这意味着可以减少铜线用量。如果对上面两种铁心采用相同的励磁电流，会在两种铁心中产生相同的磁场强度 $H$，然而铸铁铁心中的磁感应强度要远低于硅钢片铁心中的磁感应强度。如果要得到相同的磁通量，铸铁铁心需要增大截面积，这会导致体积增大。因此，采用高磁导率的铁心可以减小体积，节省铁心材料。

**例 6-3**　图 6-16 为带有空气隙的铁心磁路，铁心材料为铸钢。如果要在空气隙内得到 0.4 T 的磁感应强度，求铁心和空气隙中的磁压降，以及线圈中的电流。

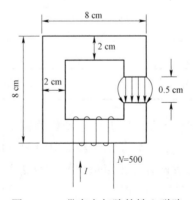

图 6-16　带有空气隙的铁心磁路

**解**：铁心部分磁路的平均长度按照铁心的中心线来计算

$$l_c = 4 \times 6 - 0.5 = 23.5 \text{（cm）}$$

空气的磁导率近似于真空磁导率，空气隙的磁场强度为

$$H_a = \frac{B_a}{\mu_0} = \frac{0.4}{4\pi \times 10^{-7}} = 3.18 \times 10^5 \text{（A/m）}$$

在空气隙中，由于磁通量的边缘效应，空气隙的截面积会略大于铁心的截面积。考虑到空气隙长度很短，近似计算时可忽略边缘效应，认为空气隙的截面积等于铁心的截面积。由于铁心和空气隙两段磁路串联，其中的磁通量相同；在两段磁路的截面积相同时，它们的磁感应强度也相同。在图 6-9 中，查找铸钢的 $B-H$ 曲线上 $B=0.4$ T 对应的 $H$ 值，得到铁心中磁场强度 $H_c = 140$ A/m。

计算出空气隙和铁心中的磁压降分别为

$$H_a l_a = 3.18 \times 10^5 \times 0.005 = 1590 \text{（A）}$$
$$H_c l_c = 140 \times 0.235 = 32.9 \text{（A）}$$

由安培环路定律有

$$H_a l_a + H_c l_c = NI$$
$$I = \frac{H_a l_a + H_c l_c}{N} = \frac{1590 + 32.9}{500} = 3.25 \text{（A）}$$

可见，由于空气隙的磁阻比铁心大很多，尽管空气隙长度很短，线圈产生的磁动势还是大部分都降落在空气隙上，即 $NI = H_a l_a + H_c l_c \approx H_a l_a$。因此，当磁路中含有空气隙时，要取得与没有空气隙的磁路相同的磁通，必须要加大励磁电流，或增加线圈匝数。

### 6.3.3　交流铁心线圈电路

由交流电流励磁的磁路称为交流磁路，励磁线圈称为交流铁心线圈，与交流电源构成的电路称为交流铁心线圈电路。常见的交流铁心线圈有交流电磁铁、变压器和互感器等。由于交流电流会在铁心中产生交变磁通，交变磁通又在线圈上产生感应电压，因此，对于交流铁心线圈，不仅要分析铁心中交变磁通与交变电流的关系，还要考虑感应电压对线圈电路的作用，即需要同时考虑磁路和电路问题。

**1. 电磁关系**

图 6-17 所示线圈绕在铁心上，线圈接入交流电压 $v$，线圈中有交流电流 $i$ 流过，线圈的匝数为 $N$，线圈电阻为 $R$。磁动势 $Ni$ 在线圈中产生的磁通，大部分通过铁心而闭合，称为工作磁通或主磁通 $\Phi$；有一小部分磁通主要经过空气而闭合，称为漏磁通 $\Phi_a$。这两部分磁通均为交变磁通，在线圈中产生两个感应电动势：主磁电动势 $e$ 和漏磁电动势 $e_a$。电动势方向与电流 $i$ 方向一致，与磁通方向符合右旋关系。由 KVL 得

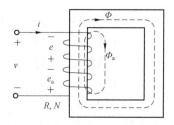

图 6-17　交流铁心线圈电路

$$v + e + e_a - Ri = 0 \tag{6-16}$$

式（6-16）中，$Ri$ 是线圈电阻上的压降，漏磁电动势 $e_a$ 可以表示为

$$e_a = -N\frac{\mathrm{d}\Phi_a}{\mathrm{d}t} = -L_a\frac{\mathrm{d}i}{\mathrm{d}t}$$

其中，$L_a = N\Phi_a/i$ 是漏磁电感。由于漏磁通 $\Phi_a$ 大部分经过空气闭合，电流 $i$ 与 $\Phi_a$ 之间为线性关系，漏磁电感 $L_a$ 为一常数。主磁通通过铁心闭合，因此电流 $i$ 与 $\Phi$ 之间不是线性关系，主磁电动势 $e$ 通过主磁通来确定。设主磁通 $\Phi = \Phi_m \sin\omega t$，则

$$e = -N\frac{\mathrm{d}\Phi}{\mathrm{d}t} = -N2\pi f\Phi_m\sin(\omega t + 90°) = E_m\sin(\omega t - 90°) \tag{6-17}$$

其中 $E_m = N2\pi f\Phi_m$ 是主磁电动势 $e$ 的最大值，$e$ 的有效值为

$$E = \frac{E_m}{\sqrt{2}} = 4.44fN\Phi_m \tag{6-18}$$

可见，主磁通 $\Phi$ 和主磁电动势 $e$ 波形相同，均为同频率正弦波，只是 $e$ 相位落后 $\Phi$ 相位 90°，$e$ 的有效值与主磁通最大值、频率和匝数成比例。

通常，线圈电阻 $R$ 和漏磁通 $\Phi_a$ 都很小，所以，式（6-16）关系可以近似变成

$$v = -e - e_a + Ri \approx -e \tag{6-19}$$

根据式（6-18）可知

$$V \approx E = 4.44fN\Phi_m \tag{6-20}$$

式（6-20）是一个常用的关系，它表明交流铁心线圈的主磁通最大值与交流电源电压有效值成比例，当电压 $V$ 一定时，主磁通最大值 $\Phi_m$ 也随之确定。

为了能用相量分析交流铁心线圈电路，将式（6-16）、式（6-18）和式（6-20）写成相量形式

$$\dot{V} = -\dot{E} - \dot{E}_a + R\dot{I} = -\dot{E} + \mathrm{j}\omega L_a\dot{I} + R\dot{I} \tag{6-21}$$

$$\dot{E} = -\mathrm{j}4.44fN\dot{\Phi}_m, \quad \dot{V} \approx -\dot{E} = \mathrm{j}4.44fN\dot{\Phi}_m \tag{6-22}$$

注意，由于铁磁材料具有磁饱和性，其 $\Phi$-$i$ 关系是非线性的，当电压 $v$ 和磁通 $\Phi$ 是正

弦波时，电流 $i$ 不是正弦波。为了简化分析，通常采用与 $i$ 等效的正弦电流来计算，等效电流具有相同的有效值，并保证电路的平均功率不变。

**2. 等效电路**

在式（6-21）中，主磁电动势 $\dot{E}$ 是用磁路方法来确定的，如果能将其用等效电路来表示，则交流铁心线圈电路问题就可以完全用电路方法来分析。等效电路建立后，应能保证在同样的外加电压作用下，铁心线圈功率不变，电流与各电压的相位关系不变。下面讨论等效电路参数的确定方法。

在式（6-21）中，将主磁电动势 $\dot{E}$ 看成是等效正弦电流 $\dot{I}$ 流过一个阻抗 $Z_m$ 产生的电压，即

$$-\dot{E} = Z_m \dot{I}$$

其中 $Z_m = R_m + jX_m$ 称为励磁阻抗，这样式（6-21）就可以写成

$$\dot{V} = R\dot{I} + jX_a\dot{I} + R_m\dot{I} + jX_m\dot{I} \tag{6-23}$$

根据式（6-23）可以画出交流铁心线圈的串联等效电路如图 6-18 所示。电阻 $R$ 是线圈电阻，代表了电流流过线圈消耗的功率，称为铜损 $P_{Cu}$；铜损与电流大小有关，在直流和交流激励下都存在；$jX_a = j\omega L_a$ 是漏磁感抗，是线性的感抗，与铁心材料状态无关。$R_m$ 代表铁损 $P_{Fe}$，包括磁滞损耗 $P_h$ 和涡流损耗 $P_e$；$X_m$ 代表主磁通的感抗（称为励磁感抗），其值由铁心的无功功率 $Q_{Fe}$ 确定（$Q_{Fe} = X_m I^2$）。根据前面对铁磁材料交流损耗的讨论，铁心损耗与铁心中磁感应强度 $B$ 有关，因此 $R_m$ 随电流而变化。由于铁心的非线性 $B-H$ 关系，电抗 $X_m$ 与铁心是否磁饱和有关。根据分析的需要，励磁阻抗也可以用电阻与电抗的并联来等效。等效电路中的阻抗参数可以通过测量得到。

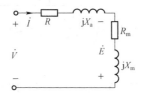

图 6-18　交流铁心线圈的串联等效电路

**例 6-4**　将匝数 $N = 110$ 的铁心线圈接到电压为 220 V、频率为 50 Hz 的正弦电压源上，测得线圈上电流有效值 $I = 4$ A，功率 $P = 50$ W。假定线圈电阻和漏磁通可忽略，求：（1）主磁通最大值 $\Phi_m$；（2）串联等效电路的励磁阻抗参数 $R_m$ 和 $X_m$。

**解：**（1）忽略了线圈电阻和漏磁电感，根据式（6-20）可得

$$\Phi_m \approx \frac{V}{4.44fN} = \frac{220}{4.44 \times 50 \times 110} = 9.01 \times 10^{-3} \text{（Wb）}$$

（2）先计算出无功功率

$$Q = \sqrt{(VI)^2 - P^2} = \sqrt{(220 \times 4)^2 - 50^2} = 878.6(\text{V} \cdot \text{A})$$

再计算 $R_{\text{m}}$ 和 $X_{\text{m}}$

$$R_{\text{m}} = \frac{P}{I^2} = \frac{50}{4^2} = 3.1(\Omega), \qquad X_{\text{m}} = \frac{Q}{I^2} = \frac{878.6}{4^2} = 54.9(\Omega)$$

**例 6 - 5** 为了得到交流铁心线圈等效电路，先将其接到 2 V 直流电压源上，测得电流为 8 A；然后将其接在 110 V 工频交流电压源上，测得电流 $I = 10$ A，有功功率 $P = 250$ W。若线圈漏感抗为 0.2 $\Omega$，试求线圈在交流电源下的：（1）铁损和铜损；（2）串联等效电路；（3）主磁电动势有效值 $E_{\text{m}}$。

**解：**（1）在接入直流电压时，可计算线圈电阻为

$$R = \frac{V}{I} = \frac{2}{8} = 0.25(\Omega)$$

因此交流条件下线圈铜损为

$$P_{\text{Cu}} = RI^2 = 0.25 \times 10^2 = 25(\text{W})$$

铁损为

$$P_{\text{Fe}} = P - P_{\text{Cu}} = 250 - 25 = 225(\text{W})$$

（2）励磁电阻为

$$R_{\text{m}} = \frac{P_{\text{Fe}}}{I^2} = \frac{225}{10^2} = 2.25(\Omega)$$

总电抗为

$$X = \sqrt{\left(\frac{V}{I}\right)^2 - (R + R_{\text{m}})^2} = \sqrt{\left(\frac{110}{10}\right)^2 - (0.25 + 2.25)^2} = 10.7(\Omega)$$

计算出励磁感抗 $X_{\text{m}}$

$$X_{\text{m}} = X - X_a = 10.7 - 0.2 = 10.5(\Omega)$$

画出串联等效电路如图 6 - 19 所示。

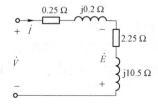

图 6 - 19 例 6 - 5 串联等效电路

（3）计算主磁电动势有效值 $E_m$

$$E_m = |Z_m| \cdot I = \sqrt{R_m^2 + X_m^2} \cdot I = \sqrt{2.25^2 + 10.5^2} \times 10 \approx 107.4 \, (V)$$

**练习与思考 6-4**：将原设计工作频率为 60 Hz 的交流铁心线圈接在 50 Hz 的交流电源上，对铁心线圈有什么不利影响？

**练习与思考 6-5**：若交流电压大小和频率都不变，将铁心线圈的匝数减少 10%，判断铁心中的磁通和线圈电流会如何变化。

# 6.4　变压器的工作原理

## 6.4.1　变压器结构

变压器是利用电磁感应原理制成的电气设备，其主要功能是将一种交流电压变为同一频率的另一种交流电压，实现电能或信号的传递。在电力系统中，为减小远距离传送时线路上的功率损耗，需要将发电机发出的交流电源电压升高后再送入输电网。最后，在用户地点用变压器降低电压再分配给用户。电力系统中的这些变压器称为电力变压器，应用中主要关心其外特性和效率。

在电子系统中，变压器用在电源电路和信号耦合等方面，用来实现电压变换、电路隔离、阻抗匹配和测量传感等功能。

变压器由绕在同一铁心的两个或多个线圈构成。为了降低涡流损耗，变压器采用薄钢片叠装或卷绕的方式制成铁心；带有绝缘外层的导线绕在铁心上的线圈称为绕组。除自耦变压器外，普通变压器的绕组之间没有电气连接，各绕组通过交流电流在铁心中建立的交变磁场实现能量传递。铁心和绕组有多种结构，图 6-20 所示为单相变压器的三种结构示意图，其中心式和壳式变压器铁心采用钢片的叠装方式制成，C 型铁心采用薄钢片的卷制方式制成。两个绕组可以分布在不同铁心段落，也可以分层绕在同一段铁心内。

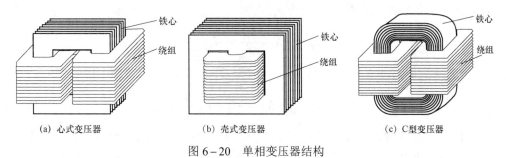

(a) 心式变压器　　　　　(b) 壳式变压器　　　　　(c) C型变压器

图 6-20　单相变压器结构

### 6.4.2  空载运行和电压变换

如图 6-21 所示，单相变压器的铁心上有两个绕组，连接电源的绕组为一次绕组，连接负载的绕组为二次绕组；一次绕组和二次绕组各有 $N_1$ 匝和 $N_2$ 匝，绕线电阻分别为 $R_1$ 和 $R_2$。当变压器的一次绕组接入交流电源 $v_1$，二次绕组为开路时，称变压器为空载运行状态。

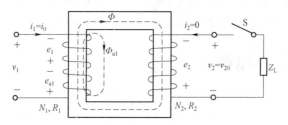

图 6-21  变压器空载运行

在图 6-21 中标出了两个绕组的端口电压和绕组的感应电动势，感应电动势与绕组电流参考方向一致，且磁通方向符合右手螺旋定则。

在外加正弦电压的作用下，一次绕组中有交变电流通过，在二次绕组开路时一次绕组的电流 $i_1 = i_0$ 称为空载电流或励磁电流。电流 $i_0$ 在铁心中产生的交变磁通包括主磁通 $\varPhi$ 和漏磁通 $\varPhi_{a1}$，主磁通 $\varPhi$ 通过铁心闭合，与一次和二次绕组同时交链，漏磁通 $\varPhi_{a1}$ 通过铁心外的介质（如空气）闭合。

根据电磁感应定律，主磁通在一次绕组上产生的电动势 $e_1$ 为

$$e_1 = -N_1 \frac{\mathrm{d}\varPhi}{\mathrm{d}t} \tag{6-24}$$

主磁通在二次绕组上产生的电动势为

$$e_2 = -N_2 \frac{\mathrm{d}\varPhi}{\mathrm{d}t} \tag{6-25}$$

漏磁通在一次绕组上产生的电动势 $e_{a1}$ 为

$$e_{a1} = -N_1 \frac{\mathrm{d}\varPhi_{a1}}{\mathrm{d}t} = -L_{a1} \frac{\mathrm{d}i_1}{\mathrm{d}t}$$

其中 $L_{a1}$（$L_{a1} = N_1 \varPhi_{a1}/i_1$）是一次绕组的漏磁电感。写出一次绕组端口电压满足的 KVL 方程

$$v_1 = -e_1 - e_{a1} + R_1 i_1 = -e_1 + L_{a1} \frac{\mathrm{d}i_1}{\mathrm{d}t} + R_1 i_1 \tag{6-26}$$

在二次绕组开路时，一次绕组相当于一个交流铁心线圈。由于空载电流 $i_0$ 很小，只有额定电流的百分之几，且绕组的电阻和漏磁电抗也很小，电流 $i_0$ 产生的压降可忽略掉，一

次绕组端口电压可以写为

$$v_1 \approx -e_1 \qquad\qquad (6-27)$$

二次绕组的开路电压为

$$v_2 = v_{20} = -e_2 \qquad\qquad (6-28)$$

由式（6-24）、式（6-25）、式（6-27）和式（6-28），可得到两边绕组端口电压之间的关系

$$\frac{v_1}{v_2} = \frac{N_1}{N_2} = K \qquad\qquad (6-29)$$

其中，$K = N_1/N_2$ 称为变压器的变比。式（6-29）表明变压器一次绕组与二次绕组的端口电压比等于绕组的匝比，变压器可以变换交流电压的大小。当 $N_1 < N_2$ 时为升压变压器，当 $N_1 > N_2$ 时为降压变压器。

式（6-29）也可以写成相量形式

$$\frac{\dot{V}_1}{\dot{V}_2} = \frac{N_1}{N_2} = K \qquad\qquad (6-30)$$

因此，一次绕组和二次绕组端口电压的有效值之比也等于变比 $K$。根据 6.3 节交流铁心线圈分析结果，设主磁通 $\Phi$ 的最大值相量为 $\dot{\Phi}_m$，式（6-27）的相量形式可表示为

$$\dot{V}_1 \approx -\dot{E}_1 = j4.44 f N_1 \dot{\Phi}_m \qquad\qquad (6-31)$$

### 6.4.3　负载运行和电流变换

变压器的一次绕组连接交流电源，二次绕组连接负载时的工作状态称为负载运行，如图 6-22 所示。此时二次绕组电流 $i_2$ 不为零，$i_2$ 的磁动势 $N_2 i_2$ 与一次绕组电流的磁动势 $N_1 i_1$ 共同作用在磁路中，产生铁心中的主磁通 $\Phi$，同时二次绕组也会产生少量通过铁心以外空间闭合的漏磁通 $\Phi_{a2}$。

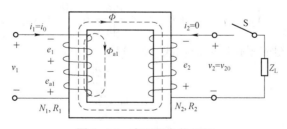

图 6-22　变压器负载运行

在负载运行状态下，式（6-26）中的一次绕组阻抗压降的幅度仍然远小于主磁电动势的幅度，因此式（6-31）仍是成立的，即在电源电压有效值 $V_1$ 不变时，主磁通的大小也维持不变，与空载时相同。这意味着当二次绕组电流 $i_2$ 出现时，磁路中的总磁动势要维持不变，即

$$N_1 i_1 + N_2 i_2 = N_1 i_0$$

或

$$i_1 = -\frac{N_2}{N_1} i_2 + i_0 \qquad (6-32)$$

式（6-32）表明，变压器在负载运行时，一次绕组电流由两部分组成，一部分是产生主磁通 $\boldsymbol{\Phi}$ 的励磁电流 $i_0$，另一部分用来抵消二次侧电流对主磁通影响的成分 $\left(-\dfrac{N_2}{N_1} i_2\right)$；后者是因负载而增加的量，称为负载分量。当变压器连接额定负载时，励磁电流 $i_0$ 所占比例很小，可以忽略掉，得到一次绕组与二次绕组的电流关系为

$$i_1 = -\frac{N_2}{N_1} i_2 = -\frac{1}{K} i_2$$

或

$$\frac{\dot{I}_1}{\dot{I}_2} = -\frac{N_2}{N_1} = -\frac{1}{K} \qquad (6-33)$$

写成有效值关系为

$$\frac{I_1}{I_2} = \frac{N_2}{N_1} = \frac{1}{K}$$

式（6-33）表明了变压器的电流变换作用，即，一次绕组与二次绕组的电流比与匝比成反比。

在变压器负载状态下，二次绕组端电压可表示为

$$v_2 = -e_2 - e_{a2} + R_2 i_2 = N_2 \frac{\mathrm{d}\Phi}{\mathrm{d}t} + L_{a2} \frac{\mathrm{d}i_2}{\mathrm{d}t} + R_2 i_2 \qquad (6-34)$$

忽略掉很小的二次绕组的阻抗压降后，式（6-34）可写成

$$v_2 \approx -e_2 = N_2 \frac{\mathrm{d}\Phi}{\mathrm{d}t}$$

或

$$\dot{V}_2 \approx -\dot{E}_2 = \mathrm{j}4.44 f N_2 \dot{\Phi}_\mathrm{m} \qquad (6-35)$$

由式（6-31）和式（6-35）可知，在负载运行时变压器两端口电压比仍保持为变比。

$$\frac{\dot{V}_1}{\dot{V}_2} = \frac{N_1}{N_2} = K \qquad (6-36)$$

### 6.4.4 理想变压器

式（6-33）和式（6-36）给出的变压器端口变量关系忽略了变压器的励磁电流、漏磁通和损耗的影响，可作为变压器的理想化模型的特性描述。理想变压器作为一个电路元件用图 6-23 所示的符号表示，符号中给出了变比（如图 6-23（a）所示）或绕组匝数（如图 6-23（b）所示）；符号中用一对圆点标出同名端，表示当两端口电流分别从绕组各自的同名端流入时产生的磁通相互增强。按照图 6-23 规定的参考方向，端口变量可满足式（6-33）和式（6-36）。理想变压器虽然不存在，但是性能良好的实际变压器的特性很接近于理想变压器的特性。

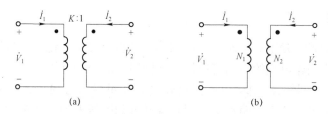

图 6-23　理想变压器电路符号

对图 6-23 所示理想变压器，写出其两个端口吸收的瞬时功率之和

$$p_1 + p_2 = v_1 i_1 + v_2 i_2 = K v_2 \left( -\frac{1}{K} \right) i_2 + v_2 i_2 = 0$$

这说明理想变压器能传递能量，但其本身不消耗任何能量。

**例 6-6**　图 6-24 所示的正弦稳态电路中，变压器可作为理想变压器，试计算在开关打开和闭合两种情况下各电压和电流的有效值。

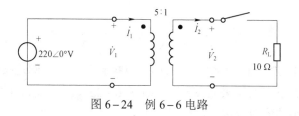

图 6-24　例 6-6 电路

**解**：变压器一次绕组连接的电压源有效值为 220 V，根据式（6-36）可得到二次侧端

口电压有效值

$$V_2 = \frac{1}{K}V_1 = \frac{1}{5} \times 220 = 44\,(\text{V})$$

当开关断开时，$I_2 = 0\,\text{A}$，忽略空载电流，可得

$$I_1 \approx \frac{1}{K}I_2 = 0\,\text{A}$$

当二次回路开关闭合时

$$I_2 = \frac{V_2}{R_\text{L}} = \frac{44}{10} = 4.4\,(\text{A})$$

由电流变换关系可得到一次电流有效值

$$I_1 = \frac{1}{K}I_2 = \frac{4.4}{5} = 0.88\,(\text{A})$$

### 6.4.5  阻抗变换

变压器的负载阻抗发生变化时，二次回路电流也会发生变化，一次回路的电流也随之变化。负载对一次回路电流的影响可以用一次回路中的一个阻抗来等效。在图 6-25（a）所示电路中，在变压器二次侧端口连接负载 $Z_\text{L}$，变量参考方向已在图中标出，二次侧端口电压和电流相量的比值等于负载 $Z_\text{L}$。此时，从理想变压器的一次侧端口看进去的等效阻抗为

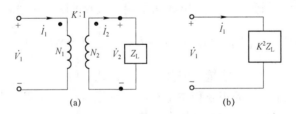

图 6-25  理想变压器阻抗变换

$$Z_\text{L}' = \frac{\dot{V}_1}{\dot{I}_1} = \frac{K\dot{V}_2}{\dot{I}_2/K} = K^2 Z_\text{L} = \left(\frac{N_1}{N_2}\right)^2 Z_\text{L} \qquad (6-37)$$

式（6-37）中的 $Z_\text{L}'$ 也称为 $Z_\text{L}$ 在一次侧的阻抗折算。二次侧连接的阻抗从一次侧端口看进去其等效阻抗大小变为原来的 $K^2$ 倍，如图 6-25（b）所示。改变匝比可实现阻抗变换，阻抗增大或减小的倍数取决于匝比的平方。

通过变压器的匝比关系可变换阻抗的大小而保持其性质不变。在分析变压器电路时，

可以根据需要将阻抗在变压器两端进行折算。

**例 6-7** 在图 6-26（a）所示电路中，负载阻抗 $Z_L = (6-j8)\Omega$，信号源电压有效值 $V_S = 2\,V$。（1）要求让 $Z_L$ 与内阻 $R_S = 1\,k\Omega$ 的信号源匹配，求匹配变压器的变比；（2）求出两个回路中电流，并求出负载 $Z_L$ 获得的功率；（3）若去掉变压器，将负载 $Z_L$ 直接连接到内阻为 $R_S$ 的信号源上，求负载获得的功率。

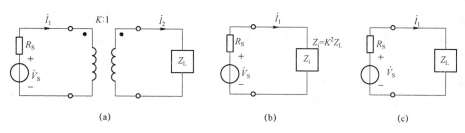

图 6-26 例 6-7 电路

**解：**（1）将负载 $Z_L$ 折算到一次回路有 $Z_i = K^2 Z_L$，如图 6-26（b）所示。变压器只能改变阻抗的大小，而阻抗的性质不变。所以折算阻抗 $Z_i$ 需要与电源内阻达到模匹配，即 $K^2|Z_L| = R_S$，据此计算变压器变比

$$K^2 = \frac{R_S}{|Z_L|} = \frac{10^3}{\sqrt{6^2 + 8^2}} = 100$$

得到变压器变比为 $K{:}1 = 10{:}1$。

（2）负载折算到一次回路的阻抗为

$$Z_i = K^2 Z_L = 100(6-j8) = (600-j800)\,(\Omega)$$

$$\dot{I}_1 = \frac{\dot{V}_S}{R_S + Z_i} = \frac{2\angle 0°}{1\,600 - j800} = 1.1\angle 26.6°\,(mA)$$

$$\dot{I}_2 = K\dot{I}_1 = 11\angle 26.6°\,(mA)$$

计算负载功率

$$P_L = I_1^2\,\mathrm{Re}\,Z_i = (1.1\times10^{-3})^2 \times 600 = 0.726\,(mW)$$

或

$$P_L = I_2^2\,\mathrm{Re}\,Z_L = (11\times10^{-3})^2 \times 6 = 0.726\,(mW)$$

（3）若直接将负载 $Z_L$ 接到信号源上，如图 6-26（c）所示，计算出回路电流，然后计算负载功率

$$\dot{I}_1' = \frac{\dot{V}_S}{R_S + Z_L} = \frac{2\angle 0°}{1\,006 - j8} = 1.99\angle 0.456° \,(\mathrm{mA})$$

$$P_L' = I_1^2 \operatorname{Re} Z_L = (1.99\times 10^{-3})^2 \times 6 = 23.7 \,(\mu\mathrm{W})$$

可见，通过变压器的阻抗变换可以实现信号源对负载的最大功率传输，而变压器本身并不吸收功率。

**练习与思考 6-6**：一个铁心上绕有 2 个线圈。第一个线圈接在频率 $f = 50\,\mathrm{Hz}$ 的交流电源上，在铁心中得到磁通的最大值 $\Phi_m = 0.002\,5\,\mathrm{Wb}$。第二个线圈的匝数 $N_2 = 200$，求其开路电压。

**练习与思考 6-7**：用变压器的阻抗变换作用解释为什么变压器负载端不能短路。

**练习与思考 6-8**：图 6-26（a）所示电路中，将一次回路中电阻和电压源折算给二次回路，计算二次回路中电流。

# 6.5　实际变压器的特性和使用

### 6.5.1　变压器等效电路

在 6.4.4 节讨论的理想变压器，忽略了导线损耗、铁心损耗、漏磁通和励磁电流。在讨论实际变压器特性时需要考虑这些因素的影响。为了方便分析和计算，可以把这些因素用阻抗来表示，构造变压器的等效电路。为此，将前面讨论的变压器端口 KVL 方程式（6-26）和式（6-34）重新写为相量形式如下

$$\dot{V}_1 = -\dot{E}_1 - \dot{E}_{a1} + R_1 \dot{I}_1 = -\dot{E}_1 + jX_{a1}\dot{I}_1 + R_1\dot{I}_1$$

$$\dot{V}_2 = -\dot{E}_2 - \dot{E}_{a2} + R_2 \dot{I}_2 = -\dot{E}_2 + jX_{a2}\dot{I}_2 + R_2\dot{I}_2$$

由于铁磁材料的非线性 $B$-$H$ 特性，当外加电压为正弦波形时，变压器一次电流中包含的励磁电流为非正弦周期电流，因此上面表达式中的电流相量 $\dot{I}_1$ 应看成是等效正弦电流的相量。在表达式中，$R_1$ 和 $R_2$ 代表一次绕组和二次绕组导线电阻，$X_{a1}$ 和 $X_{a2}$ 代表一次绕组和二次绕组的漏磁通。与交流铁心线圈电路一样，当变压器空载时的励磁电流 $\dot{I}_0$ 用来激励磁场，同时会在铁心中产生损耗，这两种作用可分别用励磁电抗 $X_m$ 和铁损电阻 $R_m$ 组成的励磁阻抗 $Z_m$ 来表示，即，励磁电流流过励磁阻抗产生电动势 $\dot{E}_1$。这样就可把磁路问题作为电路问题来处理，得到实际变压器的等效电路模型（如图 6-27 所示），其中图 6-27（a）中励磁阻抗采用并联方式，图 6-27（b）中励磁阻抗采用串联方式。

图 6-27 所示等效电路是绕组阻抗、励磁阻抗与理想变压器的组合。由等效电路可以看出，理想变压器是实际变压器当绕组阻抗为零和励磁阻抗为无穷大的理想化情况。等

效电路中的等效电阻和电抗可以用测量的方法来确定。表 6 – 2 给出了一个变压器等效电路的典型元件参数与理想变压器等效参数的比较。

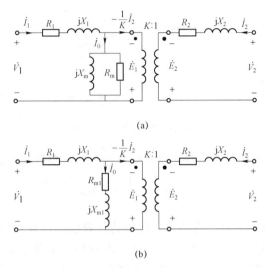

(a)

(b)

图 6 – 27　实际变压器等效电路

**表 6 – 2　实际变压器等效电路元件参数与理想变压器等效参数比较**

| 元件参数 | 符号 | 理想变压器 | 实际变压器 |
|---|---|---|---|
| 一次绕组电阻 | $R_1$ | 0 | 3 Ω |
| 二次绕组电阻 | $R_2$ | 0 | 0.03 Ω |
| 一次漏磁感抗 | $X_1$ | 0 | 6.5 Ω |
| 二次漏磁感抗 | $X_2$ | 0 | 0.07 Ω |
| 并联激磁电抗 | $X_m$ | ∞ | 15 kΩ |
| 并联铁心损耗电阻 | $R_m$ | ∞ | 100 kΩ |

### 6.5.2　变压器的运行特性

#### 1. 电压调整率

由于变压器中漏磁和损耗的存在，其负载端的电压会随着负载电流的变化而变化。这种变化情况称为变压器的外特性，是在一次侧电源电压不变和二次侧负载功率因数不变的条件下，用二次侧端口电压与负载电流的关系 $V_2 = f(I_2)$ 进行的曲线描述。变压器的外特性曲线如图 6 – 28 所示，显示了二次侧电压 $V_2$ 与 $I_2$ 关系同负载功率因数有关。根据理论分析和实验测试，在纯电阻负载或感性负载条件下，二次侧电压随着负载电流增大而降低。

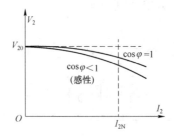

图 6-28 变压器外特性曲线

变压器负载端电压随负载大小变化的程度可用电压调整率表示为

$$\Delta V = \frac{V_{20} - V_2}{V_{20}} \times 100\% \qquad (6-38)$$

其中，$V_{20}$ 为变压器空载时二次侧端口电压的有效值，$V_2$ 是负载电流达到额定电流 $I_{2N}$ 时的二次端口电压有效值。电压调整率给出了一次侧外加电源电压一定时，变压器从空载到满载运行二次电压的变化程度，它反映了变压器供电电压的稳定程度，对于电力变压器而言其值小一些为好，一般不超过 5%。

**2. 损耗和效率**

实际变压器在运行中自身会有功率损耗，包括铜损耗和铁损耗两部分。铜损耗是由绕组电阻引起的，与工作中的绕组电流有关。根据图 6-27 所示的变压器等效电路，铜损耗可以表示为

$$P_{Cu} = R_1 I_1^2 + R_2 I_2^2$$

变压器的铁损耗 $P_{Fe}$ 包括铁心的磁滞损耗和涡流损耗。铁损耗与频率和铁心中磁感应强度有关，基本上由一次电压决定，是个定值，与变压器负载电流无关。变压器空载时二次电流为零，一次空载电流 $I_0$ 远小于额定电流，其产生的铜损耗可忽略不计，因此，铁损耗等于变压器空载时的输入功率。变压器的铁心损耗可以通过测量或查阅手册得到。

变压器的效率是变压器的二次侧输出功率 $P_2$ 与一次侧输入功率 $P_1$ 的比值，用百分数表示为

$$\eta = \frac{P_2}{P_1} \times 100\% \qquad (6-39)$$

设变压器的总损耗 $\Delta P = P_{Cu} + P_{Fe}$，变压器效率可以表示为

$$\eta = \frac{P_2}{P_2 + \Delta P} \times 100\% = \left(1 - \frac{\Delta P}{P_1}\right) \times 100\% \qquad (6-40)$$

变压器的效率与负载有关，通常电力变压器的效率在被设计为在半载以上时较高。实际变压器效率很高，可达 70%～85%，大型电力变压器的效率可达 98% 以上。

### 6.5.3　变压器的额定值

变压器在运行过程中，其动作电压、电流和功率必须在一定范围内，才能让变压器正常安全运行。偏离正常值会产生不利影响：若负载电流过大，则绕组过热，损坏绝缘；若电压过高，可能造成绝缘击穿，损坏变压器甚至危及人身安全；若负载电流太小，变压器效率会降低，等等。为了确保变压器合理安全地运行，厂家会根据国家标准，对变压器的工作条件进行规定，提供正常工作的数据，称为额定值。额定值通常标注在变压器的铭牌上，包括以下主要数据。

**1. 额定电压**

变压器的额定电压用分数形式（$V_{1N}/V_{2N}$）表示，分子为高压的额定值，分母为低压的额定值，单位是 V 或 kV，如"10 000 V/400 V"。一次额定电压是连接电源的电压，二次额定电压是指当一次侧接额定电压时二次侧的开路电压。例如，对于标明"10 000 V/400 V"的变压器，当高压侧作为一次侧连接 10 kV 电源时，二次侧空载电压的有效值为 400 V。对于三相变压器，额定电压是指在给定连接方式下线电压的有效值，因此须同时给出电压和连接方式，如"10 kV/0.4 kV、Yyn"表示高压侧绕组星形连接，线电压 10 kV，低压侧星形连接且从连接点引出中性线，线电压为 0.4 kV。

由于一次侧电压决定了铁心中的磁通大小，超过额定电压使用时，将会使变压器铁心过饱和，励磁电流增大，铁损增大，变压器温度升高；电压过高还可能造成绝缘击穿和烧毁。

**2. 额定电流**

当变压器一次侧接额定电压时，一次侧、二次侧允许长期通过的最大电流的有效值（$I_{1N}$ 和 $I_{2N}$）称为变压器的额定电流，单位是 A 或 kA。对于三相变压器，额定电流指在给定连接方式下线电流的有效值。

**3. 额定容量**

变压器的额定容量是指变压器二次绕组的额定电压与额定电流的乘积，用视在功率 $S_N$ 表示，单位是 V·A 或 kV·A。由于变压器运行效率很高，所以通常设计一次绕组和二次绕组额定容量相同。对于单相变压器，额定容量与额定电压和额定电流的关系为

$$S_N = V_{2N}I_{2N} = V_{1N}I_{1N} \qquad (6-41)$$

对于三相变压器，额定容量与额定电压和额定电流的关系为

$$S_N = \sqrt{3} V_{2N} I_{2N} = \sqrt{3} V_{1N} I_{1N} \qquad (6-42)$$

额定容量反映了变压器传输电功率的能力，但不是实际的输出功率，因为实际输出功率与负载的功率因数有关。当负载功率因数很小时，有可能输出功率很小，但输出电流却已经达到甚至超过了额定电流限制。因此，为充分利用变压器的容量，负载的功率因数要尽量高。

此外，变压器在额定（满载）运行时，二次侧电流达到额定电流，实际二次侧电压会低于其额定电压 $V_{2N}$。因此，变压器额定运行时，其输出视在功率略小于额定视在功率。在有些问题中，在不能确定实际二次电压时，可忽略二次电压的变化，直接采用额定电压 $V_{2N}$ 来计算。例如，在按照变压器额定容量配置负载时，负载电压可直接按照额定电压来计算。

**4. 额定频率**

变压器额定频率就是变压器的工作频率。我国电力工业标准频率为 50 Hz，有些国家为 60 Hz。

**例 6-8** 一台单相降压变压器的额定容量 $S_N = 180 \text{ kV·A}$，额定电压为 6 000 V/230 V，变压器铁损为 0.5 kW，满载时铜损（绕组导线损耗）为 2 kW。若变压器在满载时向功率因数为 0.85 的负载供电，二次绕组端口电压为 220 V。求变压器效率和电压调整率。

**解：** 变压器满载是指二次侧电流达到额定电流。由式（6-25）计算二次侧额定电流

$$I_{2N} = \frac{S_N}{V_{2N}} = \frac{180 \times 10^3}{230} = 783 \, (\text{A})$$

当变压器满载时输出功率 $P_2$ 就是此时的负载功率

$$P_2 = V_2 I_2 \cos\varphi = 220 \times 783 \times 0.85 = 146 \, (\text{kW})$$

计算满载时变压器的效率为

$$\eta = \frac{P_2}{P_2 + \Delta P} \times 100\% = \frac{146 \times 10^3}{146 \times 10^3 + 0.5 \times 10^3 + 2 \times 10^3} \times 100\% = 98\%$$

满载时，二次侧电压从空载时的 230 V 降至 220 V，此时电压调整率为

$$\Delta V = \frac{V_{20} - V_2}{V_{20}} \times 100\% = \frac{V_{2N} - V_2}{V_{2N}} \times 100\% = \frac{230 - 220}{230} \times 100\% = 4.3\%$$

**练习与思考 6-9：** 一台三相电力变压器，铭牌给出的额定功率 $S_N = 180 \text{ kV·A}$，额定电压 $V_{1N}/V_{2N} = 35 \text{ kV}/0.4 \text{ kV}$。求一次绕组和二次绕组的额定电流。

## 6.6　其他类型的变压器

### 6.6.1　自耦变压器

前面介绍的变压器的绕组是独立的线圈，彼此绝缘。自耦变压器只有一个绕组，取这个绕组的一部分作为二次绕组，即一次绕组和二次绕组共用一个线圈，如图 6-29 所示，$ax$ 之间为 $N_1$ 匝一次绕组，$mx$ 之间为 $N_2$ 匝二次绕组，是 $ax$ 线圈的一部分，其主磁通就是 $ax$ 线圈的磁通。一次侧和二次侧之间有导线连接。

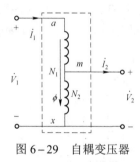

图 6-29　自耦变压器

忽略漏磁通和绕组电阻损耗，自耦变压器中线圈的两部分磁通相同，两端电压之比就是对应的匝比

$$\dot{V}_1 / \dot{V}_2 = N_1 / N_2$$

根据二次侧从开路到有载时的磁动势平衡原理，有

$$\dot{I}_1(N_1 - N_2) + (\dot{I}_1 - \dot{I}_2)N_2 = \dot{I}_0 N_1$$

忽略掉空载的激磁电流 $\dot{I}_0$，得到电流变换关系

$$\dot{I}_1 / \dot{I}_2 = N_2 / N_1$$

因此，自耦变压器的端口电压和电流关系与双绕组变压器相同。与双绕组变压器相比，自耦变压器的导线和铁心用量更少，成本低且效率高。自耦变压器在电力系统中主要用于连接不同电压等级的电网，变比在 2 左右。自耦变压器也可以用作实验室调压器，通过调节二次连接点 $m$ 的位置改变 $N_2$，从而调节输出电压。自耦变压器的缺点是其一次侧和二次侧不隔离，安全性差。使用时必须注意将 $x$ 端接电源的地线。

### 6.6.2 三相变压器

三相变压器的一次侧和二次侧都有三个绕组，每一对一次绕组和二次绕组构成一相变压器，一次绕组分别连接三相电压源。三相变压器广泛应用于电力系统中，用于输电和配电网络中电压等级的变换。在对称三相负载下运行时，变压器的各相电压和电流大小相等，相位相差 120°。

三相变压器的铁心磁路分为两种，一种是组式磁路变压器，如图 6-30（a）所示，该变压器三相磁路彼此独立。组式磁路变压器铁心用料多，适合超高压、特大容量场合。另一种是心式磁路变压器，如图 6-30（b）所示，其三相磁路彼此有关联，当外加三相对称电压时，三相磁通对称，三相磁通之和等于零。心式磁路变压器节省材料，体积小，效率高，非正弦波磁通小，适合 Yy 方式连接。因此，心式磁路变压器应用更为广泛。

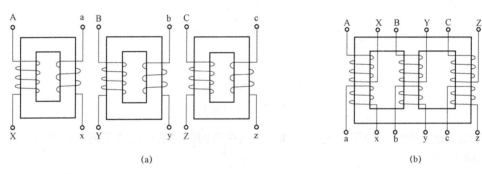

图 6-30　三相变压器结构

三相变压器三个一次绕组和三个二次绕组分别可以连接成星形和三角形。图 6-31（a）所示连接方式为 Yyn 联结，即三个一次绕组和三个二次绕组都按星形连接，末端联结在一起形成中性点；二次侧还从中性点引出中性线，形成三相四线制供电。图 6-31（b）所示连接方式为 Yd 联结，即一次绕组星形连接，二次绕组三角形连接。图 6-31 还表明了两种连接方式中，一次相电压和线电压与二次线电压的关系。

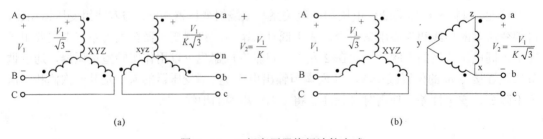

图 6-31　三相变压器绕组连接方式

### 6.6.3　多线圈变压器

在单相变压器中，也有采用多个一次绕组或二次绕组形式的变压器，或者采用一个绕组多个抽头的形式，以适应特殊的要求。图6-32（a）所示变压器为一次抽头的变压器，可以用来切换不同的供电电压。图6-32（b）所示变压器为含两个绕组的变压器，它们分别为两个负载提供相互隔离、不同高低的电压。图6-33（a）所示变压器通过抽头形式产生不同的二次电压，但是二次侧的两个负载没有电气隔离。图6-33（b）所示变压器通过中心抽头形式产生相位相反的两个二次侧电压。

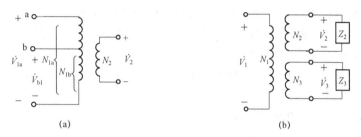

图6-32　抽头和多线圈变压器

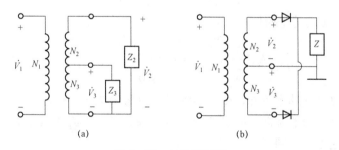

图6-33　抽头变压器

在多线圈变压器中，一次侧或二次侧的多个线圈有可能会串联或并联使用。线圈并联使用时会增大绕组的额定电流；线圈串联使用时，在一次侧可提高接入电压，在二次侧可提高输出电压。要注意，只有匝数相同的线圈才可并联使用，且并联时须将同名端连接在一起。线圈串联时要防止同名端接错造成感应电压为零的情况出现。

**例6-9**　在如图6-34所示的变压器中，一次绕组为440匝，接到220 V电源上；一个二次绕组电压为24 V，负载电阻为3 Ω；另一个二次绕组电压为16 V，负载电阻为4 Ω。求：（1）两个二次绕组的匝数；（2）一次绕组的电流；（3）变压器的最小容量；（4）确定三个绕组的同名端。

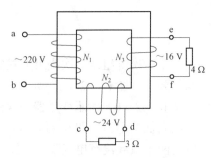

图 6-34  例 6-9 图

**解:** （1）$N_1/N_2 = 220/24$，$N_2 = N_1 \times 24/220 = 440 \times 24/220 = 48$

$N_1/N_3 = 220/16$，$N_3 = N_1 \times 16/220 = 440 \times 16/220 = 32$

（2）一次绕组电流有两种求法。

方法 1：利用功率守恒原理，忽略变压器损耗，一次侧从电源吸收的功率等于两个二次负载消耗的功率。

$$P_1 = 24^2/3 + 16^2/4 = 192 + 64 = 256（\text{W}）$$

一次绕组电流

$$I_1 = 256/220 = 1.16（\text{A}）$$

方法 2：利用磁动势平衡原理

$$N_1 I_1 = N_2 I_2 + N_3 I_3$$

$$I_1 = \frac{N_2 I_2 + N_3 I_3}{N_1} = \frac{48 \times 8 + 32 \times 4}{440} = 1.16（\text{A}）$$

（3）根据计算负载功率可知，变压器的最小容量为 256 V·A

（4）根据三个绕组的绕向，同名端为 a，c 和 e。当各电流从这三个同名端流入时，在铁心中产生的磁通方向相同。

**例 6-10**  一个变压器的额定容量为 120 V·A，一次侧和二次侧均有两个线圈；一次侧每个线圈的额定电压为 120 V，二次侧每个线圈的额定电压为 12 V。试确定将一次线圈和二次线圈进行不同连接时可得到几种不同输出电压？并求出每种连接时的一次和二次额定电流值。

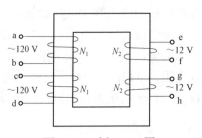

图 6-35  例 6-10 图

**解：**（1）根据每个线圈的额定电压，可确定一次线圈与二次线圈的匝比 $N_1/N_2 = 120/12 = 10$。

（2）为适当连接一、二次线圈，先确定一、二次线圈的同名端。一次线圈的同名端为 a 和 c，二次线圈的同名端为 f 和 g。

（3）变压器一次侧连接电压应满足线圈的额定电压，因此，一次线圈串联时电源电压应为 240 V，并联时电源电压应为 120 V；二次线圈串联时输出电压为 24 V，并联时输出电压为 12 V。线圈的四种连接方式如图 6-36 所示，注意其中线圈串联时异名端相连，并联时同名端相连。

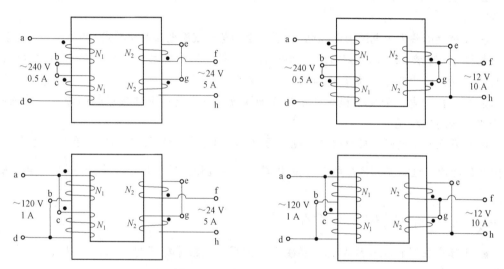

图 6-36　线圈的四种连接方式

（4）当一次线圈串联时，一次输入端额定电流为 0.5 A（120/240＝0.5），即每个线圈额定电流为 0.5 A；当一次线圈并联时，一次输入端额定电流为 1 A（2×0.5＝1）。类似地可判断二次线圈串联和并联时输出额定电流分别为 5 A 和 10 A。

**练习与思考 6-10：**在例 6-10 的 4 种连接方式中，若一次或二次线圈串联时同名端相连、并联时异名端相连，变压器能否正常工作？

# 本 章 要 点

■ 分析磁耦合设备需要用到磁场的物理量，包括磁通、磁感应强度、磁场强度和磁导率。

■ 铁磁材料具有高导磁特性、磁饱和特性和磁滞特性，其磁导率不是常数，在交流应用中会产生磁滞损耗和涡流损耗。

■ 磁通集中通过的闭合路径称为磁路。磁路中的磁通、磁动势与磁阻的关系类似于电路中电流、电动势与电阻的关系，满足磁路欧姆定律。利用磁路方法可以简化电磁耦合问题的分析。

■ 在磁路中激励磁通的线圈电流与线圈匝数的乘积 $NI$ 称为磁动势。根据安培环路定律，$\sum H_k l_k = NI$，磁动势与磁路中的磁场强度 $H$ 关联，进而通过 $B-H$ 关系与磁路中磁感应强度 $B$ 和磁通 $\Phi$ 联系起来。对于铁磁材料构成的铁心磁路，常见问题是利用这个关系对给定 $B$ 或 $\Phi$ 求解 $NI$，或反过来对给定 $NI$ 求解 $B$ 或 $\Phi$。

■ 直流铁心线圈中的电流取决于外加电压和线圈电阻，即 $I=V/R$，磁路对电流没有影响。

■ 交流铁心线圈中电流由电源电压、感应电动势和线圈电阻共同确定。相对于感应电动势，线圈电阻上压降很小，可忽略不计，外加电压近似等于感应电动势，$V \approx E = 4.44 fN\Phi_{\mathrm{m}}$，因此交流励磁铁心中磁通取决于外加电压，与磁阻变化无关。

■ 交流铁心电路的功率损耗包括铜损和铁损。铜损是线圈电阻引起的损耗，铁损包括磁滞损耗和涡流损耗。

■ 变压器利用电磁感应原理可实现不同回路之间电能量传递。变压器具有变换电压、电流和阻抗的功能。理想变压器忽略了空载电流、漏磁通和损耗，其变换关系为 $\dfrac{V_1}{V_2} = \dfrac{N_1}{N_2} = K$，

$$\frac{I_1}{I_2} = \frac{N_2}{N_1} = \frac{1}{K}, \quad Z'_{\mathrm{L}} = \left(\frac{N_1}{N_2}\right)^2 Z_{\mathrm{L}} = K^2 Z_{\mathrm{L}}。$$

■ 实际变压器存在空载电流、漏磁通、铜损和铁损等非理想特性，可以用等效电路中的阻抗参数来表示。

■ 变压器有若干额定工作参数。变压器的运行特性包括效率和电压调整率。变压器输出电压随负载变化而变化的程度称为电压调整率 $\Delta V$，其输出功率与输入功率的比值称为变压器的效率 $\eta$。

■ 自耦变压器一次侧和二次侧共用一个线圈。三相变压器一次侧和二次侧都有三个绕组，每侧的三个绕组可以按照星形或三角形连接。

# 习　题

**6-1**　在题 6-1 图所示通电线圈铁心中，给定铁心横截面积为 3 cm×3 cm，路径平均长度为 40 cm。（1）若铁心材料为铸钢，计算铁心磁通量 $\Phi$ 和材料的相对磁导率 $\mu_{\mathrm{r}}$；（2）若铁心材料的相对磁导率 $\mu_{\mathrm{r}} = 1\,500$，根据磁路欧姆定律计算铁心内的磁感应强度。

**6-2** 铁心结构如题 6-2 图所示，假设铁心的磁阻可以忽略，空气隙的长度 $l = 0.1$ cm，每个空气隙的有效面积为 20 cm$^2$，空气隙中的磁感应强度为 0.5 T，求线圈的总匝数。

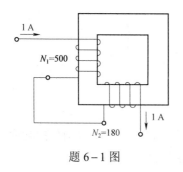

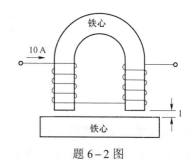

题 6-1 图                                          题 6-2 图

**6-3** 在铸钢制成的闭合铁心上绕有匝数 $N = 1\,000$ 的线圈，线圈电阻 $R = 20\ \Omega$，铁心的横截面积 $S = 20$ cm$^2$，铁心平均长度 $l = 50$ cm。（1）如要在铁心中产生磁通 $\Phi = 0.002\,2$ Wb，应给线圈加多大直流电压？（2）若在铁心磁路中加入了 $l_0 = 0.2$ cm 的空气隙，要保持铁心磁通不变，需要线圈电压为多少？

**6-4** 一个铁心线圈的匝数 $N = 300$，线圈电阻 $R = 2\ \Omega$，接在电压 $V = 110$ V、频率 $f = 50$ Hz 的交流电源上，测得电流 $I = 2$ A，功率 $P = 120$ W。若线圈的漏磁通可忽略不计，（1）求该铁心线圈的铜损、铁损和电路功率因数；（2）画出线圈的串联等效电路；（3）求感应电动势有效值和磁路中磁通最大值。

**6-5** 一个铁心线圈接在电压 $V = 110$ V、频率 $f = 50$ Hz 的交流电源上，测得电流 $I_1 = 4$ A，功率因数 $\cos\varphi_1 = 0.7$。将线圈中的铁心抽出后再连接上述电源，测得线圈电流 $I_2 = 8$ A，功率因数 $\cos\varphi_2 = 0.05$。假设有铁心时线圈漏磁通可以忽略，（1）求铁心线圈的铜损和铁损；（2）求铁心线圈的串联等效电路。

**6-6** 用变压器把一个阻值为 25 $\Omega$ 的电阻连接至有效值为 220 V 的交流电压源上，要求从电压源看到的等效电阻为 100 $\Omega$。画出电路图，求出变压器变比，计算电源输出电流、负载电流和负载电压的有效值。

**6-7** 将交流电压有效值 $V = 9$ V，内阻 $R_0 = 180\ \Omega$ 的信号源连接到变压器一次侧，把阻值 $R_L = 5\ \Omega$ 的负载电阻连接到变压器二次侧。求：（1）能让负载 $R_L$ 获得最大功率的变压器变比，以及在此变比下负载电阻的电流和功率；（2）若不用变压器进行阻抗匹配，将负载电阻 $R_L$ 直接连接到信号源上，求负载获得的功率。

**6-8** 电压为 2 200 V/220 V 的单相变压器，低压侧连接负载 $Z_2 = （16+j12）\ \Omega$，求从变压器高压侧看进去的阻抗、功率因数和两侧电流的有效值。

**6-9** 变压器电路如题 6-9 图所示。（1）求相量 $\dot{I}_1$ 和 $\dot{V}_2$；（2）求独立源的平均功率；（3）若二次侧的同名端圆点在绕组下方，重复以上计算。

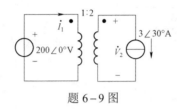

题 6-9 图

**6-10** 求如题 6-10 图所示电路电源输出的功率和二次侧负载消耗的功率。

**6-11** 求如题 6-11 图所示电路 ab 端口的戴维南等效电路。

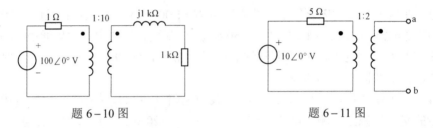

题 6-10 图　　　　　　　　题 6-11 图

**6-12** 题 6-12 图(a)所示电力传输线路由电源、线路电阻和负载电阻构成。在图 6-12（b）中增加了升压和降压变压器。对图 6-12（a）和图 6-12（b）两种情况求电源输出功率、线路电阻上的功率损耗、负载得到的功率，并计算电源效率（负载吸收功率与电源输出功率之比的百分数）。

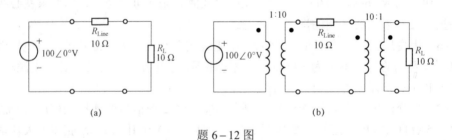

(a)　　　　　　　　　　　(b)

题 6-12 图

**6-13** 题 6-13 图所示阻抗匹配变压器二次绕组有抽头，以便连接 8 Ω和 4 Ω两种扬声器，让两种扬声器都能与一次绕组连接的信号源阻抗匹配。试确定二次绕组两部分匝数 $N_2$ 与 $N_3$ 的比值。

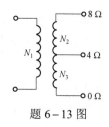

题 6-13 图

**6-14**  一台额定容量为 50 kV·A、额定电压为 3 000 V/400 V 的单相变压器，高压端一次绕组为 6 000 匝，求二次绕组匝数和一次、二次绕组的额定电流。

**6-15**  某单相变压器的额定电压为 10 000 V/230 V，低压侧向感性负载供电，电压调整率为 3%。求：（1）变压器的变比；（2）空载和满载时的二次侧电压。

**6-16**  单相降压变压器的额定容量为 4 kV·A，额定电压为 4 000 V/220 V。求：（1）一次和二次额定电流；（2）如果负载为 220 V、100 W 的白炽灯，则满载时可接多少个白炽灯？（3）如果负载为 220 V、100 W、$\cos\varphi = 0.85$ 的电动机，满载时能接多少台电动机？

**6-17**  一台额定容量为 50 kV·A 的单相降压变压器，$V_{1N}/V_{2N} = 6\,000\text{ V}/230\text{ V}$，铁损为 500 W，满载时铜损为 1 450 W，向功率因数为 0.85 的负载供电时，满载二次侧电压为 220 V。求：（1）一次绕组、二次绕组的额定电流；（2）电压调整率；（3）满载时的效率。

**6-18**  一台容量为 10 kV·A 的单相变压器，额定电压为 2 400 V/120 V。（1）若以 120 V 端作为二次侧，求变比、一次侧额定电流和二次侧额定电流。（2）若二次侧满载时，测得负载功率因数为 0.8，负载功率为 7.66 kW，已知变压器效率为 0.98，求满载时二次侧电压、变压器损耗和电压调整率。

**6-19**  一台容量为 100 kV·A 的单相降压变压器，额定电压为 10 kV/0.4 kV，测得变压器二次侧开路时一次侧吸收功率为 600 W；当二次侧连接负载 $P_2 = 78$ kW，$\cos\varphi = 0.8$ 时变压器满载，此时一次侧吸收功率为 80.8 kW。（1）求变比、一次侧和二次侧的额定电流；（2）求变压器铁损、铜损和效率；（3）求变压器的电压调整率。

**6-20**  一台容量为 10 kV·A 的变压器，变比为 10:1，二次侧额定电压为 240 V。变压器带额定负载，感性负载功率因数为 0.8。利用题 6-20 图所示的等效电路和表 6-2 中的参数值，计算该变压器的电压调整率和效率。

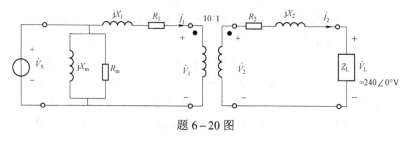

题 6-20 图

**6-21**　题 6-21 图中，已知 $N_1=90$，$N_2=15$，$N_3=45$，$Z_2=R_2=8\ \Omega$，$Z_3=R_3=5\ \Omega$，一次电压有效值 $V_1=120\ \text{V}$。求负载电压和电流有效值，并计算从一次端口看进去的等效阻抗 $Z_1$。

**6-22**　如题 6-22 图所示变压器：（1）标出线圈 2 和线圈 3 相对于线圈 1 的同名端；（2）假设磁通穿过所有线圈，求线圈 2 和线圈 3 电压；（3）设铁心中的总磁动势为零，用 $\dot{I}_2$，$\dot{I}_3$ 和匝比表示 $\dot{I}_1$，并求出 $\dot{I}_1$ 的值。

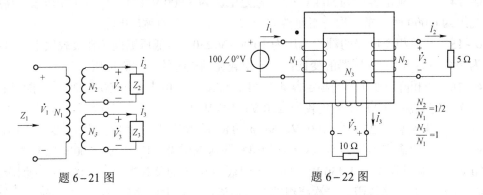

题 6-21 图　　　　题 6-22 图

**6-23**　题 6-23 图为具有三个二次绕组的电源变压器，将二次绕组进行适当的串联能得到不同的输出电压。（1）标出绕组的同名端；（2）找出所有可能的输出电压，并指出对应的二次绕组连接方式。

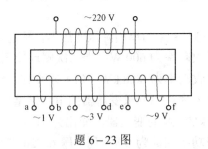

题 6-23 图

**6-24**　某电源变压器三个二次绕组的同名端及额定电压和额定电流如题 6-24 图所示，试确定二次绕组连接方式以获得以下各种输出：（1）18 V/1 A；（2）9 V/2 A；（3）24 V/0.5 A；（4）6 V/0.5 A。

**6-25**　如题 6-25 图电源变压器有两个相同的一次绕组，每个绕组的额定电压均为 110 V，二次绕组连接固定的 12 V 额定电压负载。（1）在电源电压为 110 V 和 220 V 两种情况下，确定一次绕组的连接方式，并说明两种情况下每个绕组中的电流是否发生变化；（2）若将 bd 端连接，将 ac 端连接到 220 V 电源上，会发生什么情况？

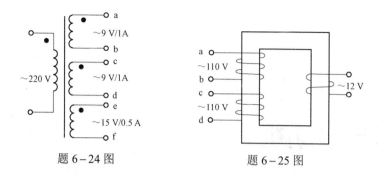

題 6－24 图　　　　　　　　　題 6－25 图

**6－26**　自耦变压器如题 6－26 图所示，假设磁通量穿过所有线圈，铁心中的总磁动势为零，求图中所示变量的有效值。

**6－27**　自耦变压器电路如题 6－27 图所示，已知 $\dot{V}_1 = 220\text{ V}$，$\dot{V}_2 = 55\text{ V}$，$R_L = 5\ \Omega$，求流过绕组 $N_1$ 和 $N_2$ 的电流有效值。

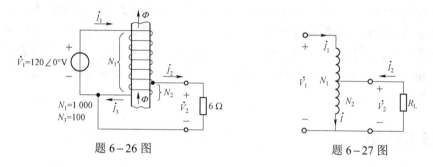

題 6－26 图　　　　　　　　　題 6－27 图

**6－28**　三相变压器的额定容量为 100 kV·A，一次侧额定电压为 10 kV，一次绕组每相匝数为 2 200 匝，二次绕组每相匝数为 84 匝。求如下两种连接方式下二次侧的线电压、相电压、额定线电流和额定相电流：（1）Yyn 连接；（2）Dy 连接。

**6－29**　三相变压器的额定容量为 50 kV·A，电压为 10 kV/0.4 kV，采用 Yyn 接法，低压端连接额定负载运行时，铁损为 350 W，铜损为 300 W。求：（1）高压侧和低压侧的额定相电流；（2）若负载功率因数为 0.85（滞后），求变压器效率。

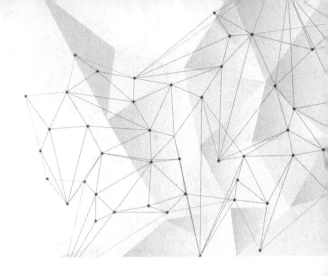

# 第7章
# 三相异步电动机

**提要** 电动机是利用电磁感应将电能转化为机械能的设备，已普遍应用于日常生活和工业生产的各个领域，如冰箱、洗衣机、电梯、锻压机、起重机和电力机车等设备的动力驱动。根据供电电源的不同，电动机可分为交流电动机和直流电动机两大类，其中交流电动机又可分为异步电动机和同步电动机。由于具有结构简单、运行可靠、坚固耐用、维护保养方便等优点，三相异步电动机已成为当今工业领域使用最为广泛的动力装置。本章主要介绍三相异步电动机的基本结构、工作原理、电磁转矩与机械特性，以及起动、调速、制动的方法。

## 7.1　基本结构

三相异步电动机主要包括定子（固定部分）和转子（转动部分）两大组成部分，其中转子位于定子内部，基本结构如图7-1所示。为保证转子在定子内部自由旋转，定子和转子由空气隙隔离。

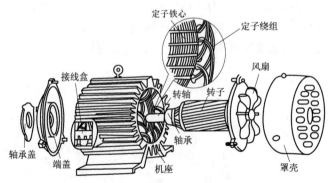

图7-1 三相异步电动机的基本结构

### 7.1.1　定子

异步电动机的定子固定不动，主要由机座及位于机座内部的定子铁心和定子绕组等部件组成。机座主要包括电动机的外壳、底座等固定部分，由铸铁或者铸钢制成。为降低涡流所引起的铁损，定子铁心通常由表面涂有绝缘漆的环形硅钢片（如图 7-2（a）所示）叠压而成，固定在筒形机座内。其中，环形硅钢片的内圆周上冲有槽孔，叠压后在定子铁心内圆周上形成均匀分布的轴向线槽，可用于嵌置定子绕组。

定子绕组由若干个线圈连接而成，再按一定规律嵌入定子铁心的线槽内。其中，每个线圈的匝数相同，均由带有绝缘层的导线绕制而成。三相异步电动机的定子绕组联结成三组，对称分布于铁心线槽中，构成三相绕组。每相绕组的首、末端均从机座上的接线盒中引出。根据供电电压的不同，可利用接线盒上的连接板将定子绕组联结成星形或三角形。

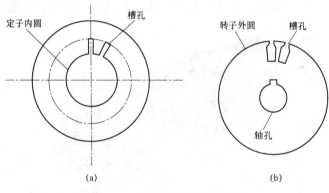

图 7-2　定子和转子的硅钢片

### 7.1.2　转子

三相异步电动机的转子主要由转子铁心、转子绕组和转轴等部件构成。转子铁心为固定在转轴上的圆柱体，由中心开有轴孔的硅钢片（如图 7-2（b）所示）叠压而成。其中，硅钢片的外圆周上冲有槽孔，叠压后在转子铁心的外圆周上形成均匀分布的轴向线槽，以便嵌置转子绕组。根据构造方式的不同，三相异步电动机的转子绕组主要分为笼型和绕线型两种。

笼型转子绕组是在转子铁心的轴向线槽中放置铜条，两端再用铜端环将铜条连成一体，构成鼠笼型结构，如图 7-3（a）所示。为节省成本，线槽内铜条还可以由铝条代替，即将熔化的铝液浇铸在转子铁心的线槽内，同时端环和风扇一并铸成，如图 7-3（b）所示。

图 7-3　笼型转子绕组

　　绕线型转子绕组是在转子铁心的轴向线槽内对称放置三相绕组，三相绕组的三个末端相连构成星形连接，三个首端分别与转轴上三个彼此独立、相互绝缘的滑环相连，每个滑环上的弹簧压着碳质电刷，如图 7-4 所示。通过滑环上的电刷，转子绕组的首端连接至接线盒，可与外部起动电阻相连，用于改善异步电动机的起动性能，如图 7-5 所示。

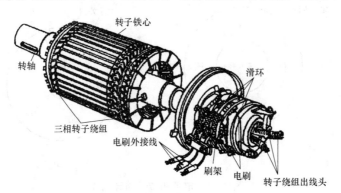

图 7-4　绕线型转子

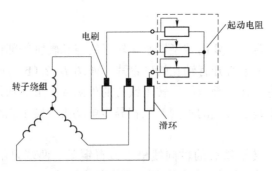

图 7-5　绕线型转子绕组的电路示意图

　　笼型和绕线型异步电动机的结构不同，但工作原理相同。由于构造简单，工作可靠，维护方便，笼型异步电动机在工农业生产中的应用最为广泛。

    **练习与思考 7-1：**笼型和绕线型异步电动机在结构上有何不同？

    **练习与思考 7-2：**笼型转子绕组的铜条为何用铜端环短路？

## 7.2　工作原理

    异步电动机利用定子绕组产生的旋转磁场与转子内的感应电流相互作用，产生电磁转矩，驱动转子转动，实现电能到机械能的转化。

### 7.2.1　旋转磁场

    三相异步电动机的定子铁心线槽内放置三相对称绕组 $U_1U_2$、$V_1V_2$ 和 $W_1W_2$，其中 $U_1$、$V_1$、$W_1$ 为首端，$U_2$、$V_2$、$W_2$ 为末端。三相绕组 $U_1U_2$、$V_1V_2$ 和 $W_1W_2$ 彼此互成 $120°$，且末端相连构成星形结构，如图 7-6 所示。

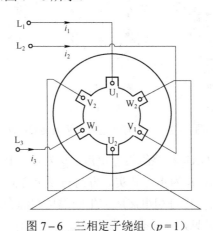

图 7-6　三相定子绕组（$p=1$）

    将三相定子绕组的首端分别接入三相对称电源 $L_1$、$L_2$ 和 $L_3$，则三相绕组流入三相对称电流，即

$$i_1 = I_m \sin \omega t$$
$$i_2 = I_m \sin(\omega t - 120°) \qquad\qquad (7-1)$$
$$i_3 = I_m \sin(\omega t + 120°)$$

其波形如图 7-7（a）所示。取电流的参考方向为图 7-6 中 $i_1$，$i_2$ 和 $i_3$ 的箭头方向，即从绕组的首端流入，末端流出。当定子绕组的电流值为正时，电流实际方向与参考方向一致；当定子绕组的电流值为负时，电流实际方向与参考方向相反。为分析方便，这里用"$\otimes$"

符号标记三相绕组实际电流的流入端，用"⊙"符号标记三相绕组实际电流的流出端。图7-7b～图7-7f给出了在不同时刻定子三相绕组的电流和磁场方向，这里选取五个特殊时刻进行分析。

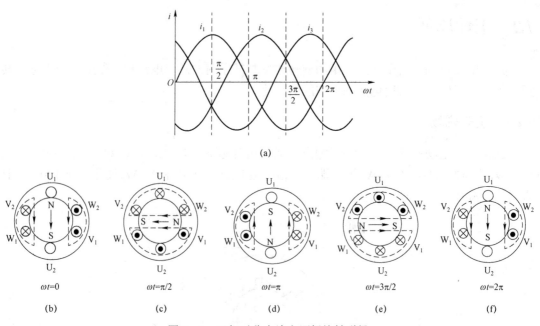

(a)

$\omega t=0$

(b)

$\omega t=\pi/2$

(c)

$\omega t=\pi$

(d)

$\omega t=3\pi/2$

(e)

$\omega t=2\pi$

(f)

图7-7  三相对称电流和两极旋转磁场

当 $\omega t=0$ 时，$i_1$ 为零，$U_1U_2$ 相绕组没有电流；$i_2$ 为负，其实际方向与参考方向相反，即由 $V_2$ 端流入，$V_1$ 端流出；$i_3$ 为正，其实际方向与参考方向一致，即由 $W_1$ 端流入，$W_2$ 端流出。根据右手螺旋定则，将每相电流所产生的磁场相综合，得出三相电流产生的合成磁场如图7-7（b）所示。可见，合成磁场为两极磁场，含有一对磁极，即 $p=1$（$p$ 为磁极对数）。磁场的上部为N极，下部为S极，方向自上而下。

当 $\omega t=\pi/2$ 时，$i_1$ 为正，$i_2$ 和 $i_3$ 均为负，图7-7（c）给出了三相绕组的电流方向。$U_1U_2$ 相电流的实际方向为由 $U_1$ 端流入，$U_2$ 端流出；$V_1V_2$ 相电流的实际方向为由 $V_2$ 端流入，$V_1$ 端流出；$W_1W_2$ 相电流的实际方向为由 $W_2$ 端流入，$W_1$ 端流出。由右手螺旋定则可判断，合成磁场也为两极磁场，跟 $\omega t=0$ 时刻相比，其磁极在空间顺时针旋转了 $\pi/2$。

同理，可判断 $\omega t$ 分别为 $\pi$，$3\pi/2$ 和 $2\pi$ 时定子绕组中三相电流所产生的合成磁场，其磁极位置如图7-7d～图7-7f所示。可见，合成磁场均为两极磁场，且随着三相电流的变化在空间中不断旋转。当电流变化一个周期时，合成磁场也在空间顺时针旋转一周。当三相电流做周期性交变时，合成磁场的磁极将连续旋转，形成旋转磁场。

由图 7-7（a）可知，三相电流达到最大值的先后顺序（相序）为 $L_1 \rightarrow L_2 \rightarrow L_3$。根据前述分析过程，旋转磁场的方向也是由 $L_1$ 相绕组 $U_1U_2$ 平面转到 $L_2$ 相绕组 $V_1V_2$ 平面再转向 $L_3$ 相绕组 $W_1W_2$ 平面，旋转方向与三相绕组电流的相序一致。若将三相定子绕组首端的三根电源线中的任意两根对调位置，如图 7-6 中 $L_1$ 和 $L_2$ 分别与 $V_1$ 和 $U_1$ 相连，则三相定子绕组中电流的相序发生变化，合成磁场的旋转方向也将随之发生反转。

三相异步电动机的极数就是旋转磁场的极数，而旋转磁场的极数由定子绕组的布置方法决定。在图 7-6 中，定子铁心有 6 个线槽，对称放置了 3 个线圈，产生的旋转磁场具有一对磁极，即 $p=1$。图 7-8 给出了四极异步电动机的实现方法，其定子铁心含有 12 个线槽，对称放置 6 个线圈，即 $U_1U_2$、$U_1'U_2'$、$V_1V_2$、$V_1'V_2'$、$W_1W_2$ 和 $W_1'W_2'$。每相定子绕组由两个线圈串联而成，即 $U_1U_2$ 和 $U_1'U_2'$ 串联组成 $L_1$ 相绕组，$V_1V_2$ 和 $V_1'V_2'$ 串联组成 $L_2$ 相绕组，$W_1W_2$ 和 $W_1'W_2'$ 串联组成 $L_3$ 相绕组。三相定子绕组连接成星形，且每相绕组的首端之间相差 $60°$ 的空间角。三相绕组的首端 $U_1$、$V_1$ 和 $W_1$ 分别接入三相对称电流，其波形如图 7-7（a）所示。

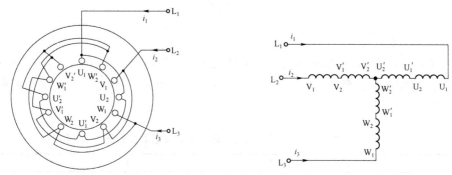

图 7-8　三相定子绕组（$p=2$）

根据前述分析方法，可判断出图 7-8 所示定子绕组产生的合成磁场为四极磁场，含有两对磁极（$p=2$），且随着三相电流的变化在空间中不断旋转，如图 7-9 所示。当电流变化一个周期时，四极合成磁场沿顺时针方向旋转半周，转速只有两极合成磁场的 1/2。

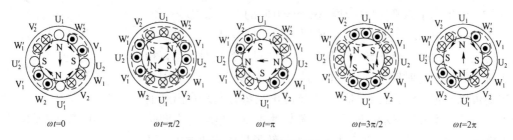

| $\omega t=0$ | $\omega t=\pi/2$ | $\omega t=\pi$ | $\omega t=3\pi/2$ | $\omega t=2\pi$ |

图 7-9　四极旋转磁场

同理，若产生六极合成旋转磁场（$p=3$），则每相定子绕组应由均匀布置在空间的三个线圈串联而成，且定子绕组的首端之间相差 40°（120°/$p$）的空间角。当电流变化一个周期时，六极合成磁场只沿顺时针方向旋转 1/3 周（120°）。

由前述分析可知，旋转磁场的转速取决于旋转磁场的极数。当定子绕组的电流变化一个周期时，二极磁场在空间中也旋转一周。若三相电流的频率为 $f_1$，即电流每秒交变 $f_1$ 次，则旋转磁场的转速为 $f_1$。通常转速是以每分钟转数计算的，单位为转每分（r/min）。旋转磁场的转速 $n_1$ 可表示为

$$n_1 = 60 f_1 \qquad\qquad (7-2)$$

由图 7−9 可知，当旋转磁场含有 4 个磁极（$p=2$）时，其转速只有二极旋转磁场的一半，即 $n_1 = 60f_1/2$。对于六极异步电动机（$p=3$），其合成磁场的转速是 $p=1$ 时转速的 1/3，即 $n_1 = 60f_1/3$。

以此类推，可以归纳出具有 $p$ 对磁极的三相异步电动机，其旋转磁场的转速为

$$n_1 = \frac{60 f_1}{p} \qquad\qquad (7-3)$$

其中，$n_1$ 通常也称为同步转速。

由式（7−3）可知，三相异步电动机旋转磁场的转速取决于电源频率 $f_1$ 和磁极对数 $p$。我国三相电源的频率为 50 Hz，根据式（7−3）可以得到对应不同磁极对数的旋转磁场同步转速，见表 7−1。

表 7−1　对应不同磁极对数的旋转磁场同步转速

| $p$ | 1 | 2 | 3 | 4 | 5 | 6 |
|---|---|---|---|---|---|---|
| $n_1$（r/min） | 3 000 | 1 500 | 1 000 | 750 | 600 | 500 |

## 7.2.2　转子转动原理

7.2.1 节指出，定子绕组通以三相对称电流后，将产生旋转磁场。图 7−10 给出了二极异步电动机在 $\omega t = 0$ 时的工作原理示意图。

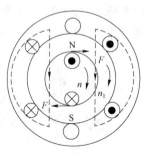

图 7−10 中，定子绕组产生的两极磁场以同步转速 $n_1$ 沿顺时针方向旋转。此时，转子导体和旋转磁场之间具有相对运动，相当于转子导体沿逆时针方向切割磁力线，产生感应电动势。由右手定则可以判定，转子上半部导体中感应电动势方向是穿出纸面向外，用符号"⊙"表示；转子下半部导体中感应电动势方向是穿入纸面向内，用符号"⊗"表示。由于转子导体的两端由端环

图 7−10　转子转动原理图

连接构成闭合回路，感应电动势在转子内部产生感应电流，其方向与感应电动势方向一致。转子感应电流与旋转磁场相互作用产生电磁作用力 $F$，其方向可由左手定则判定，上半部转子导体的电磁力向右，下半部转子导体的电磁力向左。电磁力 $F$ 作用在转子上形成电磁转矩 $T$，电动机便会转动起来。

由图 7-10 可知，电磁转矩的方向与合成磁场的旋转方向一致，即转子顺着旋转磁场的方向顺时针转动。当改变三相电源的相序时，合成磁场的旋转方向随之发生反转，转子的转动方向也将发生反转。因此，在实际工程应用中，若转子的转向需要反转，则只须对调异步电动机外接三相电源的任意两根电源线，改变相序即可。

异步电动机转子的转速 $n$ 不可能达到旋转磁场的同步转速 $n_1$，否则转子与旋转磁场之间相对静止，转子导体不再切割磁力线，转子感应电动势和感应电流均将消失，无法产生驱动转子旋转的电磁转矩。可见，转子转速 $n$ 应低于旋转磁场的同步转速 $n_1$，这就是异步电动机名称的由来。

转子与旋转磁场的相对运动速度通常用转差率 $s$ 表示，即

$$s = \frac{n_1 - n}{n_1} \qquad (7-4)$$

转差率 $s$ 表征电动机的运行速度，且与转子感应电动势、转子感应电流及电磁转矩等其他主要参数有密切关系，是异步电动机的重要参数。在电动机起动瞬间，转子不动，$n=0$，则 $s=1$，转差率最大。随着转子转速的不断增加，转差率逐渐减小，其变化范围为 $0 < s \leq 1$。异步电动机在额定运转时，转子的转速通常接近且略低于同步转速，转差率 $s$ 一般在 1% 到 6% 之间。

**例 7-1**　某台三相异步电动机，其额定转速 $n = 2\,930$ r/min，电源频率 $f_1 = 50$ Hz。试求电动机的极数和额定负载时的转差率。

**解：**异步电动机的额定转速接近于同步转速。由表 7-1 可以查出，与 2 930 r/min 最接近的同步转速 $n_1$ 为 3 000 r/min，对应的磁极对数 $p=1$。因此，额定负载时的转差率为

$$s = \frac{n_1 - n}{n_1} \times 100\% = \frac{3\,000 - 2\,930}{3\,000} \times 100\% = 2.3\%$$

**练习与思考 7-3：**异步电动机采用直流电源供电可否产生旋转磁场？

**练习与思考 7-4：**为何改变三相电源的相序可使转子反转？画出旋转磁场的变化。

**练习与思考 7-5：**异步电动机转子绕组的感应电流何时最大？说明原因。

# 7.3　电路分析

三相异步电动机的定子和转子之间有空气隙，没有直接连接，定子绕组和转子绕组通

过磁场耦合相互联系。上述电磁关系与变压器类似，其中定子绕组相当于变压器的一次绕组，转子绕组通常短接，相当于变压器的二次绕组。定子绕组通入三相对称电流，产生旋转磁场，其磁通同时与定子绕组和转子绕组交链。因此，旋转磁场将在定子和转子的每相绕组上产生感应电动势和感应电流。需要注意的是，变压器铁心中的磁场是静止的，但异步电动机的合成磁场是旋转的，两者略有不同。图 7-11 给出了三相异步电动机每相绕组的简化电路模型，其中 $e_1$ 和 $e_2$ 分别为定子绕组和转子绕组的感应电动势，$i_1$ 和 $i_2$ 分别为定子绕组和转子绕组的感应电流，$e_{a1}$ 和 $e_{a2}$ 分别为定子绕组和转子绕组的漏磁通产生的漏磁电动势，$R_1$ 和 $R_2$ 分别为定子绕组和转子绕组的电阻。

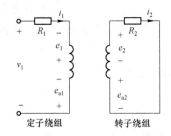

图 7-11　三相异步电动机的每相等效电路

### 7.3.1　定子电路

由于定子绕组是静止的，当旋转磁场以同步转速 $n_1$ 在空间旋转时，定子绕组产生感应电动势 $e_1$，其频率 $f_1$ 等于电源频率，即

$$f_1 = \frac{pn_1}{60} \tag{7-5}$$

比较图 7-11 和图 6-20 可知，每相定子绕组与变压器一次绕组的等效电路结构相同，因此两者具有相同的电路方程。根据式（6-26）和式（6-31），若忽略 $R_1$ 和 $e_{a1}$，可推导出定子绕组电路方程的相量形式

$$\dot{V}_1 \approx -\dot{E}_1 \tag{7-6}$$

且

$$E_1 = K_1 \times 4.44 f_1 N_1 \Phi_m \approx V_1 \tag{7-7}$$

其中，$V_1$ 为外加电压的有效值；$K_1$ 为考虑定子绕组空间位置而引入的定子绕组系数，其值小于 1；$f_1$ 为 $e_1$ 的频率；$N_1$ 为每相定子绕组的匝数；$\Phi_m$ 为通过每相绕组的主磁通最大值。由式（7-7）可知，当 $V_1$ 和 $f_1$ 不变时，$\Phi_m$ 保持不变。

### 7.3.2　转子电路

转子绕组在旋转磁场的作用下产生电磁转矩，以速度 $n$ 进行旋转，因此其感应电动势频率 $f_2$ 与转子和旋转磁场的相对运动速度有关，即

$$f_2 = \frac{p(n_1 - n)}{60} \tag{7-8}$$

式（7-8）中，$n_1 - n$ 为旋转磁场和转子间的相对转速。

式（7-8）还可表示为

$$f_2 = \frac{n_1 - n}{n_1} \times \frac{pn_1}{60} = sf_1 \tag{7-9}$$

可见，转子电动势的频率 $f_2$ 与转差率 $s$ 成正比。在电动机起动瞬间，$n=0$，转差率最大，即 $s=1$，转子与旋转磁场的相对运动速度最大，转子以最快的速度切割磁力线，此时 $f_2$ 最高，与 $f_1$ 相等。

转子感应电动势 $e_2$ 的有效值为

$$E_2 = K_2 \times 4.44 f_2 N_2 \Phi_{\mathrm{m}} \tag{7-10}$$

其中，$K_2$ 为引入的转子绕组系数；$N_2$ 为每相转子绕组的匝数。

将式（7-9）代入式（7-10），可得

$$E_2 = K_2 \times 4.44 sf_1 N_2 \Phi_{\mathrm{m}} = sE_{20} \tag{7-11}$$

式（7-11）中，$E_{20}$ 为在异步电动机起动瞬间，即 $s=1$ 时的转子感应电动势，即

$$E_{20} = K_2 \times 4.44 f_1 N_2 \Phi_{\mathrm{m}} \tag{7-12}$$

可见，转子感应电动势 $E_2$ 与转差率 $s$ 成正比。

由图 7-11 得，每相转子绕组的电路方程可表示为

$$e_2 = R_2 i_2 - e_{a2} = R_2 i_2 + L_{a2} \frac{\mathrm{d}i_2}{\mathrm{d}t} \tag{7-13}$$

其相量形式为

$$\dot{E}_2 = R_2 \dot{I}_2 - \dot{E}_{a2} = R_2 \dot{I}_2 + \mathrm{j} X_2 \dot{I}_2 \tag{7-14}$$

式（7-14）中，$X_2$ 为转子绕组的漏感抗，即

$$X_2 = 2\pi f_2 L_{a2} = 2\pi sf_1 L_{a2} \tag{7-15}$$

在异步电动机起动瞬间，即 $s=1$ 时，转子感抗可表示为

$$X_{20} = 2\pi f_1 L_{a2} \tag{7-16}$$

由此可得

$$X_2 = sX_{20} \qquad (7-17)$$

可见，转子感抗 $X_2$ 与转差率 $s$ 成正比。

转子电路方程又可表示为

$$\dot{E}_2 = R_2 \dot{I}_2 + jsX_{20} \dot{I}_2 \qquad (7-18)$$

由式（7-18）可推导出，转子电流的有效值 $I_2$ 和转子绕组功率因数 $\cos\varphi_2$ 可分别表示为

$$I_2 = \frac{E_2}{\sqrt{R_2^2 + X_2^2}} = \frac{sE_{20}}{\sqrt{R_2^2 + (sX_{20})^2}} \qquad (7-19)$$

$$\cos\varphi_2 = \frac{R_2}{\sqrt{R_2^2 + X_2^2}} = \frac{R_2}{\sqrt{R_2^2 + (sX_{20})^2}} \qquad (7-20)$$

由式（7-19）和式（7-20）可知，转子电路的电流和功率因数均与转差率 $s$ 有关。图 7-12 给出了 $I_2$ 和 $\cos\varphi_2$ 随 $s$ 变化的曲线。

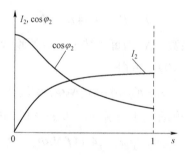

图 7-12  $I_2$ 和 $\cos\varphi_2$ 与 $s$ 的关系

可见，随着 $s$ 的增大（转子转速的降低），转子电流逐渐增加。$s=1$ 时，转子转速为零，转子与旋转磁场的相对运动速度最大，转子感应电动势和感应电流达到最大。同时，随着 $s$ 的增大，$X_2$ 不断增大，导致 $\cos\varphi_2$ 逐渐减小。由于异步电动机的转子转速 $n$ 总是小于同步转速 $n_1$，转差率 $s$ 不可能为零，因此转子的功率因数 $\cos\varphi_2$ 不可能为 1，即转子电流在相位上总是滞后于转子电动势。

**练习与思考 7-6**：比较变压器一次绕组、二次绕组与三相异步电动机定子绕组、转子绕组的电压方程是否相同？

**练习与思考 7-7**：若将工作频率为 60 Hz 的三相异步电动机接入至 50 Hz 的电源上将会产生何种后果？

## 7.4　电磁转矩和机械特性

### 7.4.1　电磁转矩

异步电动机的电磁转矩是指转子受到电磁力的作用而产生的转矩，表征了一台电动机驱动能力的大小。由于转差率不可能为零，转子电路的功率因数角不为零，转子电流可分解为有功分量和无功分量。电磁转矩 $T$ 由旋转磁场的主磁通与转子电流的有功分量 $I_2 \cos \varphi_2$ 相互作用产生，可表示为

$$T = K_T \Phi_m I_2 \cos \varphi_2 \qquad (7-21)$$

式（7-21）中，$\Phi_m$ 为主磁通的最大值；$K_T$ 为常数，取决于电动机结构。

将式（7-19）和式（7-20）代入式（7-21），可得

$$T = K_T \Phi_m \frac{sE_{20}R_2}{R_2^2 + (sX_{20})^2} \qquad (7-22)$$

由式（7-7），

$$\Phi_m \approx \frac{V_1}{K_1 \times 4.44 f_1 N_1} \propto V_1 \qquad (7-23)$$

又由式（7-12），当电源频率一定时，$E_{20} = K_2 \times 4.44 f_1 N_2 \Phi_m \propto V_1$。因此，转子的电磁转矩可表示为

$$T = K \frac{sV_1^2 R_2}{R_2^2 + (sX_{20})^2} \qquad (7-24)$$

式（7-24）中，$K$ 是常数。

可见，转子的电磁转矩 $T$ 与电源电压 $V_1$ 的平方成正比，$V_1$ 的变化对转矩的影响较大。例如，电源电压降低至额定电压的 70% 时，转子的电磁转矩仅为原来的 49%，这将导致电动机不能正常起动，或使正在运行的电动机被迫停转。

当电动机正常运行时，$V_1$，$f_1$，$R_2$ 和 $X_{20}$ 通常可认为恒定不变，电磁转矩仅为转差率 $s$ 的函数。图 7-13 给出了电磁转矩随转差率变化的特性曲线，其中，$s_c$ 是电磁转矩最大时对应的转差率，称为临界转差率。

### 7.4.2　机械特性

三相异步电动机的机械特性表示了电磁转矩 $T$ 与转子转速 $n$ 的关系，可用 $n-T$ 曲线表示。由转差率的定义，$n-T$ 曲线可由图 7-13 所示的 $T-s$ 曲线转换而来。将式（7-4）代

入式（7-24），将特性曲线的横坐标改为 $T$，纵坐标改为 $n$，便可得到三相异步电动机的机械特性曲线，如图 7-14 所示。

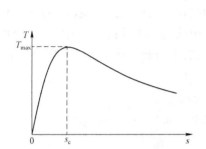

图 7-13　三相异步电动机的电磁转矩特性曲线　　图 7-14　三相异步电动机的机械特性曲线

图 7-14 中，$n=0$ 时的电磁转矩 $T_S$ 称为起动转矩。$T$ 随着 $n$ 的增加先不断增大，再逐渐减小。当 $n=n_c$ 时，电磁转矩达到最大值 $T_{max}$，$n_c$ 通常称为临界转速。

以下介绍表征异步电动机机械特性的三个重要转矩参数。

**1. 额定转矩**

额定转矩 $T_N$ 表示异步电动机在额定负载下的输出转矩，可表示为额定功率 $P_N$ 和转子额定角速度 $\omega_N$ 的比值，即

$$T_N = \frac{P_N}{\omega_N} = \frac{P_N \times 10^3}{\dfrac{2\pi n_N}{60}} = 9\,550\frac{P_N}{n_N} \tag{7-25}$$

式（7-25）中，$P_N$ 是电动机转轴上输出的机械功率，单位为 kW；$n_N$ 为转子的额定转速，单位为 r/min；$T_N$ 的单位是 N·m。

**2. 起动转矩**

起动转矩 $T_S$ 是异步电动机起动瞬间（$s=1$）的转矩。令式（7-24）中 $s=1$，即可求得起动转矩为

$$T_S = K\frac{V_1^2 R_2}{R_2^2 + X_{20}^2} \tag{7-26}$$

由式（7-26）可知，起动转矩 $T_S$ 的大小与电源电压 $V_1$、转子电阻 $R_2$ 及起动瞬间的漏电抗 $X_{20}$ 有关。为保证异步电动机能正常起动，起动转矩必须大于负载转矩。起动转矩与额定转矩的比值 $T_S/T_N$ 称为异步电动机的起动能力。

起动转矩 $T_S$ 与 $R_2$ 成正比，随着 $R_2$ 的增大而增大。利用这一特点，绕线型异步电动机起动时，可在转子电路外部接入电阻以增加转子电阻，从而有效提高电动机的起动转矩。

**3. 最大转矩**

最大转矩 $T_{max}$ 是电磁转矩的最大值，又称为临界转矩，可由式（7−24）对 $s$ 求导并令其值等于零（$dT/ds=0$）得到。经数学推导可得，当转差率 $s$ 达到

$$s_c = \frac{R_2}{X_{20}} \tag{7−27}$$

电磁转矩达到最大，即

$$T_{max} = K\frac{V_1^2}{2X_{20}} \tag{7−28}$$

可见，最大转矩 $T_{max}$ 与 $V_1^2$ 成正比，与转子电阻 $R_2$ 无关。当 $V_1$ 下降，$R_2$ 保持不变时，$T_{max}$ 减小，但临界转差率 $s_c$ 及临界转速 $n_c$ 不变，如图 7−15 所示。

临界转差率 $n_c$ 与 $R_2$ 成反比。当 $R_2$ 增加时，$n_c$ 随之减小，$n=f(T)$ 曲线下移，但最大转矩 $T_{max}$ 保持不变，如图 7−16 所示。

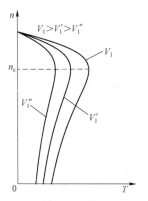

图 7−15  最大转矩与电源电压的关系

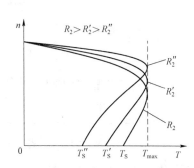

图 7−16  最大转矩与转子电阻的关系

最大转矩与额定转矩的比值 $\lambda = T_{max}/T_N$ 称为过载系数，反映了异步电动机的过载能力。电动机的最大转矩必须大于最大负载转矩，否则须重新选择电动机。

**例 7−2**  已知某台异步电动机功率为 30 kW，转速 $n_N = 2\,950$ r/min，起动能力 $T_S/T_N$ 为 2.0，过载系数 $T_{max}/T_N$ 为 2.2，试求：

（1）额定转矩和最大转矩；

（2）若负载转矩 $T_L$ 为 200 N·m，电动机能否直接起动？

解：（1）额定转矩 $T_N = 9550 \times \dfrac{30}{2\,950} = 97.1\,(\text{N} \cdot \text{m})$

最大转矩 $T_{max} = 2.2 \times 97.1 = 213.6\,(\text{N} \cdot \text{m})$

（2）起动转矩 $T_S = 2.0 \times 97.1 = 194.2\,(\text{N} \cdot \text{m})$

由于 $T_S < T_L$，所以电动机不能直接起动。

**练习与思考 7-8：** 三相异步电动机的电磁转矩与哪些因素相关？

**练习与思考 7-9：** 试分析当负载转矩一定时，电源电压的降低对三相异步电动机的转速及转子电流有何影响？

# 7.5  额定值

电动机在额定电压和额定电流下运行称为额定运行。电动机的铭牌通常位于机座外壳上，显示了电动机在额定运行时各主要性能参数的额定值，用户需要根据铭牌上的数据选择和使用电动机。这里以 Y90L-2 型电动机为例，简单介绍铭牌（如图 7-17 所示）中各数据的意义。

| 三相异步电动机 | | | | | |
|---|---|---|---|---|---|
| 型号 | Y90L-2 | 功　率 | 2.2 kW | 频　率 | 50 Hz |
| 电压 | 380 V | 电　流 | 4.8 A | 接　法 | Y |
| 转速 | 2 840 r/min | 绝缘等级 | B | 工作方法 | 连接 |
| 效率 | 80.5% | 功率因数 | 0.86 | 生产日期 | ×年×月 |

图 7-17  Y90L-2 型三相异步电动机铭牌

（1）型号：表示电动机类型和技术规格的代号。Y90L-2 型号的具体意义为

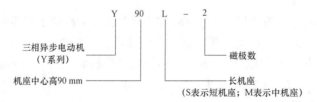

此外，异步电动机还有其他不同型号，如 YR 系列绕线型异步电动机，YQ 系列高起动转矩异步电动机等。

（2）功率：表示电动机在额定运行时，转轴上输出的机械功率，即额定功率 $P_N$。

（3）频率：表示电动机电源的频率，我国交流电源的频率为 50 Hz。

（4）电压：表示电动机在额定运行时，定子绕组应当施加的线电压值，用 $V_N$ 表示。当铭牌上标有两种电压值时，分别对应于三相定子绕组连接成星形和三角形时应当施加的线电压值。

（5）电流：表示电动机在额定运行时，定子绕组上的线电流值，用 $I_N$ 表示。当铭牌上标有两种电流值时，分别对应于三相定子绕组连接成星形和三角形时的线电流值。

（6）接法：表示电动机定子绕组的连接方法。异步电动机的三相定子绕组具有 6 个出线端，分别与电动机接线盒上的 6 根引出线相连。6 根引出线中，分别用 $U_1$、$V_1$、$W_1$ 表示三相绕组的首端，$U_2$、$V_2$、$W_2$ 表示三相绕组的末端。异步电动机在接入电源前，须正确连接定子绕组，连接形式有星形和三角形两种，如图 7-18 所示。具体接法的选择应根据铭牌规定进行。以 Y90L-2 型电动机为例，铭牌上标明"电压 380 V""接法 Y"，说明电源电压为三相 380 V，定子绕组应接成星形。若电动机的接线盒只引出 3 个接线端，则表明定子绕组的连接方式已固定在电动机内部，具体连接方式参见铭牌标注。

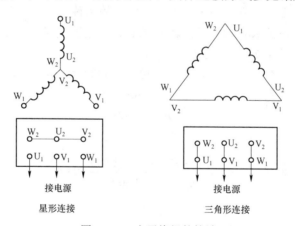

图 7-18　定子绕组的接法

（7）转速：表示电动机在额定运行时的转速，又称为额定转速，用 $n_N$ 表示。

（8）绝缘等级：按照电动机内部定子绕组所用绝缘材料可容许的极限温度来进行分级，见表 7-2。

表 7-2　绝缘材料的绝缘等级和极限温度

| 绝缘等级 | Y | A | E | B | F | H | C |
|---|---|---|---|---|---|---|---|
| 极限温度/℃ | 90 | 105 | 120 | 130 | 155 | 180 | >180 |

（9）效率：电动机在额定运行时额定功率 $P_N$ 与定子输入功率 $P_{1N}$ 的比值，用 $\eta_N$ 表示，即

$$\eta_{\mathrm{N}} = \frac{P_{\mathrm{N}}}{P_{\mathrm{1N}}} \times 100\% \qquad (7-29)$$

式（7-29）中

$$P_{\mathrm{1N}} = \sqrt{3} V_{\mathrm{N}} I_{\mathrm{N}} \cos\varphi_{\mathrm{N}} \qquad (7-30)$$

（10）功率因数：电动机在额定运行时定子每相绕组电路的功率因数，即式（7-30）中的 $\cos\varphi_{\mathrm{N}}$。

查询产品手册，除铭牌上的数据外，还可获得电动机其他重要数据参数，如起动电流与额定电流的比值、起动能力（起动转矩与额定转矩的比值）、过载系数（最大转矩与额定转矩的比值）等。

**例 7-3** 已知某台三相异步电动机的额定参数如下：额定功率 $P_{\mathrm{N}} = 3$ kW，接法星形/三角形，$V_{\mathrm{N}} = 380$ V/220 V，功率因数 $\cos\varphi_{\mathrm{N}} = 0.87$，效率 $\eta_{\mathrm{N}} = 82\%$，转子的额定转速 $n_{\mathrm{N}} = 2\,880$ r/min，起动电流倍数 $I_{\mathrm{S}}/I_{\mathrm{N}} = 7.0$，起动转矩倍数 $T_{\mathrm{S}}/T_{\mathrm{N}} = 2.2$，过载能力 $T_{\max}/T_{\mathrm{N}} = 2.3$，工作频率 $f_1 = 50$ Hz。试求：（1）磁极对数 $p$；（2）额定转差率 $s_{\mathrm{N}}$；（3）定子绕组连接成星形和三角形时的额定电流 $I_{\mathrm{N}}$；（4）额定转矩 $T_{\mathrm{N}}$；（5）定子绕组连接成星形和三角形时的起动电流 $I_{\mathrm{S}}$；（6）起动转矩 $T_{\mathrm{S}}$ 和最大转矩 $T_{\max}$。

**解：**（1）当 $n_{\mathrm{N}} = 2\,880$ r/min 时，同步转速 $n_1 = 3\,000$ r/min，因此

$$p = \frac{60 f_1}{n_1} = \frac{60 \times 50}{3\,000} = 1$$

（2）额定转差率

$$s_{\mathrm{N}} = \frac{n_1 - n}{n_1} = \frac{3\,000 - 2\,880}{3\,000} = 0.04$$

（3）额定电流

星形连接时 $I_{\mathrm{N}} = \dfrac{P_{\mathrm{N}}}{\eta_{\mathrm{N}} \times \sqrt{3} V_{\mathrm{N}} \cos\varphi_{\mathrm{N}}} = \dfrac{3 \times 10^3}{0.82 \times \sqrt{3} \times 380 \times 0.87} = 6.4\,(\mathrm{A})$

三角形连接时 $I_{\mathrm{N}} = \dfrac{P_{\mathrm{N}}}{\eta_{\mathrm{N}} \times \sqrt{3} V_{\mathrm{N}} \cos\varphi_{\mathrm{N}}} = \dfrac{3 \times 10^3}{0.82 \times \sqrt{3} \times 220 \times 0.87} = 11.0\,(\mathrm{A})$

（4）额定转矩

$$T_{\mathrm{N}} = 9\,550 \frac{P_{\mathrm{N}}}{n_{\mathrm{N}}} = 9.9\ \mathrm{N} \cdot \mathrm{m}$$

（5）起动电流

星形连接时 $I_S = 7.0 \times I_N = 7.0 \times 6.4 = 44.8（\text{A}）$

三角形连接时 $I_S = 7.0 \times I_N = 7.0 \times 11 = 77（\text{A}）$

（6）起动转矩

$$T_S = 2.2 \times T_N = 2.2 \times 9.9 = 21.8（\text{N} \cdot \text{m}）$$

最大转矩 $T_{\max}$

$$T_{\max} = 2.3 \times T_N = 2.3 \times 9.9 = 22.8（\text{N} \cdot \text{m}）$$

**练习与思考 7－10**：若异步电动机额定电压为 380 V/220 V，如何根据电源电压选择星形连接或三角形连接？

**练习与思考 7－11**：若电源电压不变，当定子绕组的星形连接误接为三角形连接，或者三角形连接误接为星形连接时，将会产生何种后果？

# 7.6　三相异步电动机的使用

在实际工业生产中，需要根据铭牌数据和应用需求正确、高效地使用电动机，其中着重关注电动机的起动、调速与制动等方面的问题。

## 7.6.1　异步电动机的起动

电动机从接入电源开始转动到稳定运转的过程称为起动过程。起动时定子绕组的线电流称为起动电流。异步电动机的起动特性主要关注起动电流和起动转矩。

电动机起动瞬间，转子导体以同步转速切割旋转磁场，转子绕组的感应电动势和感应电流较大。根据电磁感应特性，定子电流即起动电流也将随着转子电流的增大而增大。通常，笼型异步电动机在额定电压下起动时起动电流约为额定电流的 5～7 倍。例如，Y90L－2 型电动机的额定电流为 4.8 A，起动电流为额定电流的 7 倍，可知起动电流为 33.6 A。电动机起动之后，转速逐渐加快，起动电流将随之减小。

由于起动时间一般很短，只要不频繁起动，起动电流过大不会导致电动机温度显著升高，对电动机本身而言危害不大。然而，过大的起动电流会导致供电线路电压的显著降低，进而影响接在同一线路上其他电气设备的正常运行。

电动机起动时，转子的起动转矩应大于负载转矩，否则电动机不能正常起动。然而，起动时转差率 $s = 1$，转子的电流虽大，但由图 7－12 可知转子的功率因数 $\cos\varphi_2$ 较低，因此根据式（7－21）可知起动转矩不大，一般为额定转矩的 1～2.2 倍。

由上述分析可知，异步电动机的起动电流较大和起动转矩较小，都会影响电动机和其他用电设备的正常运行，须选择合适的起动方法克服上述缺点。

三相异步电动机主要有以下几种常用的起动方法。

**1. 直接起动**

直接起动是指电动机在额定电压下起动，又称为全压起动。直接起动只须利用闸刀等开关装置为电动机直接加载额定电压，操作简单，但起动电流较大，会影响其他负载的正常工作。

一般认为，可直接起动的电动机应符合以下标准：若电动机由独立变压器供电，频繁起动时电动机的容量应小于变压器容量的 20%；偶尔起动的电动机，其容量应小于变压器容量的 30%。若电动机无独立变压器供电，则电动机直接起动时所产生的电压降应不超过 5%。

**2. 降压起动**

为减小起动电流，进而降低电动机起动对线路电压的影响，在电动机起动时降低定子绕组电压的方法称为降压起动。一旦电动机转速接近额定转速时，再改变连接方法使电动机在额定电压下运行。由式（7−26）可知，起动转矩与电源电压的平方成正比，因此降压起动法以牺牲起动转矩为代价，仅适用于空载或者轻载起动的场合。

常用的降压起动法主要有以下 3 种。

1）星形−三角形（Y−△）转换起动

Y−△转换起动法是指若电动机正常运行时定子绕组为三角形连接，则在起动时先将定子绕组接成星形，当转子接近额定转速时再换成三角形连接。图 7−19 给出了 Y−△转换起动的工作原理图，起动时先将开关 $QS_2$ 合到"Y"处，定子绕组以星形连接起动；再合上开关 $QS_1$，接通三相电源；最后，待转速升高至额定转速附近时再将 $QS_2$ 转换至"△"处，恢复定子绕组的三角形连接。目前，Y−△转换起动是采用 Y−△起动器实现的。

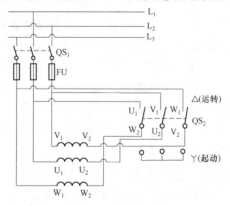

图 7−19　三相异步电动机 Y−△转换起动

如图 7−20 所示定子绕组的星形与三角形连接结构，其中 Z 为起动时每相定子绕组的等效阻抗。当定子绕组接成星形时，每相定子绕组的电压为 $V_L / \sqrt{3}$，线电流为

$$I_{LY} = \frac{V_L / \sqrt{3}}{|Z|} \tag{7-31}$$

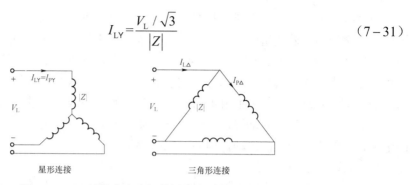

图 7-20 三相异步电动机的星形和三角形连接

当定子绕组接成三角形时，每相定子绕组的电压为 $V_L$，线电流为

$$I_{L\triangle} = \frac{\sqrt{3}V_L}{|Z|} \tag{7-32}$$

显然，$I_{LY} = I_{L\triangle}/3$，降压起动有效减小了电动机的起动电流。然而，星形连接时定子绕组的电压为三角形连接时的 $1/\sqrt{3}$，因此起动转矩也减小至直接起动时的 1/3。

2）自耦降压起动

自耦降压起动利用三相自耦变压器将电动机起动时的电压降低，其接线图如图 7-21 所示。起动时，先将开关 $QS_2$ 合到"起动"一侧，电动机的定子绕组与自耦变压器的抽头相接；再合上开关 $QS_1$，接通三相电源，电动机随之起动。当转子接近额定转速时，再将 $QS_2$ 转向"运转"一侧，断开自耦变压器，电动机转入全压运行。

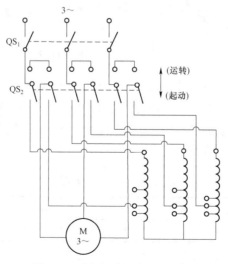

图 7-21 自耦降压起动接线图

自耦变压器的二次绕组通常具有多个抽头以获得不同电压，可根据实际应用对起动转矩的要求来选用。若选用的抽头对应变比为 $K$，则电动机的起动电压和起动电流（自耦变压器二次绕组的电流）只有直接起动时的 $1/K$。根据变压器电流的变换关系，电动机起动时供电线路上的电流（自耦变压器一次绕组的电流）只有起动电流的 $1/K$，即只有直接起动时的 $1/K^2$。例如，若选用抽头的变比 $K$ 为 5:4，则供电线路上的电流为直接起动时的 0.64 倍。但此时，电动机的起动转矩降为全压起动时的 64%。可见，自耦降压法可有效减小起动电流，降低电网电压的波动，但同时也减小了起动转矩。

3）绕线式电动机起动

如图 7−22 所示，绕线式异步电动机起动时，在转子电路中接入变阻器 $R_{St}$ 限制转子电流。起动时，将 $R_{St}$ 放在较大阻值上，减小转子电流，进而减小定子的起动电流。随着电动机转速的不断增加，逐段切除外接电阻。由图 7−16 可知，当转子电路的电阻增大时，起动转矩 $T_S$ 也随之增大。可见，与前面两种起动方法不同，绕线式电动机通过串接电阻起动可在减小起动电流的同时增大起动转矩，适用于重载生产机械领域，如起重机、锻压机等。

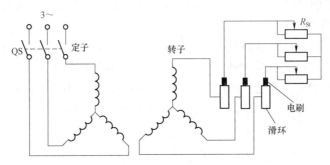

图 7−22　绕线式电动机的起动接线图

例 7−4　已知某台三相异步电动机，其主要数据参数见表 7−3，电源频率为 50 Hz，若负载转矩为 20.8 N·m，要求起动电流小于 80 A：（1）判断采用 Y−△ 转换起动是否可行；（2）若采用自耦降压起动，自耦变压器共有 3 个抽头，分别对应电源电压的 40%，60% 和 80%，试判断哪个抽头符合要求？

表 7−3　例 7−4 表

| 额定功率 | 额定电压 | 额定转速 | 效率 | 功率因数 | 接法 | $I_S/I_N$ | $T_S/T_N$ |
|---|---|---|---|---|---|---|---|
| 15 kW | 380 V | 2 930 r/min | 88.2% | 0.88 | 三角形 | 7 | 2 |

解：（1）电动机的额定转矩和额定电流分别为

$$T_N = 9\,550\frac{P_N}{n_N} = 48.9\ \text{N}\cdot\text{m}$$

$$I_N = \frac{P_N}{\eta_N \times \sqrt{3}V_N\cos\varphi_N} = \frac{15\times10^3}{0.882\times\sqrt{3}\times380\times0.88} = 29.4\,(\text{A})$$

三角形连接时的起动转矩和起动电流分别为

$$T_S = 2T_N = 97.8\ \text{N}\cdot\text{m}$$

$$I_S = 7I_N = 205.8\ \text{A}$$

Y–△转换起动时起动转矩和起动电流分别为

$$T_{SY} = \frac{1}{3}\times T_S = 32.6\ \text{N}\cdot\text{m} > 20.8\ \text{N}\cdot\text{m}$$

$$I_{SY} = \frac{1}{3}\times I_S = 68.6\ \text{A} < 80\ \text{A}$$

可以采用 Y–△转换起动。

（2）自耦变压器抽头为 40% 时，起动转矩和起动电流分别为

$$T_S' = 0.4^2\times T_S = 15.6\ \text{N}\cdot\text{m} < 20.8\ \text{N}\cdot\text{m}$$

$$I_S' = 0.4^2\times I_S = 32.9\ \text{A} < 80\ \text{A}$$

自耦变压器抽头为 60% 时，起动转矩和起动电流分别为

$$T_S' = 0.6^2\times T_S = 35.2\ \text{N}\cdot\text{m} > 20.8\ \text{N}\cdot\text{m}$$

$$I_S' = 0.6^2\times I_S = 74.1\ \text{A} < 80\ \text{A}$$

自耦变压器抽头为 80% 时，起动转矩和起动电流分别为

$$T_S' = 0.8^2\times T_S = 62.6\ \text{N}\cdot\text{m} > 20.8\ \text{N}\cdot\text{m}$$

$$I_S' = 0.8^2\times I_S = 131.7\ \text{A} > 80\ \text{A}$$

可见，只有抽头为 60% 的自耦降压起动符合要求。

## 7.6.2  异步电动机的调速

在实际生产中，电动机的转速需要在同一负载转矩下进行一定范围内的调节，这一过程称为调速。例如，在火车运行过程中，根据线路状态、进出站要求等实际情况，须调节牵引电力机车的速度；为提高电梯等设备的舒适度，须调节电动机的转速以实现平滑的加速或减速。

由式（7–4）可得，异步电动机的转速为

$$n = (1-s)n_1 = (1-s)\frac{60f_1}{p} \tag{7-33}$$

式（7-33）表明，异步电动机的调速可通过改变电源频率 $f_1$、极对数 $p$ 和转差率 $s$ 来实现。

**1. 变频调速**

异步电动机的变频调速是指改变供电电源的频率，可通过在电源与电动机之间加装变频装置实现，其结构如图 7-23 所示，主要包括整流器和逆变器两部分。整流器将 50 Hz 的三相交流电转变为直流电，再由逆变器将直流电转变为频率和电压有效值均可调的三相交流电。

图 7-23 变频调速装置

随着电力电子技术的不断进步及相关控制技术的日益发展，尤其是大功率开关元件制造水平的不断提高，变频调速技术近些年得到了飞速发展。笼型异步电动机可以实现大范围、无极连续及平滑调速，已广泛应用于电力、化工、供水等社会生活中的各个领域。

**2. 变极调速**

由式（7-33）可知，转子转速 $n$ 与电动机磁极对数 $p$ 成反比，因此改变定子绕组的布置方式以获得电动机的不同磁极对数，便可对异步电动机进行调速。图 7-24 给出了双速三相异步电动机的工作原理，其中每相定子绕组均由两个线圈连接而成。图 7-24 以 $L_1$ 相定子绕组为例，画出了两种连接方式。图 7-24（a）的接法中，$L_1$ 相定子绕组的两个线圈 $U_1U_2$、$U_1'U_2'$ 首尾串联，产生四极磁场（$p=2$）。图 7-24（b）的接法中，$U_1U_2$、$U_1'U_2'$ 首尾串联后再并联，产生二极磁场（$p=1$）。对比图 7-24（a）和图 7-24（b）可知，保持一个线圈的电流方向不变，改变另外一个线圈的电流方向，可使电动机的极对数成倍变化，实现成倍调速。

变极调速仅适用于笼型异步电动机，且只能实现有级调速，不能进行平滑调速。

**3. 变转差率调速**

变转差率调速只适用于绕线型异步电动机，主要通过改变转子电路中串入的调速电阻来改变异步电动机的转速。参照图 7-22，将图中的起动电阻换为调速电阻，改变调速电阻的大小，便可实现平滑调速。例如，增大调速电阻，可提高电动机的转差率，使电动机转速下降。值得注意的是，增加调速电阻的阻值将会增大电路的能耗，因此调速电阻不宜过大。变转差率调速方法简单易行，被广泛应用于起重设备中。

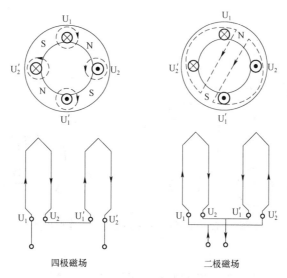

四极磁场　　　　　　二极磁场

图 7-24　变极调速方法

### 7.6.3　异步电动机的制动

在实际工业生产中，为保障人身安全，提高生产效率，须对电动机进行制动，以迫使机械装置迅速停车。异步电动机的制动方法主要包括电气制动和机械制动两种，这里主要介绍电气制动的 3 种方法，其核心即产生与电动机转动方向相反的电磁转矩，使电动机减速直至停转。

**1. 能耗制动**

在电动机切断三相交流电源的同时，接入直流电源进行制动的方法称为能耗制动。电动机正常工作时，三相交流电源产生旋转磁场，转子切割旋转磁场产生电磁转矩，转子转动起来。当切断三相电源时，转子由于惯性仍然按照原有方向继续旋转。与此同时，电动机接通直流电源，在内部产生静止磁场。转子切割磁力线，产生感应电动势及感应电流（右手定则），与静止磁场相互作用，产生与转子旋转方向相反的电磁转矩（左手定则），即制动转矩，使电动机减速或停车，工作原理如图 7-25 所示。图 7-25 中，电阻 $R$ 可用来调节直流电流，从而改变制动转矩的大小。

能耗制动主要采用消耗转子动能的方式进行制动，即电动机原有动能被消耗掉，转化为转子电路的电能。能耗制动具有制动电流小，能耗低，过程平稳等优点，但需要直流电源。

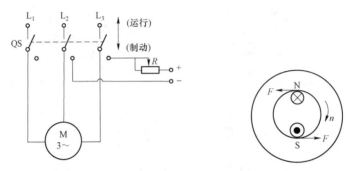

图 7-25 能耗制动的接线图和工作原理图

### 2. 反接制动

在电动机运行时,通过改变三相电源的相序使转子减速直至停车的方法称为反接制动。三相电源的相序决定了电动机旋转磁场的转向,而电磁转矩的方向与旋转磁场的转向一致。因此,在实际工程实践中,只须对调定子绕组外接三相电源的任意两根电源线,改变相序,即可产生与转子旋转方向相反的制动转矩,使转子减速,工作原理如图 7-26 所示。当电动机接近停车时,利用控制器及时切断电源,防止转子反转。

反接制动时,旋转磁场与转子的旋转方向相反,转速差较大(转差率大于 1),导致转子和定子电路的电流较大。为解决上述问题,通常在对大功率电动机进行反接制动时,在笼型异步电动机的定子电路或绕线型异步电动机的转子电路中接入限流电阻 $R$。反接制动具有制动效果好等优点,但能量消耗较大。

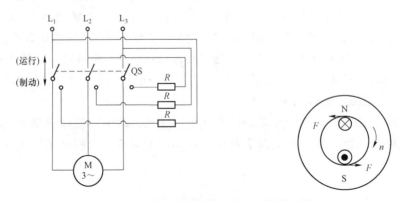

图 7-26 反接制动的接线图和工作原理图

**3.发电反馈制动**

在实际工程现场，如起重机下放重物或电车下坡时，重力的作用使电动机的转子转速大于旋转磁场的转速。根据电磁感应的相互作用关系，转子的电磁转矩与其旋转方向相反，也是制动转矩，限制转子转速的进一步升高。此时，电动机转变成发电机运行，重物的势能转变为电能，通过转子向定子输送功率，进而反馈至交流电网中，故称为发电反馈制动。

**练习与思考 7-12：**重载起动时，可否采用降压起动？

**练习与思考 7-13：**简述异步电动机 3 种制动方法的优缺点。

# 本 章 要 点

■ 三相异步电动机分为笼型和绕线型两大类，主要由定子、转子和附属构件组成。定子铁心的线槽内嵌置三相绕组，转子铁心的线槽内嵌置导电条或绕组。

■ 定子的三相绕组连接三相交流电源，产生旋转磁场，其旋转方向由电源的相序决定。转子上的闭合导电条回路或绕组在旋转磁场中产生感应电流。感应电流与旋转磁场相互作用，在转子上产生电磁转矩，驱动电动机旋转。

■ 旋转磁场随时间旋转的速度称为同步转速。三相异步电动机的转子转速略低于旋转磁场的同步转速，两者的相差程度通常用转差率 $s$ 表示。

■ 三相异步电动机的特性可用定子和转子的等效电路进行分析，其中各主要电路参数均与转差率 $s$ 相关。

■ 异步电动机的转矩特性由电磁转矩与转差率的关系曲线来描述。

■ 异步电动机的机械特性由转速与电磁转矩的关系曲线来描述，主要包括三个转矩参数，即额定转矩、起动转矩和最大转矩。

■ 异步电动机的铭牌上显示了电动机在额定运行时各主要性能参数的额定值，包括额定功率、额定电压与电流、额定转速、接法及额定效率等。

■ 异步电动机起动时电流很大，转矩较小。小功率电动机可直接起动。大功率电动机须降压起动，方法主要包括 Y-△转换起动、自耦降压起动、绕线式电动机起动等。

■ 异步电动机的调速方式包括变频调速、变极调速和变转差率调速。

■ 异步电动机的制动方法主要包括能耗制动、反接制动和发电反馈制动。

# 习 题

**7-1** 某台三相异步电动机，其额定转速为 1 480 r/min，电源频率为 50 Hz。试求电动机的磁极个数、额定转差率 $s_N$、额定运行时转子电流的频率 $f_2$ 及定子旋转磁场相对转子的转速差。

**7-2** 四极三相异步电动机在额定运行时的转差率为 0.04，电源频率为 50 Hz，求电动机的同步转速与额定转速。

**7-3** 已知绕线型异步电动机的电源频率为 50 Hz，额定转速为 720 r/min，转子绕组为星形连接，起动瞬间转子电路的电压为 300 V，求：（1）电动机的额定转差率；（2）额定运行时转子电动势 $E_2$ 及转子电流频率 $f_2$。

**7-4** 一台四极三相异步电动机，电源频率为 50 Hz，额定转速为 1 440 r/min，转子每相电阻 $R_2 = 0.02\ \Omega$，转子不动时漏感抗 $X_{20} = 0.08\ \Omega$，转子不动时转子电动势 $E_{20} = 22\ V$，求：（1）电动机起动瞬间，转子不动时转子电流 $I_{20}$ 和功率因数 $\cos\varphi_{20}$；（2）转子达到额定转速时转子绕组每相电路的 $E_2$、$I_2$ 和 $\cos\varphi_2$。

**7-5** 三相异步电动机的额定功率为 1.1 kW，额定转速为 910 r/min，电源频率为 50 Hz，起动转矩为 23.1 N·m，最大转矩为 25.4 N·m。求电动机的起动转矩倍数 $T_S/T_N$ 和过载系数 $T_{max}/T_N$。

**7-6** 绕线式三相异步电动机中，转子每相绕组的电阻为 0.01 Ω，起动瞬间转子漏感抗为 0.02 Ω。若使电动机的起动转矩等于最大转矩，则须在转子电路中串入多大的电阻？

**7-7** 某台三相异步电动机，其主要数据参数见题 7-7 表，电源频率为 50 Hz，求：（1）额定转差率 $s_N$；（2）额定输入功率 $P_{1N}$；（3）额定电流 $I_N$；（4）起动电流 $I_S$；（5）额定转矩 $T_N$；（6）起动转矩 $T_S$；（7）最大转矩 $T_{max}$。

题 7-7 表

| 额定功率 | 额定电压 | 额定转速 | 效率 | 功率因数 | 接法 | $I_S/I_N$ | $T_S/T_N$ | $T_{max}/T_N$ |
|---|---|---|---|---|---|---|---|---|
| 5.5 kW | 380 V | 2 900 r/min | 85.5% | 0.88 | 三角形 | 7.0 | 2.0 | 2.3 |

**7-8** 三相异步电动机含有两个磁极，额定功率为 22 kW，额定电压为 380 V，三角形连接，电源频率为 50 Hz。额定运行时，电动机转差率为 0.02，效率为 89%，线电流为 42.2 A。试求：（1）转子旋转磁场相对转子的转速；（2）额定转矩；（3）电动机的功率因数。

**7-9** 已知三相异步电动机铭牌数据见题 7-9 表，电源频率为 50 Hz，额定运行时电网输入的电功率为 1.43 kW。试求：（1）额定转差率；（2）额定转矩和最大转矩；（3）两种接法时相电流和线电流的额定值及额定效率。

题 7-9 表

| 额定功率 | 额定电压 | 额定转速 | 功率因数 | 接法 | $T_{max}/T_N$ |
|---|---|---|---|---|---|
| 1.1 kW | 220 V/380 V | 2 830 r/min | 0.86 | 三角形/星形 | 2.3 |

**7-10** 某台三相异步电动机，电源频率为 50 Hz，额定转速为 980 r/min，额定转矩为 214.39 N·m。求：（1）额定转差率及额定功率；（2）若电动机在临界转差率为 0.1 时，输出功率比额定功率增加 83.7%，求电动机的过载系数 $\lambda$。

**7-11** 某台六极三相异步电动机，电源频率为 50 Hz，额定电压为 220 V/380 V，三角形/星形连接，当外接电源的线电压为 380 V 时，测得额定线电流为 31.4 A，额定转差率为 0.03，额定输出转矩为 147.68 N·m，输入功率为 16.76 kW。试求：（1）接法；（2）额定转速；（3）输出功率；（4）功率因数和效率。

**7-12** 一台三相异步电动机的电源频率为 50 Hz，铭牌数据见题 7-12 表。试求：（1）额定电流；（2）采用 Y-△ 转换起动时，电动机的起动电流；（3）若负载转矩 $T_L$ 为 150 N·m，试判断采用 Y-△ 转换起动是否可行？

题 7-12 表

| 额定功率 | 额定电压 | 额定转速 | 效率 | 功率因数 | 接法 | $I_S/I_N$ | $T_S/T_N$ |
|---|---|---|---|---|---|---|---|
| 45 kW | 380 V | 1 480 r/min | 92.3% | 0.88 | 三角形 | 7.0 | 1.9 |

**7-13** 已知 Y200 L-4 型三相异步电动机额定数据如下：电源频率为 50 Hz，$s_N = 0.02$ r/min，$P_N = 30$ kW，$V_N = 380$ V，$I_N = 56.8$ A，$I_S = 7.0 I_N$，$T_S = 2T_N$。若采用自耦降压起动，则抽头对应电源电压的 80%。试求：（1）电动机的额定转速；（2）电动机的起动电流和线路上的起动电流；（3）电动机的起动转矩。

**7-14** 已知某台三相异步电动机，其铭牌数据见题 7-14 表。现采用自耦降压起动，自耦变压器共有 3 个抽头，分别对应电源电压的 40%、60% 和 80%。若选取 60% 的抽头，试求：（1）电动机的起动电流和线路上的起动电流；（2）若负载转矩 $T_L$ 为 50 N·m，电动机能否起动？若使电动机起动，自耦变压器的抽头应如何改变？

题 7-14 表

| 额定功率 | 额定电压 | 额定电流 | 额定转速 | $I_S/I_N$ | $T_S/T_N$ | $T_{max}/T_N$ |
|---|---|---|---|---|---|---|
| 7.5 kW | 380 V | 15.4 A | 1 440 r/min | 7.0 | 2.2 | 2.3 |

**7-15** 已知六极三相绕线式异步电动机电源频率为 50 Hz，转子每相绕组的电阻为 0.02 Ω，在额定负载时转速为 960 r/min。若电动机的负载不变，试求转子每相绕组应串入多大电阻才能将转速调至 900 r/min？

**7-16** 已知四极三相异步电动机电源频率为 50 Hz，额定转速为 1 470 r/min。试求：（1）额定转差率；（2）反接制动初始瞬间的转差率。

# 部分习题参考答案

## 第1章

**1-2** （1）$v_a = 5\,\text{V}$ ；（2）$i_b = -1\,\text{A}$ ；（3）$i_c = -1\,\text{A}$ ；（4）$P_d = -20\,\mu\text{W} = -2 \times 10^{-5}\,\text{W}$
（5）$i_e = 1\,\text{A}$ ；（6）$v_f = -10\,\text{V}$ ；（7）$i_g = -1\,\text{mA}$ ；（8）$P_{h产生} = 4\,\text{mW}$

**1-4** （a）$i_x = 0\,\text{A}$ ；（b）$i_x = -6\,\text{A}$ ；（c）$i_x = -7\,\text{A}$

**1-5** $v_A = 15\,\text{V}$ ；$v_B = 5\,\text{V}$ ；$v_C = -1\,\text{V}$ ；$v_D = -6\,\text{V}$ ；$v_E = -15\,\text{V}$

**1-6** （a）$v_x = 5\,\text{V}$ ，$i_x = -1\,\text{A}$ ；（b）$v_x = 12\,\text{V}$ ，$i_x = 0.4\,\text{A}$ ；（c）$v_x = -\dfrac{4}{3}\,\text{V}$ ，$i_x = -\dfrac{2}{3}\,\text{mA}$

**1-7** （a）$v = -I_0 \dfrac{R_1(R_2 + R_3)}{R_1 + R_2 + R_3}$ ；（b）$v = \dfrac{176}{3}\,\text{V}$ ，$i = -\dfrac{53}{75}\,\text{A}$ ；（c）$v = V_2 - V_1$ ，$i = I_0$

**1-8** $R = 10\,\text{k}\Omega$

**1-9** （a）$i_1 = 0\,\text{A}$ ，$i_2 = 2\,\text{A}$ ；（b）$v_1 = 23\,\text{V}$ ，$v_2 = 25\,\text{V}$

**1-10** $i_1 = -0.75\,\text{A}$ ，$i_2 = -\dfrac{9}{8}\,\text{A}$ ，$i_3 = 0.5\,\text{A}$

**1-11** $i = -7\,\text{A}$ ，$v = 32\,\text{V}$ ，$P_x = -224\,\text{W}$

**1-12** $v_D = 10.4\,\text{V}$ ，$v_E = 2\,\text{V}$ ，$i_B = 1\,\text{A}$ ，$i_C = 0.4\,\text{A}$

**1-13** $V_A = -\dfrac{2}{3}V_S$ ，$V_B = -\dfrac{1}{3}V_S$ ，$V_C = \dfrac{1}{3}V_S$

**1-14** $v_{ac} = 5\,\text{V}$ ，$v_{bd} = -10\,\text{V}$

**1-15** $R = 19\,\Omega$ ，$G = 0.45\,\text{S}$

**1-16** （1）$v_2 = v_1$ ；（2）$v_2 = \dfrac{R_2}{R_1 + R_2}v_1$ ；（3）$i_2 = \left(1 + \dfrac{R_1}{R_2}\right)i_1$ ；（4）$i_2 = i_1$

**1-18** $R_2 = 1.5\,\text{k}\Omega$ ，$R_3 = 1.5\,\text{k}\Omega$ ，$R_4 = 1\,\text{k}\Omega$

**1-19** $R_1 = 19\,\text{k}\Omega$ ，$R_2 = 180\,\text{k}\Omega$ ，$R_3 = 1800\,\text{k}\Omega$

**1-20** a：$v_{ab} = 2\,\text{V}$ ；b：$v_{ab} = -2\,\text{V}$ ；m：$v_{ab} = 0\,\text{V}$

**1-21** $v_{ab} = 0\,\text{V}$

**1-22** （a）$R_{ab} = 1.2R$；（b）$R_{ab} = 10\,\Omega$

# 第 2 章

**2-4** $v_x = -\dfrac{3}{4}\,\text{V}$，$i_x = -100\,\text{mA}$

**2-5** $i_1 = \dfrac{3}{2}\,\text{A}$，$V_2 = 25\,\text{V}$，$P_3 = 15\,\text{W}$

**2-6** $v_0 = 0.6\,\text{V}$

**2-7** $i_0 = 2\,\text{A}$

**2-8** $\Delta I_2 = 0.162\,\text{A}$

**2-9** $I_2 = 0.5\,\text{A}$

**2-10** （1）$R_0 = 18\,\Omega$，$V_{OC} = 21\,\text{V}$；（2）$P_{10\Omega} = 5.625\,\text{W}$；
（3）$P_{\max}\big|_{R_L=18\Omega} = 6.125\,\text{W}$；（4）$P = 4.44\,\text{W}$

**2-11** $R_0 = 1\,\text{k}\Omega$，$V_{OC} = 8\,\text{V}$；$P_{\max}\big|_{R_L=1\text{k}\Omega} = 16\,\text{mW}$

**2-12** $R_0 = 5\,\text{k}\Omega$，$V_{OC} = 10\,\text{V}$

**2-13** $R_0 = 2\,\text{k}\Omega$，$V_{OC} = 6\,\text{V}$

**2-14** $I_1 = I_2 = 2\,\text{A}$，$I_3 = 5\,\text{A}$，$V_1 = 6\,\text{V}$，$V_2 = 12\,\text{V}$

**2-15** $i_0 = 1\,\text{A}$

**2-16** $I = -0.06\,\text{A}$

**2-17** $I = 3\,\text{A}$

**2-18** $V_1 = 1.5\,\text{V}$，$V_2 = 5.5\,\text{V}$

**2-19** $V = 12\,\text{V}$，$I = 3\,\text{A}$

**2-20** （a）$R_{ab} = 1\,\Omega$；（b）$R_{ab} = 1\,\Omega$

# 第 3 章

**3-5** （a）$\dfrac{\mathrm{d}i_L}{\mathrm{d}t} + i_L = 0$；（b）$\dfrac{\mathrm{d}i_L}{\mathrm{d}t} + 25i_L = 30$

**3-6** （a）$\dfrac{\mathrm{d}v_C}{\mathrm{d}t} + 0.5v_C = 0$；（b）$\dfrac{\mathrm{d}v_C}{\mathrm{d}t} + 2v_C = 20$

**3-7** $i_L(0^+) = 2\,\text{A}$，$i_R(0^+) = \dfrac{4}{9}\,\text{A}$，$i_L(\infty) = \dfrac{5}{3}\,\text{A}$，$i_R(\infty) = \dfrac{5}{9}\,\text{A}$，

$$i_L = \left(\frac{5}{3} + \frac{1}{3}e^{-4t}\right)A, \quad i_R = \left(\frac{5}{9} - \frac{1}{9}e^{-4t}\right)A$$

**3-8**    $i_L = 2e^{-\frac{14}{3}t}$ A

**3-9**    $v(t) = -9e^{-\frac{5}{2}t}$ V,   $i(t) = \left(\frac{9}{4}e^{-\frac{5}{2}t} + \frac{9}{5}\right)A$

**3-10**   (1) $i_1(0^-) = 5\,\text{mA}$,   $i_2(0^-) = 15\,\text{mA}$;   (2) $i_1(0^+) = 5\,\text{mA}$,   $i_2(0^+) = -5\,\text{mA}$;

      (3) $i_1(t) = 5e^{-\frac{t}{5\times10^{-5}}}$ mA;   (4) $i_2(t) = -5e^{-\frac{t}{5\times10^{-5}}}$ mA

**3-11**   (1) $i_{0x}(t) = 20e^{-1000t}$A,   $i_{0f}(t) = 5(1-e^{-1000t})$ A,   $i_0(t) = (5+15e^{-1000t})$A;

      (2) $v_{0x}(t) = -600e^{-1000t}$ V,   $v_{0f}(t) = (50+150e^{-1000t})$ V,   $v_0(t) = (50-450e^{-1000t})$ V;

      (3) $\begin{cases} i_{0t}(t) = 15e^{-1000t}\text{A} \\ i_{0s}(t) = 5\text{A} \end{cases}$,   $\begin{cases} v_{0t}(t) = -450e^{-1000t}\ \text{V} \\ v_{0s}(t) = 50\ \text{V} \end{cases}$

**3-14**   $v_0(t) = -40e^{-200t}$ V

**3-15**   $v_0(t) = -20\left(1 - e^{-\frac{t}{8\times10^{-2}}}\right)$ V, $0 < t < 10\times10^{-3}$ s;

$$v_0(t) = \left(-10 + 7.65e^{-\frac{t-10^{-2}}{6.4\times10^{-2}}}\right)\text{V}, t > 10\times10^{-3} \text{ s}$$

## 第 4 章

**4-1**    $v = 4\sin\omega t$ V,   $i = 5\sin(\omega t + 75°)$ mA

**4-2**    (1)振幅: 311V; 初相: $\frac{\pi}{3}$; 周期: 0.02s; 频率: 50Hz; $v_{ab}(0) = 311\sin\frac{\pi}{3} = 269$(V);

      (2) $v_{ba} = -v_{ab} = 311\sin\left(314t - \frac{2}{3}\pi\right)$ V

**4-3**    (1) $\varphi_v - \varphi_i = \frac{T}{6}\cdot\frac{2\pi}{T} = \frac{\pi}{3}$;   (2) $v = 100\sin 314t$ V,   $i = 2\sin\left(314t - \frac{\pi}{3}\right)$ A;

      (3) $v = 100\sin\left(314t + \frac{\pi}{3}\right)$V,   $i = 2\sin 314t$ A

**4-4**    $\dot{I}_{m1} = 5\angle180°$ mA,   $\dot{I}_{m2} = 3\angle120°$ mA,   $\dot{V}_m = 6\angle60°$ V;

      $i_1$ 超前 $i_2\,60°$,   $i_2$ 超前 $v\,60°$

**4-5**    (1) $v_1 = 10\sqrt{2}\sin(10t - 30°)$ V;   (2) $v_2 = 60\sqrt{2}\sin(10t + 140°)$ V;

      (3) $i_1 = 5\sqrt{2}\sin(10t + 90°)$ A;   (4) $i_2 = 2\sqrt{2}\sin(10t)$ A;

$v_1 + v_2 = 50\sqrt{2}\sin(10t + 138°)$ V ， $i_1 + i_2 = 5.39\sqrt{2}\sin(10t + 68.2°)$ A

**4-6** （1） $v_1 = 5.54\sin(200t + 101°)$ V ； （2） $v_2 = 60.38\sin(200t - 129°)$ V ；

（3） $i_1 = 4.47\sin(200t - 71.6°)$ A ； （4） $i_2 = 1.41\sin(200t + 143°)$ A

**4-7** （1） $i_1(t) + i_2(t) = \sin(\omega t - 90°)$ mA ；

（2） $i_1(t) + i_2(t) = 10\sin(314t - 60°)$ A ， $i_1 - i_2 = 10\sqrt{3}\sin(314t + 30°)$ A ；

（3） $v_1(t) + v_2(t) + v_3(t) = 4\sqrt{2}\sin(\omega t + 45°)$ V

**4-8** $v_3(t) = 70\sin(\omega t - 150°)$ V

**4-9** $v_2(t) = 10\sin(100\pi t - 143°)$ V

**4-10** （1） $i(t) = 68.5\sin(\omega t - 90°)$ μA ； （2） $i(t) = 15.9\sin(\omega t - 90°)$ mA

**4-11** $C = 4.78$ μF

**4-12** $Z = 150 + j75 = 167.7\angle 26.6°$ （Ω）

**4-13** $Z = 6 + j42 = 42.4\angle 81.9°$ （Ω）

**4-14** （1） $Z = 10\angle 45°$ kΩ ； （2） $i(t) = 15\sin(1\,000t + 45°)$ mA

**4-15** $Z_{ab} = 1 + j = \sqrt{2}\angle 45°$ （Ω） ， $Y_{ab} = 0.707\angle -45°$ S

**4-16** $r_C = \dfrac{G_C}{G_C^2 + B_C^2}$ ， $X_C = \dfrac{-B_C}{G_C^2 + B_C^2}$ ， $G_C = \dfrac{r_C}{r_C^2 + X_C^2}$ ， $B_C = \dfrac{-X_C}{r_C^2 + X_C^2}$

**4-17** $C = 2$ μF ， $Z = 50$ Ω

**4-18** $Z = \dfrac{(R + j\omega L)(1 - \omega^2 LC - j\omega CR)}{(1 - \omega^2 LC)^2 + (\omega CR)^2}$ ， $\omega_0 = \sqrt{\dfrac{1}{LC}\left(1 - \dfrac{CR^2}{L}\right)}$

**4-19** $C = 1$ nF

**4-20** $V_2 = 5\sqrt{5} \approx 11.2$ （V）

**4-21** $L = 19.1$ mH

**4-22** $C = 8.5$ nF ， $R = 193.6$ Ω ， $v_2$ 滞后 $v_1$ 60°

**4-23** $G = 0.2$ mS ， $C = 2.47$ μF

**4-24** $\dot{I} = \dfrac{\sqrt{2}}{6}\angle 45°$ A ， $\dot{V}_L = \dfrac{10\sqrt{2}}{3}\angle 135°$ V ， $\dot{V}_C = \dfrac{25\sqrt{2}}{3}\angle -45°$ V

**4-25** $V_L = 3$ V ， $V_C = 4$ V ， $V = \sqrt{10} \approx 3.16$ （V）

**4-26** $\dot{V} = 2\sqrt{2}\angle 45°$ V ， $\dot{I}_R = \sqrt{2}\angle 45°$ mA ， $\dot{I}_C = \sqrt{2}\angle 135°$ mA ， $\dot{I}_L = 2\sqrt{2}\angle -45°$ mA

**4-27** $R = 10\sqrt{2}$ Ω ， $X_C = \dfrac{10}{3}\sqrt{2}$ Ω ， $X_L = 5\sqrt{2}$ Ω

**4-28** $R_x = 375$ Ω ， $C_x = 100$ μF

**4-29** $\dot{V}_x = -5 - j5 = 5\sqrt{2}\angle -135°$ （V）

**4-30** $\dot{I}_1 = -29.3 + j27.3 = 40\angle 137°$ （A） ， $\dot{I}_2 = 12 - j37.3 = 39.2\angle -72.2°$ （A）

**4-31**   $v_x = 1.6\sin(5 \times 10^4 + 36.87°)\,\text{V}$

**4-32**   $\dot{V}_{OC} = 60\angle 0°\,\text{V}$, $Z_0 = (1\,000 + \text{j}2\,000)\,\Omega$,

       $v(t) = 12\sin(10^6 t - 53.1°)\,\text{V}$, $\quad i(t) = 0.024\sin(10^6 t - 53.1°)\,\text{A}$

**4-33**   $\dot{V}_{OC} = 0.3\angle 0°\,\text{V}$, $Z_0 = (30 + \text{j}40)\,\Omega$

**4-35**   $\tilde{S} = I^2 Z = (320 + \text{j}400)\,\text{V}\cdot\text{A}$, $P = 320\,\text{W}$, $Q = 400\,\text{V}\cdot\text{A}$

**4-36**   $P = 0.0214\,\text{W}$, $Q = 0.0107\,\text{V}\cdot\text{A}$, $S = 0.0239\,\text{V}\cdot\text{A}$, $\lambda = \cos 26.6° = 0.894$

**4-37**   $S = 1\,000\,\text{V}\cdot\text{A}$, $I = 10\,\text{A}$, $Z = (8 + \text{j}6)\,\Omega$

**4-38**   （1）$I = 214\,\text{A}$；（2）$C = 1.58\,\text{mF}$，$I = 153\,\text{A}$

**4-39**   $I = 80.4\,\text{A}$，$P = 16\,500\,\text{W}$，$\lambda = 0.933$，$C = 419\,\mu\text{F}$

**4-40**   $L_1 = 165.8\,\mu\text{H}$，$C_2 = 5.53\,\text{nF}$

## 第 5 章

**5-1**   （1）$V_P = 220\,\text{V}$，$I_P = 22\,\text{A}$；（3）$P = 11.616\,\text{kW}$

**5-2**   （1）$V_P = 120\,\text{V}$；（2）$V_P = 120\,\text{V}$，$I_P = 12\,\text{A}$；（3）$I_L = I_P = 12\,\text{A}$

**5-3**   （1）$\theta_2 = -120°$，$\theta_3 = 120°$；（2）$I_{an} = 6\angle 0°\,\text{A}$，$I_{bn} = 6\angle -120°\,\text{A}$，$I_{cn} = 6\angle 120°\,\text{A}$；

       （3）$V_L = 208\,\text{V}$，$I_L = 6\,\text{A}$

**5-4**   （1）$V_P = 120\,\text{V}$；（2）$V_{ZP} = 208\,\text{V}$，$I_{ZP} = 10.4\,\text{A}$；（3）$I_L = 31.2\,\text{A}$

**5-5**   （1）$V_L = 380\,\text{V}$，$I_L = 65.8\,\text{A}$；

      （2）$\begin{cases} v_{AB} = 380\sqrt{2}\sin\omega t \\ v_{BC} = 380\sqrt{2}\sin(\omega t - 120°) \\ v_{CA} = 380\sqrt{2}\sin(\omega t + 120°) \end{cases}$，$\begin{cases} i_{AB} = 38\sqrt{2}\sin(\omega t - 53.1°) \\ i_{BC} = 38\sqrt{2}\sin(\omega t - 173.1°) \\ i_{CA} = 38\sqrt{2}\sin(\omega t + 66.9°) \end{cases}$；

      （3）$P = 25\,992\,\text{W}$

**5-6**   （1）$V_P = 20\,\text{V}$；（2）$V_L = 34.6\,\text{V}$，$V_{PS} = 20\,\text{V}$

**5-7**   $I_L = 81.6\,\text{A}$，$I_P = 47.1\,\text{A}$

**5-8**   （1）星形连接：$I_L = 6.64\,\text{A}$，$P = 1\,587\,\text{W}$；（2）三角形连接：$I_P = 11.5\,\text{A}$，

      $I_L = 20\,\text{A}$，$P = 4\,761\,\text{W}$

**5-9**   $V_{ab} = 332\,\text{V}$，$\lambda_1 = 0.991$

**5-10**   $\omega L = \dfrac{1}{\omega C} = \sqrt{3}R$，$L = 110.32\,\text{mH}$，$C = 91.93\,\mu\text{F}$

**5-11**   （1）$I_L = 5.17\,\text{A}$；（2）$\tilde{S} = (2\,178 + \text{j}2\,633)\,\text{V}\cdot\text{A}$

**5-12**   （1）$\tilde{S} = 2\,501\angle 30° = (2\,166 + \text{j}1\,251)\,\text{V}\cdot\text{A}$；（2）$I_L = 3.8\,\text{A}$

**5-13**   $I_L = 20\,\text{A}$，$I_P = 11.5\,\text{A}$

**5-14** （1）$I_A = 2.27\,\text{A}$，$I_B = 2.27\,\text{A}$，$I_C = 4.55\,\text{A}$，$I_N = 2.27\,\text{A}$；

（3）$V_A = 0\,\text{V}$，$I_A = 0\,\text{A}$，$V_B = V_C = 220\,\text{V}$，$I_B = 2.27\,\text{A}$，$I_C = 4.55\,\text{A}$；

（4）$V_A = 0\,\text{V}$，$I_A = 0\,\text{A}$，$I_B = I_C = 2.62\,\text{A}$，$V_B = 253\,\text{V}$，$V_C = 127\,\text{V}$

**5-15** （1）$Z = 65.9\angle 46.8° = (45.1 + \text{j}48)\,(\Omega)$；

（2）$I_A = I_B = 5.77\,\text{A}$，$I_C = 10\,\text{A}$，$P = 3\,\text{kW}$；

（3）$I_A = 0\,\text{A}$，$I_B = I_C = 8.66\,\text{A}$，$P = 2\,250\,\text{W}$

# 第 6 章

**6-1** （1）$\mu_r = 1\,044$，$\Phi = 9.45 \times 10^{-4}\,\text{Wb}$；（2）$B = 1.51\,\text{T}$

**6-2** $N = 79.6$

**6-3** （1）$V = 9\,\text{V}$；（2）$V = 26\,\text{V}$

**6-4** （1）$P_{\text{Cu}} = 8\,\text{W}$，$P_{\text{Fe}} = 112\,\text{W}$，$\cos\varphi = 0.545$；（3）$E = 107.9\,\text{V}$，$\Phi_m = 1.62 \times 10^{-3}\,\text{Wb}$

**6-5** （1）$P_{\text{Cu}} = 11\,\text{W}$，$P_{\text{Fe}} = 297\,\text{W}$

**6-6** $K = 2$，$I_1 = 2.2\,\text{A}$，$I_2 = 4.4\,\text{A}$，$V_2 = 110\,\text{V}$

**6-7** （1）$K = 6$，$I_2 = 150\,\text{mA}$，$P_L = 112.5\,\text{mW}$；（2）$P_L = 11.8\,\text{mW}$

**6-8** $Z_i = (1\,600 + \text{j}1\,200)\,\Omega$，$\cos\varphi = 0.8$，$I_1 = 1.1\,\text{A}$，$I_2 = 11\,\text{A}$

**6-9** （1）$\dot{I}_1 = 6\angle 30°\,\text{A}$，$\dot{V}_2 = 400\angle 0°\,\text{V}$；（2）$P_V = -1\,039\,\text{W}$，$P_A = 1\,039\,\text{W}$；

（3）$\dot{I}_1 = 6\angle -150°\,\text{A}$，$\dot{V}_2 = 400\angle 180°\,\text{V}$，$P_V = 1\,039\,\text{W}$，$P_A = -1\,039\,\text{W}$

**6-10** $P_{S供} = 498\,\text{W}$，$P_L = 452\,\text{W}$

**6-11** $R_0 = 20\,\Omega$，$\dot{V}_{\text{OC}} = (2 \times 10\angle 0°)\,\text{V}$

**6-12** （a）$P_S = 500\,\text{W}$，$P_{\text{Line}} = 250\,\text{W}$，$P_L = 250\,\text{W}$，$\eta = 50\%$；

（b）$P_S = 990\,\text{W}$，$P_{\text{Line}} = 10\,\text{W}$，$P_L = 980\,\text{W}$，$\eta = 99\%$

**6-13** $\dfrac{N_2}{N_3} = 0.414$

**6-14** $N_2 = 800$，$I_{1N} = 16.7\,\text{A}$，$I_{2N} = 125\,\text{A}$

**6-15** （1）$K{:}1 = 43.5{:}1$；（2）空载时二次侧电压为 $230\,\text{V}$，满载时二次侧电压为 $223.1\,\text{V}$

**6-16** （1）$I_{1N} = 1\,\text{A}$，$I_{2N} = 18.2\,\text{A}$；（2）40 个；（3）34 台

**6-17** （1）$I_{1N} = 8.33\,\text{A}$，$I_{2N} = 217.4\,\text{A}$；（2）$\Delta V = 4.3\%$；（3）$\eta = 95.4\%$

**6-18** （1）$K = 20$，$I_{1N} = 4.17\,\text{A}$，$I_{2N} = 83.3\,\text{A}$；

（2）变压器损耗 $\Delta P = 156\,\text{W}$，电压调整率 $\Delta V = 4.17\%$

**6-19** （1）$K = 25$，$I_{1N} = 10\,\text{A}$，$I_{2N} = 250\,\text{A}$；（2）$P_{\text{Fe}} = 600\,\text{W}$，$P_{\text{Cu}} = 2\,200\,\text{W}$，$\eta = 96.5\%$；

（3）$\Delta V = 2.5\%$

**6-20** $\eta = 98\%$，$\Delta V = 2.2\%$

**6-21** $V_2 = 20\,\text{V}$，$I_2 = 2.5\,\text{A}$，$V_3 = 60\,\text{V}$，$I_3 = 12\,\text{A}$，$Z_1 = 18.7\,\Omega$

**6-22** （2）$\dot{V}_2 = 50\angle 0°\,\text{V}$，$\dot{V}_3 = 100\angle 0°\,\text{V}$；

（3）$\dot{I}_1 = \dfrac{N_2}{N_1}\dot{I}_2 + \dfrac{N_3}{N_1}\dot{I}_3 = 15\angle 0°\,\text{A}$

**6-24** （1）bc 连接，ad 输出；（2）ac 连接，bd 连接，ab 输出；

（3）de 连接，cf 输出；（4）ce 连接，df 输出

**6-25** （1）110V 电源时，一次绕组并联，ac 连接，bd 连接，ab 连接到 110V 电源上；

220V 电源时，一次绕组串联，bc 连接，ad 连接到 220V 电源上；

两种电源情况下，二次绕组电流不变，一次绕组电流也不变

（2）bd 是同名端，若将 bd 端连接，将 ac 端连接到 220V 电源上，一次绕组产生的磁通在铁心中相互抵消，感应电动势也相互抵消，感抗趋于零，近似短路，绕组中产生过大电流将会被烧毁

**6-26** $V_2 = 12\,\text{V}$，$I_1 = 0.2\,\text{A}$，$I_2 = 2\,\text{A}$，$I_3 = 1.8\,\text{A}$

**6-27** 流过绕组 $N_1$ 和 $N_2$ 的电流有效值分别为 2.75A 和 8.25A

**6-28** （1）$V_{2L} = 382\,\text{V}$，$V_{2P} = 220\,\text{V}$，$I_{2LN} = I_{2PN} = 151\,\text{A}$；

（2）$V_{2L} = 662\,\text{V}$，$V_{2P} = 382\,\text{V}$，$I_{2LN} = I_{2PN} = 87.2\,\text{A}$

**6-29** （1）$I_{1PN} = I_{1LN} = 2.89\,\text{A}$，$I_{2PN} = I_{2LN} = 72.2\,\text{A}$；（2）$\eta = 98.5\%$

# 第 7 章

**7-1** 4 个磁极，$s_N = 1.3\%$，$f_2 = 0.65\,\text{Hz}$，$n_1 - n = 19.1\,\text{r}/\text{min}$

**7-2** $n_1 = 1\,500\,\text{r}/\text{min}$，$n_N = 1\,440\,\text{r}/\text{min}$

**7-3** （1）$s_N = 0.04$；（2）$E_2 = 12\,\text{V}$，$f_2 = 2\,\text{Hz}$

**7-4** （1）$I_{20} = 266.8\,\text{A}$，$\cos\varphi_{20} = 0.24$；（2）$E_2 = 0.88\,\text{V}$，$I_2 = 43.3\,\text{A}$，$\cos\varphi_2 = 0.99$

**7-5** $\dfrac{T_S}{T_N} = 2$，$\dfrac{T_{max}}{T_N} = 2.2$

**7-6** $0.01\,\Omega$

**7-7** （1）$s_N = 3.3\%$；（2）$P_{1N} = 6.4\,\text{kW}$；（3）$I_N = 11.1\,\text{A}$；（4）$I_S = 77.7\,\text{A}$；

（5）$T_N = 18.1\,\text{N}\cdot\text{m}$；（6）$T_S = 36.2\,\text{N}\cdot\text{m}$；（7）$T_{max} = 41.6\,\text{N}\cdot\text{m}$

**7-8** （2）$T_N = 71.5\,\text{N}\cdot\text{m}$；（3）$\cos\varphi_2 = 0.89$

**7-9** （1）$s_N = 5.7\%$；（2）$T_N = 3.71\,\text{N}\cdot\text{m}$，$T_{max} = 8.54\,\text{N}\cdot\text{m}$；

（3）三角形连接：$I_{PN} = 2.52\,\text{A}$，$I_{LN} = 4.36\,\text{A}$，$\eta = 77\%$；

星形连接：$I_{PN} = 2.53\,\text{A}$，$I_{LN} = 2.53\,\text{A}$，$\eta = 77\%$

**7-10** （1） $s_N = 2\%$ ， $P_N = 22\,\text{kW}$ ；（2） $\lambda = \dfrac{T_{\max}}{T_N} = 2$

**7-11** （1）星形连接；（2） $n = 970\,\text{r}/\text{min}$ ；（3） $P_N = 15\,\text{kW}$ ；

（4） $\cos\varphi_2 = 0.81$ ， $\eta = 89\%$

**7-12** （1） $I_N = 84.2\,\text{A}$ ；（2） $I_S = 196.5\,\text{A}$ ；（3）可行

**7-13** （1） $n = 1\,470\,\text{r}/\text{min}$ ；（2） $I_{S电} = 318.08\,\text{A}$ ， $I_{S线} = 254.46\,\text{A}$ ；

（3） $T_S = 249.47\,\text{N}\cdot\text{m}$

**7-14** （1） $I_{S电} = 64.68\,\text{A}$ ， $I_{S线} = 38.8\,\text{A}$ ；（2）不能起动。若起动，须将抽头调至80%处

**7-15** $0.03\,\Omega$

**7-16** （1） $s_N = 0.02$ ；（2） $s = 1.98$

# 参 考 文 献

[1]  HAMBLEY A R. Electrical engineering: principles and applications [M]. 6th ed. New York: Pearson Education, Inc, 2014.

[2]  SARMA M S. Introduction to electrical engineering [M]. Oxford: Oxford University Press, 2001.

[3]  ALEXANDER C K, SADIKU M N O. Fundamentals of electric circuits [M]. 5th ed. New York: McGraw-Hill, 2013.

[4]  李翰荪. 电路分析基础：上册［M］. 4 版. 北京：高等教育出版社，2006.

[5]  邱关源. 电路［M］. 5 版. 北京：高等教育出版社，2006.

[6]  闻跃，高岩，余晶晶. 基础电路分析［M］. 3 版. 北京：北京交通大学出版社，2018.

[7]  秦曾煌. 电工学：上册［M］. 7 版. 北京：高等教育出版社. 2009.

[8]  李守成，李国国. 电工电子技术［M］. 2 版. 成都：西南交通大学出版社，2009.

[9]  张莉，张绪光. 电工技术［M］. 北京：北京大学出版社，2011.

[10]  刘晔. 电工技术：电工学 I［M］. 北京：电子工业出版社，2010.

[11]  贾贵玺. 电工技术：电工学 I［M］. 北京：高等教育出版社，2017.

[12]  张晓辉. 电工技术［M］. 3 版. 北京：机械工业出版社，2015.

[13]  王建华. 电气工程师手册［M］. 3 版. 北京：机械工业出版社，2006.